Klassische Texte der Wissenschaft

Die Reihe bietet zentrale Publikationen der Wissenschaftsentwicklung der Mathematik, Naturwissenschaften, Psychologie und Medizin in sorgfältig edierten, detailliert kommentierten und kompetent interpretierten Neuausgaben. In informativer und leicht lesbarer Form erschließen die von renommierten WissenschaftlerInnen stammenden Kommentare den historischen und wissenschaftlichen Hintergrund der Werke und schaffen so eine verlässliche Grundlage für Seminare an Universitäten, Fachhochschulen und Schulen wie auch zu einer ersten Orientierung für am Thema Interessierte.

Jürgen Jost

Bernhard Riemann

Über die Hypothesen, welche der Geometrie zu Grunde liegen

2. Auflage 2025

Jürgen Jost
Max-Planck-Institut für Mathematik in den
Naturwissenschaften
Leipzig, Deutschland

ISSN 2522-865X ISSN 2522-8668 (electronic)
Klassische Texte der Wissenschaft
ISBN 978-3-662-70871-2 ISBN 978-3-662-70872-9 (eBook)
https://doi.org/10.1007/978-3-662-70872-9

Die Deutsche Nationalbibliothek verzeichnet diese Publikation in der Deutschen Nationalbibliografie; detaillierte bibliografische Daten sind im Internet über http://dnb.d-nb.de abrufbar.

Springer Spektrum ist ein Imprint der eingetragenen Gesellschaft Springer-Verlag GmbH, DE und ist ein Teil von Springer Nature.
Die Anschrift der Gesellschaft ist: Heidelberger Platz 3, 14197 Berlin, Germany

Vorwort

So könnte der Plot eines Romans aussehen: Ein schüchterner, kränklicher, in ärmlichen Verhältnissen lebender junger Mathematiker, dem es nicht gelingt, in näheren Kontakt zu der großen mathematischen Koryphäe seiner Zeit zu treten, muss für sein Habilitationskolloquium drei Themen zur Auswahl angeben. Die ersten beiden knüpfen an seine bedeutenden Fachbeiträge an, die er schon geleistet hat. Aus Verlegenheit, und weil er davon ausgeht, dass, wie üblich, sowieso das erste Thema gewählt wird, nennt er als drittes schließlich ein eher vages naturphilosophisches Thema. Zu seiner Überraschung wird gerade dieses gewählt. Statt sich nun aber mit dem Wissensstand der Fachdisziplin vertraut zu machen und die wirklich bedeutende Vorentdeckung, die das gesamte Gebiet erschüttert hat, zu rezipieren, vertieft er sich lieber in einen obskuren Philosophen. Sein Vortrag aber dringt dann so tief wie noch niemals zuvor in ein Gebiet ein, das die größten Denker der Menschheit seit der Antike beschäftigt hat, und ahnt sogar noch die größte Entdeckung der Physik des nachfolgenden Jahrhunderts voraus. Selbst der Beitrag des Großstars der deutschen Wissenschaft, der sich von einem anderen Gesichtspunkt und unabhängig dem gleichen Thema genähert hatte, verblasst vor der Tiefe der Einsicht unseres jungen Mathematikers. Andere, ansonsten in der Wissenschaft bedeutende Männer treten unrühmlich mit grotesken Fehlurteilen über den angeschnittenen Sachverhalt hervor, nachdem der Vortrag erst posthum nach dem frühen Tode unseres Protagonisten von einem Freund veröffentlicht worden ist. Generationen nachfolgender Mathematiker arbeiten die in dem kurzen Vortrag skizzierten Ideen aus und bestätigen deren vollständige Gültigkeit und Tragfähigkeit und außerordentliche Reichweite.

Dies ist aber kein Roman, denn so ähnlich hat es sich tatsächlich zugetragen. Geneigte Leserinnen und Leser werden mir hoffentlich gewisse Übertreibungen nachsehen, und selbstverständlich wird in den nachfolgenden Ausführungen alles richtiggestellt werden. Der junge Mathematiker war Bernhard Riemann, und der Vortrag hieß „Ueber die Hypothesen, welche der Geometrie zu Grunde liegen“. Die mathematische Koryphäe war Carl Friedrich Gauß, der Wissenschaftsstar Hermann von Helmholtz, die mathematische Entdeckung diejenige der nichteuklidischen Geometrie, der Philosoph der heute vergessene

Johann Friedrich Herbart, die physikalische Entdeckung die allgemeine Relativitätstheorie Albert Einsteins. Zu den Leuten, die zu unrühmlichen Fehlurteilen gelangten, gehörten u. a. der Psychologe Wilhelm Wundt und der Philosoph Bertrand Russell. Der Freund, der sich um die Veröffentlichung kümmerte, war der Mathematiker Richard Dedekind. Zu den Generationen nachfolgender Mathematiker, für deren Forschung die Ideen Riemanns eine wesentliche Inspiration waren, gehört auch der Herausgeber.

Wissenschaftler lesen einen wissenschaftlichen Text üblicherweise vom jetzigen Stand der Wissenschaft her, interpretieren ihn im Hinblick auf nachfolgende Entwicklungen, suchen allenfalls noch nach unausgelotetem Potential für aktuelle wissenschaftliche Probleme. Historiker dagegen sind gehalten, die Position eines Textes innerhalb des Diskurses seiner Zeit zu bestimmen oder seine Entstehung zu rekonstruieren und seine Rezeptionsgeschichte zu analysieren. Auch wenn in der gegenwärtigen Diskussion über die Rolle der Geisteswissenschaften die Bedeutung der geschichtlichen Wissenschaften für das Verständnis der Gegenwart in den Vordergrund gestellt wird, suchen Mathematiker nach dem zeitlosen Gehalt und nicht nach den geschichtlichen Bedingtheiten wissenschaftlicher Texte. Für den Wissenschaftler sind Irrwege uninteressant oder ärgerliche Hindernisse auf einem Wege, der geradliniger hätte verlaufen sollen, für den Historiker können sie wichtige Einsichten in ideengeschichtliche Abläufe und die Dynamik von Diskursen liefern. Für den Wissenschaftler sind daher Texte, deren Wirkung verblasst ist, ohne Interesse. Für den Historiker ist dieser Interesseverlust Teil der Rezeptionsgeschichte.

Dies ist der Spannungsrahmen, in der sich diese Edition von Riemanns „Über die Hypothesen, welche der Geometrie zugrunde liegen“ bewegt. Der Herausgeber ist zuerst Fachwissenschaftler, und daher wird die Geschichte auch hier manchmal rückwärts gelesen. Er hat aber auch Erfahrung als Wissenschaftshistoriker und bemüht sich daher um die historische Einordnung. Der Gefahr eines falschen Verständnisses eines historischen Textes, die sich daraus ergibt, dass man den Wörtern ihre heutige Bedeutung statt der sich aus dem zeitgenössischen Kontext ergebenden unterlegt, bin ich mir bewusst, habe sie aber möglicherweise nicht immer vermeiden können. – Bei dieser Edition sind eingehendere philologische Studien unterblieben.

In dieser zweiten Auflage findet sich nun neben der verbalen Erläuterung der Konzepte ein ausführlicherer mathematischer Kommentar, der im Wesentlichen aus der zwischenzeitlich erschienenen englischen Auflage übernommen ist. Wie in der ersten Auflage wird aber auch der mathematische Stellenkommentar von Hermann Weyl in der Fassung von 1923 im Anschluss an Riemanns Text wiedergegeben. Dieser Kommentar ist nicht nur für die Rezeptionsgeschichte wichtig, sondern wird es Lesern und Leserinnen auch ermöglichen, Unterschiede in der mathematischen Konzeptionalisierung und Darstellung zu sehen, die sich in den letzten hundert Jahren herausgebildet haben. Für diese Neuauflage ist aber auch die Darstellung der Rezeptionsgeschichte wesentlich erweitert worden. Auch die Darstellung des Forschungsstandes ist durch einen Abschnitt über metrische

Geometrie erweitert worden. Die metrische Geometrie beruht auf wesentlichen Verallgemeinerungen des Riemannschen Krümmungsbegriffs, und dies ist beispielsweise für die mathematische Datenwissenschaft wichtig.

Für die erste Auflage haben mir fachkundige Mathematikhistoriker, und zwar Erhard Scholz, Rüdiger Thiele ud Klaus Volkert, und der Helmholtzexperte Jochen Brüning mit hilfreichen Kommentaren, Korrekturvorschlägen und Literaturhinweisen geholfen, und ich möchte den Dank dafür an dieser Stelle wiederholen. Später waren viele Diskussionen mit Vincenzo De Risi sehr hilfreich für mein Verständnis der historischen Entwicklung des Raumbegriffes. Domenico Giulini danke ich für den Hinweis auf eine Arbeit des theoretischen Physikers Markus Fierz, in der sich dieser ausführlich mit der Entwicklung des Newtonschen Raumbegriffes und dessen historischen Voraussetzungen befasst, sowie weitere hilfreiche Kommentare. Selbstverständlich liegt die Verantwortung für alle Unzulänglichkeiten der nachfolgenden Ausführungen alleine bei mir.

Ich danke Ingo Brüggemann, dem Bibliothekar des Max-Planck-Institutes für Mathematik in den Naturwissenschaften, und seinen Mitarbeiterinnen für wertvolle und effiziente Hilfe bei der Literaturbeschaffung.

Mein Freund Olaf Breidbach, von dem die Initiative zur Begründung der wissenschaftsgeschichtlichen Reihe ausging, in welcher diese kommentierte Ausgabe von Riemanns grundlegender Schrift 2013 erstmalig erscheinen konnte, ist leider im Jahre 2014 verstorben. Die vorliegende Neuauflage möge daher auch seinem Andenken dienen.

Leipzig
im Dezember 2024

Jürgen Jost

Inhaltsverzeichnis

Einleitung 1

Eine mathematische Arbeit ohne Formeln, eine geometrische Abhandlung ohne Abbildungen oder Illustrationen, ein eher zufällig zustande gekommenes Vortragsmanuskript von nur 16 Seiten, und doch eine Schrift, die die Mathematik ähnlich geprägt hat wie nur wenige andere, sämtlich deutlich längere und wesentlich detaillierter durchgearbeitete Werke. Zu nennen wären hier beispielsweise die *Methodus inveniendi* ... von Leonhard Euler,[1] die die Variationsrechnung begründete, Carl FriedrichGauß' *Disquisitiones arithmeticae,* die die Mathematik endgültig als eigenständige Fachdisziplin etablierte,[2] Georg Cantors Mengenlehre, die die moderne Auffassung des Unendlichen in der Mathematik einführte, die Theorie der Transformationsgruppen von Sophus Lie, also die systematische Untersuchung von Symmetrien, die eine wichtige mathematische Grundlage für die Quantenmechanik bildet, die programmatischen Schriften von David Hilbert zur axiomatischen Begründung verschiedener mathematischer Teildisziplinen oder in neuerer Zeit das Werk von Alexander Grothendieck zur systematischen Vereinigung von algebraischer Geometrie und Arithmetik. Die Rede ist hier von Bernhard Riemanns *Über die Hypothesen, welche der Geometrie zugrunde liegen,* und diese kurze Schrift, 1854 verfasst, aber erst 1868 nach Riemanns Tod veröffentlicht, geht sogar in der Breite ihrer Wirkung über die genannten Werke hinaus, insofern als sie sich im Schnittpunkt von Mathematik, Physik und Philosophie bewegt, also nicht nur eine zentrale mathematische Disziplin begründet, sondern gleichzeitig den Weg für die Physik des 20. Jahrhunderts bereitet und eine zeitlos gültige Widerlegung bestimmter philosophischer Raumvorstellungen liefert.

Im vorliegenden Band wird dieser Schlüsseltext der Mathematik herausgegeben, in der kontroversen Diskussion seiner Zeit verortet und in seiner Wirkung auf die Entwicklung der

---

[1] Ich arbeite auch an einer Ausgabe dieses Werkes für die vorliegende Reihe.

[2] In dem Sinne, dass sie sich selbst ihre Probleme völlig autonom stellt, statt diese beispielsweise aus der Physik zu beziehen.

J. Jost, *Bernhard Riemann – Über die Hypothesen, welche der Geometrie zu Grunde liegen*, Klassische Texte der Wissenschaft, https://doi.org/10.1007/978-3-662-70872-9_1

Mathematik skizziert und mit derjenigen seiner Kontrahenten verglichen. Riemanns *Über die Hypothesen, welche der Geometrie zugrunde liegen* hat auf eine ganz andere Weise als beispielsweise Euklids Elemente, die Schriften von Leibniz und Newton zur Begründung der Infinitesimalrechnung oder die vorstehend genannten Werke, aber nicht weniger fundamental als diese, die Entwicklung der Mathematik als Wissenschaft geprägt. Darüberhinaus ist diese Schrift grundlegend für die Allgemeine Relativitätstheorie geworden und liefert neuerdings das mathematische Gerüst für die Quantenfeldtheorie und ihre Weiterentwicklungen in der theoretischen Elementarteilchenphysik (Superstringtheorie, Quantengravitation u. ä.).

Die Wirkungsgeschichte ist jedoch nicht geradlinig. Riemanns Programmschrift *Über die Hypothesen, welche der Geometrie zugrunde liegen* rief den seinerzeit führenden deutschen Physiker, Hermann Helmholtz (später geadelt, also von Helmholtz), auf den Plan, dessen Gegenschrift *Über die Thatsachen, die der Geometrie zugrunde liegen* in ihrer Überschrift den gegensätzlichen Standpunkt und Ansatz pointierte (wenn auch im Text die Gemeinsamkeiten mit Riemann eher in den Vordergrund gestellt werden,[3] und sich die Schrift eigentlich nicht gegen Riemann, sondern gegen die von den Kantianern vertretenen Raumvorstellungen richtet).[4] Es wäre allerdings falsch, hierin nur den letztendlich von der Entwicklung der Wissenschaft überholten Widerspruch der etablierten Autorität gegen das junge Genie, des Vertreters der Vergangenheit gegen den Protagonisten der wissenschaftlichen Zukunft zu sehen. Riemann war von wohl eher etwas vagen naturphilosophischen Spekulationen motiviert – und sein Werk hat dann umgekehrt wesentliche Implikationen für die Naturphilosophie gehabt –, während Helmholtz erstens seinen Ansatzpunkt in der Sinnesphysiologie hatte – und seine Überlegungen bleiben hier von Relevanz – und zweitens einen Einfluss auf eine ebenfalls sehr wichtige mathematische Richtung, nämlich die Theorie der Symmetriegruppen von Sophus Lie, ausübte. Auch wenn Lie die mathematischen Aspekte der Schrift von Helmholtz einer scharfen Kritik unterzog, so griff er doch dessen konzeptionellen Ansatz auf. Die Liesche Theorie der Symmetriegruppen ist eine der wesentlichen Grundlagen der Quantenmechanik geworden, und die Konzepte der Symmetrie und Invarianz verbinden die physikalische Intuition der modernen Physik mit dem mathematischen Rahmen der Geometrie im Sinne Riemanns undEinsteins. In diesem Sinne hat auch Helm-

---

[3] Helmholtz legt dar, dass er die wesentlichen Teile seiner Überlegung schon vor Kenntnis der (mit vierzehnjähriger Verspätung veröffentlichten) Schrift Riemanns angestellt habe, allerdings sicherlich später als Riemann, der seine Schrift 1854 verfasst hatte.

[4] Es erschiene naheliegend, diese Arbeit hier der Riemannschen Schrift gegenüberzustellen. Ich habe nach reiflicher Überlegung davon abgesehen, weil diese Arbeit von Helmholtz nicht die Tiefe und Eleganz derjenigen von Riemann erreicht und auch unter den verschiedenen Schriften von Helmholtz zur Erkenntnistheorie sicherlich nicht die beste und klarste darstellt und man also durch die Auswahl gerade dieser Arbeit dem bedeutenden Physiologen und Physiker unrecht getan hätte. Wenn man also überhaupt die Helmholtzsche Theorie durch eine seiner Schriften an dieser Stelle hätte repräsentieren wollen, so hätte man eine andere seiner Schriften auswählen müssen, und zwar *Über den Ursprung und die Bedeutung der geometrischen Axiome* oder die Bonner Rektoratsrede *Die Tatsachen in der Wahrnehmung,* aber dann wäre der enge Bezug zu Riemanns Habilitationsschrift nicht mehr gegeben gewesen.

holtz' Schrift, wenn auch im Unterschied zu Riemann nicht direkt, sondern erst über Lie vermittelt und wohl auch deutlich anders, als Helmholtz selber sich dies vorgestellt hat, etwas Zukunftsweisendes für die moderne Physik.

Bemerkenswert ist, dass Riemanns *Über die Hypothesen, welche der Geometrie zugrunde liegen* als einer der Schlüsseltexte der Mathematik praktisch ganz ohne mathematische Formeln auskommt (im ganzen Text findet sich nur eine einzige Formel, die zudem nur von marginaler Bedeutung ist). Diese Ausnahmestellung des Riemannschen Textes wird besonders deutlich beispielsweise im Vergleich mit der ausgefeilten und tief durchdachten Symbolik eines Leibniz oder der Formalisierung des Unendlichen bei Cantor. Auch von seinem wichtigen Vorläufer, Gauß' *Disquisitiones generales circa superficies curvas,* die die moderne Differentialgeometrie begründeten, die Vorstufe der Riemannschen Geometrie, unterscheidet sich Riemanns Text in dieser Hinsicht. Zumindest in diesem Falle kann also die Geschichte der Mathematik nicht einfach als eine der fortschreitenden Formalisierung gelesen werden, sondern es zeigt sich, dass sich mathematische Abstraktion durchaus auch über Formeln erheben kann.[5]

Bernhard Riemann hat wie sonst allenfalls nur noch Carl Friedrich Gauß die Mathematik geprägt. Er hat nicht nur mit seiner hier herausgegebenen Schrift die moderne Geometrie begründet, die daher Riemannschen Geometrie heißt, sondern er hat eine ganze Reihe grundlegender Theorien und Konzepte eingeführt und viele andere Gebiete der Mathematik nachhaltig beeinflusst. Sein Konzept der Riemannschen Fläche fasste in genialer Weise die komplexe Analysis und die Theorie der elliptischen Integrale zusammen und war gleichzeitig der Ausgangspunkt für die Entwicklung derTopologie, also der gerade von metrischen Konzepten wie in der Riemannschen Geometrie unabhängigen Untersuchung von Formen und Gestalten, und der modernen algebraischen Geometrie und führte zudem noch neuartige analytische Werkzeuge in die Funktionentheorie ein. Letztere wiesen, auch wenn zunächst noch wesentliche, von Weierstraß aufgedeckte analytische Lücken geschlossen werden mussten, über Hilbert in die moderne Variationsrechnung und Existenztheorie für Lösungen partieller Differentialgleichungen, die wiederum, über die numerische Analysis vermittelt, ein grundlegendes Werkzeug des heutigen Ingenieurs bilden. Ein neuartiger und entscheidender Gedanke war, dass Riemann eine analytische Funktion im Komplexen nicht mehr durch einen analytischen Ausdruck zu erschließen versuchte, sondern als durch ihre Singularitäten (Unendlichkeitsstellen oder Verzweigungspunkte) bestimmt betrachtete. Hierdurch konnte

[5] Natürlich ist auch der Anlass von Riemanns Schrift zu berücksichtigen, dass es sich nämlich um ein Kolloquium vor der Philosophischen Fakultät handelte und Riemann sicherlich Rücksicht auf die fehlenden mathematischen Fachkenntnisse der meisten seiner Zuhörer nehmen wollte, unter denen neben Gauß, der übrigens nicht Professor für Mathematik, sondern für Astronomie und Direktor der Sternwarte war, die Mathematik nur noch durch die beiden Professoren Ulrich (1798–1879) und Stern (1807–1894) vertreten war. Allerdings zeigen andere derartige Vorträge und Schriften, wie Kleins Erlanger Programm, mit dem er sich der Fakultät in Erlangen vorstellte, durchaus einen wesentlich stärker formelgeprägten Charakter, und wenn die Fakultät eines der anderen von Riemann vorgeschlagenen Themen gewählt hätte, wäre die Darstellung vermutlich auch in mathematischen Formeln entwickelt worden.

er einer solchen Funktion eine sog. Riemannsche Fläche zuordnen und dann die qualitativen Eigenschaften der Funktion durch die Topologie dieser Riemannschen Fläche bestimmen. Dies strahlte in fast alle Bereiche der modernen Mathematik aus, beispielsweise bis hin in die Zahlentheorie, deren analytische Ausdrücke durch den Riemannschen Ansatz nun ebenfalls durch geometrische Methoden interpretierbar und behandelbar wurden. Wegweisend bei den Riemannschen Flächen war auch, dass Riemann nicht mehr nur das einzelne mathematische Objekt betrachtete, sondern eine Klasse von Objekten über die Variabilität von Parametern konzeptionalisierte. Dies führte auf die für die algebraische Geometrie grundlegende Theorie der Modulräume, und deswegen bilden Riemannsche Flächen auch die fundamentalen Objekte der derzeit für die Vereinheitlichung der bekannten physikalischen Kräfte vielleicht aussichtsreichsten Theorie, der Stringtheorie. Der sogenannte Satz von Riemann-Roch (Gustav Roch (1839–1866) war ein früh verstorbener Schüler von Riemann, der Riemanns diesbezügliche Überlegungen vervollständigte) war eines der Leitbilder der Mathematik der zweiten Hälfte des 20. Jahrhunderts und führte in den Arbeiten von Hirzebruch, Atiyah-Singer und Grothendieck zu zentralen Resultaten der heutigen Mathematik. Die Riemannsche Vermutung in der Zahlentheorie gilt auch fast 150 Jahre nach ihrer Formulierung als das schwierigste und tiefste offene Problem der gesamten Mathematik.

Zur Biographie Riemanns Bernhard Riemann (Abb. 1.1) lebte von 1826 bis 1866. Er stammte aus einem niedersächsischen protestantischen Pfarrhaus, und er hing sehr an seiner Familie, die allerdings durch viele frühe Todesfälle und deswegen ungesicherte finanzielle Verhältnisse in eine schwierige Lage kam. Er zeigte, wie die meisten Großen der Mathematikgeschichte, schon als Schüler eine außerordentliche mathematische Begabung. Nach einigem Schwanken folgte er dann dieser Begabung und studierte Mathematik statt der vom Vater gewünschten Theologie, und zwar in den damaligen wissenschaftlichen Zentren Göttingen und Berlin. Seine wichtigsten akademischen Lehrer oder Vorbilder waren Carl FriedrichGauß (1777–1855)[6], bei dem er 1851 promovierte, und Peter Gustav Lejeune Dirichlet

[6] Gauß wurde in Braunschweig in einfachen Verhältnissen geboren. Da seine herausragende mathematische Begabung aber schon früh erkannt wurde, wurde er durch den Braunschweiger Herzog großzügig gefördert. Schon in jungen Jahren gelangen ihm bedeutende mathematische Entdeckungen, beispielsweise zur Frage der Konstruierbarkeit regulärer Polygone. Seine 1801 erschienenen, aber schon einige Jahre vorher verfassten *Disquisitiones Arithmeticae* gelten als dasjenige Werk, das die moderne Mathematik als autonome Wissenschaft begründete. Ein seinerzeit spektakulärer Erfolg der von ihm entwickelten mathematischen Methoden der Fehlerrechnung war die Wiederentdeckung des Kleinplaneten Ceres im gleichen Jahr. Dieser Kleinplanet war von Astronomen entdeckt, aber dann wieder aus den Augen verloren worden, bis die Gaußschen Methoden der Bahnberechnung es erlaubten, seine Position mit so hoher Präzision vorherzusagen, dass die Astronomen wussten, auf welche Stelle im Himmel sie ihre Fernrohre zu richten hatten, um ihn wiederzufinden. Gauß war seit 1807 Professor in Göttingen und Direktor der Sternwarte. Gauß gilt als der größte Mathematiker aller Zeiten, und er hat fast alle Gebiete der modernen Mathematik entscheidend geprägt und viele von ihnen überhaupt erst begründet. Zusammen mit dem Physiker Wilhelm Weber (1804–1891) konstruierte er den ersten Telegrafen. Die von ihm entwickelten mathematischen Methoden sind auch für die Astronomie und die Geodäsie fundamental. Gauß war insbesondere im Alter, sicher auch bedingt

Abb. 1.1 Stich von August Weger nach einer Aufnahme von Riemann, wohl aus dem Jahr 1863

(1805–1859)[7], bei dem er in Berlin viele Vorlesungen hörte. Dirichlet wurde dann 1855 der Nachfolger vonGauß in Göttingen, und Riemann wurde dann wiederum 1859 dessen

---

durch ein wenig glückliches Familienleben, abweisend und verschlossen, und der schüchterne Riemann konnte kaum in direkten persönlichen Kontakt mit ihm gelangen. Riemann eignete sich daher die mathematischen Theorien und Entdeckungen von Gauß im Wesentlichen durch das Studium von dessen Schriften an. – Eine neuere Biographie von Gauß ist [118].

[7] Dirichlet wurde in Düren im Rheinland als Sohn des dortigen Posthalters geboren. Dessen Vater war aus dem wallonischen Gebiet im heutigen Belgien eingewandert, woher der romanische Name kommt. Während eines Aufenthaltes in Paris von 1822–1827, wo er zwar als Ausländer nicht an den Kursen des seinerzeit führenden französischen Mathematikers Augustin Louis Cauchy (1789–1857) an der École Polytechnique teilnehmen durfte, gelang ihm die Aufnahme in die Kreise von Jean-Baptiste Louis Fourier (1768–1830), der von physikalischen Problemen der Thermodynamik ausgehend die berühmten Reihendarstellungen für periodische Funktionen eingeführt hatte. Dirichlet beweist einen grundlegenden Satz über diese Reihendarstellungen. Alexander von Humboldt (1769–1859), der sich nach seinen berühmten Forschungsreisen zunächst in Paris aufhielt und dann in Berlin einflussreiche Positionen bekleidete, ist von ihm beeindruckt, unterstützt und fördert ihn und holt ihn als Professor nach Preußen, zunächst nach Breslau und 1829 nach Berlin. Dirichlet und sein Freund und Kollege

Nachfolger als Göttinger ordentlicher Professor, nachdem er im Jahre 1857 zum außerordentlichen Professor ernannt worden war. Er war schüchtern und kränklich, beeindruckte aber die wissenschaftliche Welt durch den Reichtum seiner mathematischen Erkenntnisse und die Kühnheit und Neuartigkeit seiner mathematischen Theorien.

Während seiner Studienzeit in Berlin diskutierte er mit dem etwas älteren, allerdings früh verstorbenen Mathematiker Gotthold Eisenstein (1823–1852), aber beiderseitige Schüchternheit verhinderte ein engeres Verhältnis. In seiner Göttinger Studienzeit arbeitete er auch im Seminar des Physikers Wilhelm Weber (1804–1891) mit, was ihn später zu Überlegungen zu einer einheitlichen physikalischen Feldtheorie inspirierte.[8] Engere persönliche Kontakte außerhalb seiner Familie entwickelte er nur zu dem jüngeren Mathematiker Richard Dedekind (1831–1916)[9]. Er durchlief einen seinerzeit üblichen Karriereweg über die Privatdozentur zur Professur in Göttingen. Das mit dieser Professur verbundene Gehalt erleichterte dann wesentlich seine finanzielle Situation, insbesondere weil er nach dem Tode seiner Eltern und seines Bruders auch die Verantwortung für drei unverheiratete Schwestern übernahm. Gesundheitliche Schwierigkeiten machten Unterbrechungen dieser Professur durch Aufenthalte in dem ihm klimatisch zuträglicheren Italien erforderlich, wo er dann aber knapp 40jährig seinem Lungenleiden erlag (Abb. 1.2) und seine Frau und eine kleine Tochter hinterließ.

Riemann starb also weder so jung wie Niels Hendrik Abel (1802–1829) oder ÉvaristeGalois (1811–1832), die in ihrem kurzen Leben nur eine wichtige mathematische Theorie (diejenige der Abelschen Integrale bzw. die Gruppentheorie) begründen konnten, noch erreichte er das hohe Alter des oft mürrisch verschlossenenGauß. Er besaß weder die beinahe unerschöpfliche Lebenskraft Leonhard Eulers (1707–1783) noch die tätige Energie von Carl

---

Carl Gustav Jacob Jacobi (1804–1851) machen die 1810 von Wilhelm von Humboldt (1767–1835) im Zuge der durch die napoleonische Aggression motivierten Reformen Preußens gegründete Berliner Universität zu einen Zentrum der mathematischen Forschung. Dirichlets Ehefrau Rebecca Henriette (1811–1858) war hochgebildet; sie entstammte einer der kulturell führenden Familien Deutschlands, die auch eine wesentliche Rolle in der Emanzipation der europäischen Juden spielte. Sie war eine Enkelin des Philosophen Moses Mendelssohn (1729–1786), eine Nichte der Schriftstellerin Dorothea (von) Schlegel (1764–1839), der Gattin des Literaten und Theoretikers der Romantik Friedrich (von) Schlegel (1772–1829), und eine Schwester des Komponisten Felix Mendelssohn Bartholdy (1809–1847), der als Leiter des Leipziger Gewandhausorchesters auch die Wiederentdeckung und Renaissance der Musik von Bach und Händel initiierte. Auf diese Weise war das Leben Dirichlets mit denjenigen vieler anderer bedeutender Persönlichkeiten verwoben. Dirichlet war Riemann gegenüber freundlich und aufgeschlossen, und Riemann konnte viel von ihm lernen. Dirichlet leistete insbesondere Bedeutendes in der Zahlentheorie, und er begründete dabei die analytische Richtung der Zahlentheorie. Eine historisch orientierte Einführung findet sich in [182]. Die von Dirichlet in der Variationsrechnung angewandten Prinzipien spielten später eine zentrale Rolle in Riemanns Untersuchungen zur Funktionentheorie und der nach ihm benannten Riemannschen Flächen.

[8] S. z. B. [112].

[9] Zu Dedekind vgl. und [183]. Die dort abgedruckten Briefe enthalten auch biographisches Material zu Riemann, welches das in Dedekinds Biographie von Riemann in den gesammelten Werken dargestellte Bild ergänzen kann. [155] stellt Dedekinds einflussreiche Begründung der rellen Zahlen in den biographischen und wissenschaftlichen Kontext.

Abb. 1.2 Auf dem Friedhof in Biganzolo am Lago Maggiore erinnert diese Plakette an Riemann. (Aufnahme von G. Rondena – personal photo, Gemeinfrei, https://commons.wikimedia.org/w/index.php?curid=8374862)

Gustav Jacob Jacobi (1804–1851) oder Felix Klein (1849–1925). Er konnte auch nicht auf einen Stab begabter Mitarbeiter zurückgreifen wie später David Hilbert (1862–1943), denn die hierfür erforderlichen institutionellen Voraussetzungen wurden erst später in Deutschland von Felix Klein und anderen gelegt (und dann von den Nationalsozialisten durch die Vertreibung und Ermordung jüdischer und das Exil andersdenkender Mathematiker wieder zerstört). Riemann begründete aber zusammen mitGauß gerade den Aufschwung der

Mathematik in Deutschland und speziell in Göttingen, der eine solche Institutionalisierung überhaupt erst ermöglichte.

Es gibt von Riemann keine ausführliche für einen allgemeineren Leserkreis verfasste Biographie.[10] Ansonsten sind Biographien bedeutender Mathematiker nicht selten und in manchen Ländern durchaus auch Ausdruck des nationalen Stolzes, wie in den Biographien der norwegischen Mathematiker Niels Hendrik Abel und Sophus Lie (1842–1899) durch Arild Stubhaug. In anderen Fällen, wie in den unter Mathematikern sehr beliebten Biographien von David Hilbert und Richard Courant (1888–1972) durch Constance Reid, wird auch die Verflochtenheit der Wissenschaftler in die ungünstigen zeitgeschichtlichen Abläufe dargelegt. Da das Leben Riemanns im Stillen und in ruhigen Zeiten ablief, bietet sich bei ihm wenig Stoff für spektakuläre Lebensgeschichten. Auch der Geniekult, dem Riemann eigentlich ein vorzügliches Beispiel liefern sollte, hat ihn nicht aufgegriffen, im Unterschied zu den jünger verstorbenen Mathematikern Abel und Galois oder den ähnlich lange lebenden Künstlern Raffael, Mozart und Schiller.

Der akademische Lebensweg von Bernhard Riemann erscheint aus heutiger Sicht unproblematisch, wenn man einmal von den prekären finanziellen Verhältnissen absieht, unter denen Privatdozenten damals leben mussten, also durch Promotion und Habilitation qualifizierte Wissenschaftler, die noch keine reguläre Professur erhalten hatten. Der Aufstieg über die Privatdozentur zur Professur galt wohl seinerzeit schon als die übliche akademische Laufbahn. Es sollte dabei allerdings darauf hingewiesen werden, dass es hierzu sowohl im positiven als auch im negativen Sinne in vielen Fällen Abweichungen gab. Überhaupt bestand das moderne, von Wilhelm von Humboldt begründete Universitätssystem zur Zeit Riemanns erst seit einem halben Jahrhundert, und die Verlagerung der wissenschaftlichen Forschung von den Akademien des 18. zu den Universitäten des 19. Jahrhunderts und die entsprechende Etablierung akademischer Laufbahnstrukturen hatten einige Zeit benötigt. Insbesondere in der Anfangsphase konnte das Universitätssystem daher seinen Nachwuchs typischerweise noch nicht über universitätsinterne Karrierewege heranbilden, sondern musste Universi-

[10] In den von Heinrich Weber und Richard Dedekind herausgegebenen Werken Riemanns findet sich ein etwa zwanzigseitiger, von seinem Freund und Kollegen Dedekind verfasster Lebenslauf Riemanns. Auf diesem Lebenslauf beruhen alle späteren biographischen Ausführungen. Hans Freudenthal hat für das Dictionary of Scientific Biography eine kurze Biographie Riemanns verfasst. Neben weiteren kürzeren biographischen Skizzen gibt es Werkbiographien Riemanns von Michael Monastyrsky [154] und Detlef Laugwitz [133], in der die Entwicklung und Wirkung des wissenschaftlichen Werkes im Kontext der Lebensumstände dargelegt werden. Die Werkbiographie von Laugwitz ist mir an verschiedenen Stellen von großem Nutzen gewesen, und sie enthält auch eine ausführliche und allgemeinverständliche Beschreibung von Riemanns Leben und Wirken. Verschiedene weitere derartige Analysen finden sich in der von Raghavan Narasimhan durchgeführten Neuausgabe von Riemanns Werken. Aus der Erforschung des wissenschaftlichen Nachlasses und des vorliegenden biographischen Materials Riemanns und von Vorlesungsmitschriften von Studenten durch Erwin Neuenschwander ist [158] hervorgegangen. Verschiedene mathematikhistorische Studien beschäftigen sich mit der Entwicklung der Geometrie vor, durch und nach Riemann, allerdings nicht unter biographischen Gesichtspunkten. Quellenangaben finden sich in der Auswahlbibliographie am Ende dieses Buches.

tätslehrer oftmals von außen, aus dem Kreis der Gymnasialprofessoren oder demjenigen der naturwissenschaftlichen Praktiker rekrutieren, die in Sternwarten, botanischen Gärten, Apotheken oder anderen Einrichtungen tätig waren. Umgekehrt konnten daher angehende Wissenschaftler nicht unbedingt auf eine reine Universitätskarriere bauen, sondern mussten häufig lange biographische Umwege in Kauf nehmen. Neben begabten und fähigen Wissenschaftlern, die zeitlebens keine Universitätsstelle bekamen, gab es daher andere, denen der Einstieg in die Universitätslaufbahn aus einer Außenseiterposition gelang, oder umgekehrt auch solche, die schon in jungen Jahren von fürstlichen Sponsoren oder Regierungen großzügig gefördert wurden. Zu letzteren gehörten beispielsweiseGauß, der durch seinen Braunschweigischen Landesvater unterstützt wurde, oder Dirichlet, der auf Veranlassung Alexander von Humboldts sowohl bei seinen Studien in Paris gefördert als auch danach auf eine Professur nach Berlin geholt wurde. Ein bekanntes Beispiel außerhalb der Mathematik ist der Chemiker Justus (von) Liebig (1803–1873), dem der hessische Großherzog das Studium in Paris ermöglichte und der dann schon 1824 Professor in Gießen wurde, wo er die Institution des chemischen Labors für Lehre und Forschung aufbaute. Zu denjenigen, die durch zähes Bemühen den Einstieg von außen schafften und sich dann zentrale Positionen in der deutschen Wissenschaft erarbeiteten, gehören der Mathematiker KarlWeierstraß (1815–1897), der lange Jahre als Gymnasiallehrer in Deutsch-Krone im damaligen Westpreußen und Braunsberg im früheren Ostpreußen verbringen musste, bevor er sich durch seine mathematischen Arbeiten zu elliptischen Integralen wissenschaftliche Anerkennung verschaffen konnte, oder Hermann (von) Helmholtz (1821–1894), der zunächst Militärarzt werden musste, bevor er seine eigentliche akademische Laufbahn beginnen konnte. Wilhelm Killing (1847–1923) erbrachte seine bedeutenden Untersuchungen zu den Grundlagen der Geometrie und den infinitesimalen Bewegungsgruppen (Liealgebren) neben einem enormen, alle Wissenschaften umfassenden Lehrdeputat und sogar zeitweise dem Rektorat am Lyceum Hosianum in Braunsberg in Ostpreußen, wo schon sein LehrerWeierstraß tätig gewesen war, bis er 1892 Professor in Münster wurde, wo ihn dann allerdings Lehr- und Verwaltungsaufgaben bis hin zum Rektorat und sein in seinem Katholizismus verwurzeltes karikatives Engagement so sehr in Anspruch nahmen, dass er seine mathematischen Forschungen kaum noch fortführen konnte. Anderen, wie dem Mathematiker Hermann Grassmann (1809–1877), blieb die wissenschaftliche Anerkennung durch die Mathematiker zeitlebens versagt. Grassmann war Gymnasiallehrer in Stettin, und er begründete die lineare Algebra, die heute in der mathematischen Universitätsausbildung grundlegend ist und schon vom ersten Fachsemester an gelehrt wird. (Grassmann war auch ein bedeutender Sanskritforscher und studierte insbesondere die RigVeda. Im Unterschied zu seinen grundlegenden mathematischen Beiträgen fanden diese Untersuchungen allerdings durchaus die Anerkennung der Fachwelt.) Ein bekanntes Beispiel außerhalb der Mathematik ist natürlich der Augustinermönch Gregor Mendel (1822–1884), dessen Entdeckung der quantitativen Gesetze der Vererbung, eine der tiefsten Erkenntnisse in der gesamten Geschichte der Biologie, von den Fachleuten nicht zur Kenntnis genommen wurde, bis sie nach der

Jahrhundertwende von mehreren Forschern in zunächst schwächerer Form wiederentdeckt und zur Grundlage des modernen Genbegriffs gemacht wurden.

Im Vergleich zu diesen Karrierewegen war derjenige von Riemann also recht geradlinig. Auch wenn heutzutage wissenschaftliche Karrieren leichter erscheinen, hätte Riemann unter heutigen Bedingungen vielleicht aufgrund seiner persönlichen Schüchternheit Probleme gehabt, denn seine Bewerbung wäre vermutlich in einer Berufskommission von einem gremienerfahrenen Kollegen mit der Bemerkung „Den können wir doch nie zum Dekan machen" vom Tisch gewischt worden. Und um ein anderes Beispiel anzuführen: Der norwegische Mathematiker Sophus Lie, der in Leipzig lehrte und die für die heutige Physik grundlegende Theorie der Symmetriegruppen begründete, wäre dagegen wahrscheinlich unter heutigen Bedingungen wegen „seiner stets in gebrochenem Deutsch gehaltenen Vorlesungen" von der Fachschaftsvertreterin abgelehnt worden.

Bisherige Editionen (zu Einzelheiten vgl. die Bibliographie am Ende):

- Gesammelte Werke (verschiedene Ausgaben, neueste von Narasimhan);
- Weyl, mit ausführlichem, hier wiedergegebenem mathematischem Kommentar.

Historische Einführung 2

2.1 Das Raumproblem in der Physik, von der Antike bis Newton and Leibniz

Riemanns Schrift verknüpft in neuartiger Weise verschiedene Themenstränge aus Mathematik, Physik und Philosophie, und Helmholtz bringt dann noch zusätzlich die Sinnesphysiologie in die Diskussion ein. Um daher Riemanns Schrift historisch zu verorten und darzulegen, inwieweit sich hier etwas grundsätzlich Neues ereignet, ist zunächst eine Skizze der Geschichte des Raumproblems in den beteiligten Wissenschaften erforderlich. Bezugspunkt der geometrischen Forschung ist Euklid (fl. ca. 300 v. Chr.). Bekanntlich hat er in seinen *Elementen* aus wenigen Definitionen, Postulaten und Axiomen in konstruktiver Weise eine ebene und räumliche Geometrie entwickelt, die dann die weitere Entwicklung derart stark geprägt hat, dass sie oft und lange als alternativlos angesehen wurde.

Die euklidische Geometrie entstand allerdings nicht aus dem Nichts, sondern in einem reichem philosophischen und mathematisschen Kontext, der wesentlich von von den Theorien Platons(428/7–348 v. Chr.) und Aristoteles (384–322 v. Chr.) geprägt worden war. Und wir beginnen unsere Darstellung mit Platon, dessen wesentliche Schriften vollständig überliefert sind, während die Schriften seiner Vorgänger heute nur noch fragmentatisch erhalten und schwer rekonstruierbar sind.

Platon legt seine Raumkonzeption im *Timaios* dar, eingebettet in allgemeine Überlegungen zur Entstehung und Struktur des Kosmos. Er sagt, dass es vor dem Kosmos schon Sein, Raum und Werden gegeben habe, wobei unter Platonforschern umstritten ist, inwieweit dieses „vor" zeitlich oder ontologisch zu verstehen ist. Der Raum (χώρα, chōra) wird dabei als amorph, gestaltlos, und dadurch aufnahmefähig für Beliebiges gedacht. Dieses Beliebige ist allerdings aus den Elementen Feuer, Wasser, Luft und Erde zusammengesetzt. Und diese wiederum bestehen aus Kombinationen von geometrischen Strukturen. Die Grundelemente sind dabei zwei rechtwinklige Dreiecke, Das erste dieser Dreiecke ist gleichschenklig, und aus vieren dieser Dreiecke lässt sich ein Quadrat zusammensetzen.

J. Jost, *Bernhard Riemann – Über die Hypothesen, welche der Geometrie zu Grunde liegen*, Klassische Texte der Wissenschaft, https://doi.org/10.1007/978-3-662-70872-9_2

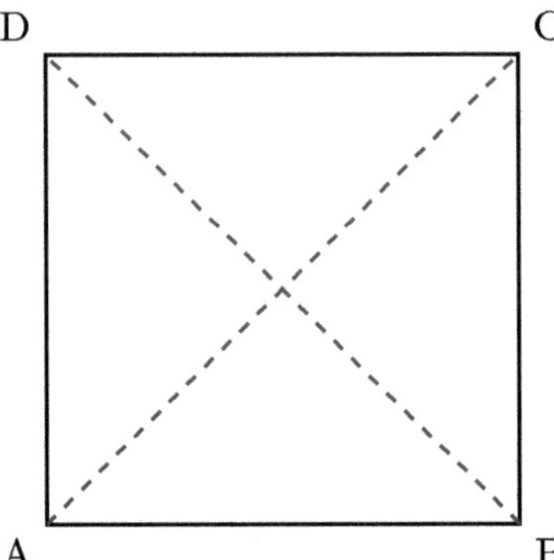

Das andere ist nicht gleichschenklig, sondern die Verhältnisse seiner Seitenlängen sind so, dass sich aus sechsen von ihnen ein gleichseitiges Dreieck bilden lässt.

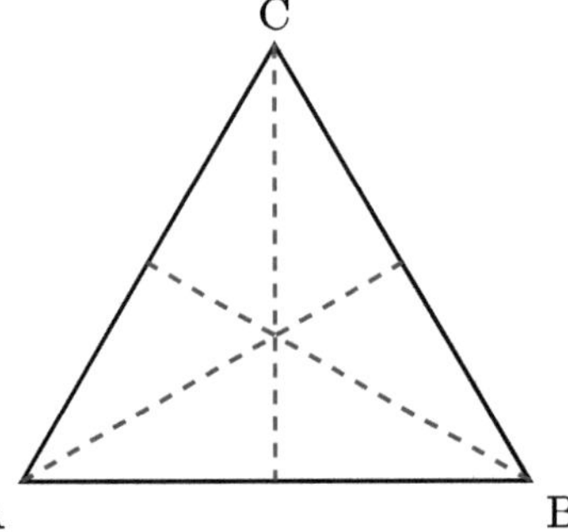

Wenn man den Platon schon bekannten Satz des Pythagoras heranzieht und die Seitenlänge des gleichseitigen Dreiecks a beträgt, so haben die Katheten eines solchen rechtwinkligen Dreiecks die Längen $\frac{a}{2}$ und $\frac{a}{2\sqrt{3}}$, während die Hypotenuse $\frac{a}{\sqrt{3}}$ ist. Allerdings ist die Maßeinheit a unbestimmt, und nur die Seitenverhältnisse sind bestimmt. So ist eine der Katheten die Hälfte der Hypotenuse.

Diese Flächen, also das Quadrat und das gleichseitige Dreieck, bilden nun wiederum die elementaren Bestandteile, aus denen vier der platonischen Körper, Würfel, Tetraeder, Oktaeder und Ikosaeder, zusammengesetzt sind. Der Würfel entspricht dann der Erde, das Tetraeder dem Feuer, das Oktaeder der Luft und das Ikosaeder dem Wasser. Der fünfte platonische Körper wird dem Weltschöpfer, dem Demiurgen, oder dem Weltganzen zugewiesen. Würfel, Tetraeder und Dodekaeder waren schon den Pythogoräern bekannt. Das Oktaeder und das Ikosaeder wurden von dem Mathematiker Theaitet entdeckt, einem Freund Platons. Theaitet bewies vermutlich auch, dass diese fünf die einzigen regelmäßigen Körper waren. Ein Echo solcher Konstruktionen findet sich noch in der Spekulation des frühen Kepler (1571–1630), der die Bahnen der sechs seinerzeit im kopernikanischen System bekannten Planeten, Merkur, Venus, Erde, Mars, Jupiter und Saturn durch solche Körper beschreiben wollte, bevor er dann später nach jahrelangen Rechnungen an den von Tycho Brahe (1546–1601) gewonnenen astronomischen Daten zu seinen grundlegenden Planetengesetzen vordrang.

Die vier Elemente Erde, Feuer. Luft und Wasser waren von Empedokles (ca. 500–430 v. Chr.) als Grundelemente eingeführt worden und bildeten einen festen Baustein des griechischen Denkens. Die realen Körper bestehen dann aus einer Ineinanderschachtelung solcher idealer Körper verschiedener Größe. Und Bewegung entsteht dadurch, dass diese ihre Größe und wegen ihrer Verschachtelung dann auch ihren Ort und die Zusammensetzungen dadurch ihren Zustand ändern. Dies ist zwar wohl durch die Vorstellungen der Atomisten um Leukipp (Mitte des 5. Jhdts. v. Chr.) und Demokrit (ca.460–370 v. Chr.) inspiriert, aber dann doch sehr verschieden von diesen, nach denen sich kleine, nicht weiter zerlegbare Teilchen, die Atome in einem ansonsten leeren Raum bewegen. Diese Atome besitzen Schwere und Widerständigkeit und damit Körperhaftigkeit und können sich, unterschieden durch Gestalt, Lage und Anordnung, auf vielfältige Weise miteinander kombinieren.

Diese platonischen Vorstellungen sind zwar phantasievoll, mögen aber heutzutage vielleicht eher befremdlich wirken. Sie enthalten aber einen auch heute noch virulenten Gedanken, nämlich dass die räumliche Materie sich letztendlich aus nicht mehr räumlich gedachten Grundbausteinen zusammensetzt, in dieser Hinsicht ähnlich den Strings der modernen Elementarteilchenphysik. Auch Leibniz wird später nicht mehr räumlich gedachte letztendliche Konstituenten der Materie ansetzen, die Monaden, die allerdings im Unterschied zu den platonischen Dreiecken nicht gleichartig, sondern individuell einzigartig sind.

Ein weiterer Aspekt der platonischen Theorie ist, dass die Grundbausteine, also die rechtwinkligen Dreiecke keine feste intrinsische Größe besitzen, sondern in verschiedenen Größen realisiert werden können. Die Maßverhältnisse räumlicher Objekte treten also erst sekundär auf.

Das Weltall stellt Platon sich kugelförmig vor, und das Streben zu deren Zentrum verursacht die Schwere der Körper. Als Kugel ist das Weltall isotrop, d. h. alle vom Zentrum ausgehenden Richtungen sind gleich, und alle Punkte auf der Peripherie sind geometrisch gleich.

Bei Platon ist die körperliche und sinnlich erfahrbare Welt also letztendlich nicht materiell, sondern geometrisch konstituiert.

Derjenige Raumbegriff aus der Antike, der bis heute wirkmächtig ist, ist der euklidische, oder zumindest derjenige, den man den Elementen des Euklid [55] zugrundelegt, obwohl er in dieser Form von Euklid nicht explizit dargelegt worden ist. Während die Beziehung der euklidischen Geometrie zur platonischen Philosophie unproblematisch war, passte sie allerdings nicht mit der aristotelischen Physik zusammen. Der euklidische Raum ist homogen, d. h. alle Punkt in ihm sind geometrisch gleich, und isotrop, d. h. alle Richtungen in einem Punkt sind geometrisch gleich. Kein Punkt und keine Richtung sind in irgendeiner Weise ausgezeichnet. Aristoteles konzeptionalisierte dagegen die Welt als Ansammlung von Örtern.[1] Der Ort eines Gegenstandes war dabei durch dessen begrenzende Oberfläche bestimmt. Jedes Ding besaß seinen natürlichen Ort, zu dem es hinstrebte. Somit war die

[1] Während ursprünglich noch die beiden Ausdrücke χώρα, chōra, und τόπος, tópos, keine klar unterschiedenen Bedeutungen hatten, wird chōra meist als *Raum,* im Sinne von etwas Ausgedehntem, und tópos als Ort, Stelle, Lage, Position übersetzt. Ein aristotelischer Ort ist ein Topos. Bei den

Welt heterogen. Da Gegenstände natürlicherweise von oben nach unten fallen, war insbesondere die Richtung von oben nach unten von anderen Richtungen unterschieden, und der aristotelische Raum war nicht isotrop. In dieser Gegenüberstellung von Euklid und Aristoteles ist schon die grundsätzliche Frage nach dem Verhältnis von Geometrie und Physik zu erkennen, oder in etwas anderer Formulierung die Frage nach der Beziehung zwischen dem geometrischen Raum und den ihn erfüllenden Gegenständen. Physikalisch stellt sich in diesem Zusammenhang auch die Frage nach der Existenz des Vakuums, des leeren, inhaltslosen Raumes, erforderlich für die antike Atomtheorie von Demokrit und Leukipp, aber von Parmenides (um 500 v. Chr.), einem der Begründer der griechischen Philosophie, und Aristoteles als unmöglich angesehen. Der euklidische Raum ist unendlich,[2] und die Frage nach der Endlichkeit oder Unendlichkeit des physikalischen Raumes wurde ebenfalls in der Antike kontrovers diskutiert, wobei Aristoteles wiederum auf der Gegenseite stand. Für diesen konnte Unendlichkeit nur als Potentialität in der Zeit, aber nicht als Aktualität im Raum existieren.

Ein neuer Gesichtspunkt wird dann von den Künstlern und Kunsttheoretikern der italienischen Renaissance eingebracht. Diese wollten bekanntlich Gegenstände nicht mehr in ihrer wirklichen, objektiven Größe oder Personen in einer ihrer Bedeutung entsprechenden Größe darstellen, sondern so, wie sie sich subjektiv dem Auge des Betrachters zeigten. Hierfür mussten sie auf die als objektiv gültig angesehenen Gesetze der geometrischen Optik zurückgreifen, die wiederum den Regeln der euklidischen Geometrie folgen. In gewisser Weise wurde als eine Physik der Körper durch eine Physik der Lichtstrahlen ersetzt, die dann mit der euklidischen Geometrie zur Deckung gebracht werden konnte.[3] Möglicherweise haben auch die durch den Aufschwung des Seehandels bedingten Erfordernisse der Kartographie hierfür Anregungen geliefert, denn dort ging es ebenfalls um die adäquate Darstellung räumlicher Beziehungen.[4] Jedenfalls ist die Linearperspektive, als deren Entdecker der Florentiner Architekt und Künstler Filippo Brunelleschi (1377–1466) gilt und deren erste Darstellung sich in dem Buch *Della Pittura* (1435) des Literaten und Gelehrten Leon Battista Alberti (1404–1472) findet, die euklidische Konstruktion der Projektion aus dem dreidimensionalen Raum auf eine zweidimensionale Fläche. Dies inspirierte dann Kepler und Desargues (1591–1661) zu einer neuen Behandlung der Kegelschnitte.[5] In den Händen

---

Atomisten und anderen antiken Denkern trat auch τὸ κένεν, to kenon, das Leere, auf. Für Einelheiten vgl., [4, S. 34 ff.].

[2] Die Konzeption des Unendlichen in der Antike unterschied sich allerdings von der modernen, wesentlich durch Cantor geprägten Auffassung der modernen Mathematik. Das Unendliche wurde nicht als aktuell, sondern als potentiell oder konstruktiv verstanden, in dem Sinne, dass man beispielsweise eine Gerade immer weiter verlängern kann, ohne an ein Ende zu gelangen, aber ohne dass man dabei schon allen Punkten dieser unendlichen Geraden eine vorgängige Existenz zusprechen müsste. Für eine systematische Analyse der geschichtlichen Entwicklung des Unendlichkeitskonzeptes s. J. Cohn [34].

[3] Nicht unumstritten ist [164].

[4] vgl. [47, 48].

[5] s. z. B. [58].

der Mathematiker führte dies (erst) in der ersten Hälfte des 19. Jahrhunderts zur Entwicklung der projektiven Geometrie,[6] die dann wiederum in Verbindung mit von Riemann, Klein und anderen Mathematikern der zweiten Hälfte des 19. Jahrhunderts entwickelten Ideen in die algebraische Geometrie einmündete.

In der italienischen Naturphilosophie des 16. Jahrhunderts beginnt dann auch die Ablösung des bis dahin dominierenden aristotelisch-scholastischen Weltbildes.[7]

Julius Caesar Scaliger (1484–1558) greift die Lehre vom Leeren aus der antiken Atomistik wieder auf, Voraussetzung dafür, dass der Raum zum Behälter für Dinge werden kann. Der Ort eines Gegenstandes ist dann im Gegensatz zu Aristoteles nicht mehr durch dessen begrenzende Oberfläche bestimmt, sondern wird zu dem durch diese Grenzen umschlossenen dreidimensionalen geometrischen Inhalt. Der Raum begrenzt also nicht mehr Gegenstände, sondern Gegenstände füllen den Raum aus. Bernardino Telesio (1508/9–1588) entwickelt eine antiaristotelische dynamische Naturphilosophie. Für ihn ist der (leere) Raum unkörperlich und wirkungslos, bloße Aufnahmefähigkeit der Dinge.[8] Für Francesco Patrizi (1529–1597) ist der Raum Ursprung und Quelle der Quantität, und er verleiht der Körperwelt ihre Grundlage.[9] Weil er keinen Widerstand zeigt, ist er nicht körperlich, aber gleichzeitig durch das Merkmal der Ausdehnung von rein geistigen Entitäten unterschieden. Der Raum hat also hier, im Gegensatz zu Aristoteles, keine den Gegenständen innewohnende, sondern eine von ihnen unabhängige Wirklichkeit. Pierre Gassendi (1592–1655) stellte sich einen absoluten und leeren Raum vor, in dem sich nicht weiter teilbare Atome bewegen können. Diese Atome sind undurchdringlich und hart und begründen dadurch auch die Härte makroskopischer physikalischer Objekte, die aus ihnen zusammengesetzt sind. Der Raum ist also wie bei Telesio oder Patrizi keine Eigenschaft, sondern eine Vorbedingung der Existenz physikalischer Körper. Er arbeitet auch den Gegensatz heraus zwischen mathematischer beliebiger Teilbarkeit, wie sie dem euklidischen Raum zukommt, und physikalischer Unteilbarkeit der Atome. Insbesondere mit der Existenz des Vakuums, die seinerzeit auch durch physikalische Experimente begründet wurde, stellte er sich gegen Aristoteles und Descartes.

Die hier angesprochenen Gedanken blieben in der weiteren Entwicklung des Raumbegriffes wesentlich und wirksam.

Die Physik von Galileo Galilei (1564–1642), die im Gegensatz zu der qualitativ-logischen Argumentation des Aristoteles quantitativ-mathematische Gesetzmäßigkeiten aufstellt,[10]

---

[6] s. die ausführliche Darstellung von Kirsti Andersen [5].

[7] Für eine systematische Darstellung der gesamten Entwicklung verweisen wir auf E. Cassirer [25] und den von V. De Risi herausgegebenen Band [39]. Eine knappere Darstellung der Entwicklung des Anti-Aristotelismus und der mechanischen Naturphilosophie bis Newton findet sich in [67].

[8] Neben Cassirer [25, Bd 1] s. auch den Artikel zu Telesio in [51, S. 741 f.].

[9] vgl. die Analysen in [37, 59]

[10] Mit seiner Konzentration auf den empirisch messbaren Ablauf physikalischer Prozesse anstelle von deren Begründung aus finalen Prinzipien, mit seiner Annahme, dass die Welt daher für den Menschen nicht ohne Weiteres aus geoffenbarten Prinzipien erkennbar ist, sondern erst mühsam empirisch erkundet und gemessen werden muss, und den von ihm zugrunde gelegten atomistischen Vorstellungen hebelte Galilei die von der Scholastik des Mittelalters in der Aristotelesrezeption entwickelte

setzt die euklidische Geometrie voraus. Es werden idealisierte Situationen betrachtet, wie die auf einer unendlich ausgedehnten schiefen Ebene rollende Kugel oder die gleichförmige, beschleunigungsfreie Bewegung im leeren Raum, die sich mathematisch exakt beschreiben lassen und die gleichzeitig die physikalischen Vorgänge in der realen Welt approximieren. Der Unterschied zwischen der idealen und der realen Bewegung wird durch als (im Gegensatz zu Aristoteles) konzeptionell sekundär angesehene Effekte wie die Reibung oder den Luftwiderstand hervorgerufen. Die Gleichförmigkeit des idealisierten physikalischen Prozesses setzt die Gleichförmigkeit des Raumes voraus, in dem er sich abspielt. In moderner Terminologie lassen sich die Invarianzen der physikalischen Bewegung auf Transformationen des Raumes zurückführen, die dessen Geometrie nicht verändern. Dies ist das sogenannte Konzept der Galileiinvarianz, dass die Gesetze der Physik in allen Bezugssystemen identisch sind, die sich gegeneinander mit gleichförmiger Geschwindigkeit, also ohne Beschleunigung, bewegen. Dies bleibt auch in Einsteins spezieller Relativitätstheorie gültig, in welcher allerdings die Galileitransformationen durch die relativistischen Lorentztransformationen ersetzt werden, bei denen nicht nur die räumlichen Positionen, sondern auch die Zeit linear transformiert wird. Diese Lorentztransformationen vollziehen sich daher nicht mehr im dreidimensionalen euklidischen Raum, sondern in einem durch die Hinzunahme der Zeit erweiterten Raum, dem vierdimensionalen Minkowskiraum.

Philosophie aus, für welche die Welt ein auf den Menschen bezogener Ordnungszusammenhang war (s. z. B. die prägnante Analyse bei E. A. Burtt [20]). Auf dieser Philosophie, beispielsweise der für die Abendmahlslehre wichtigen aristotelischen Unterscheidung von Form und Substanz beruhte aber das in der Gegenreformation verhärtete Weltbild der katholischen Kirche. (Der oben skizzierte Beginn der Auflösung des aristotelischen Weltbildes in der italienischen Naturphilosophie des 16. Jahrhunderts war dagegen noch von päpstlichem Wohlwollen begleitet worden.) Wenn es statt der aristotelischen Substanzen, in die verschiedene Formen eingeprägt werden konnten, und die dann umgekehrt im Wunder der Transsubstantiation bei gleichbleibender Form verwandelt werden konnten, nach Galilei nur noch gestaltlose Atome gab und sich qualitative Eigenschaften wie Farbe erst im Wahrnehmungsprozess konstituierten, so wurde ein solches Wunder unmöglich oder bestenfalls noch als krude Sinnestäuschung plausibel. Und natürlich harmonisierte auch das kopernikanische Weltbild nicht mit einem auf den Menschen bezogenen Schöpfungsplan. Dies sind wohl die tieferen Gründe für den Widerstand, den Galilei bei den führenden intellektuellen Vertretern der katholischen Kirche vorfand, auch wenn in populären Darstellung ein kleingeistig wirkenden Streit um die wörtliche Auslegung bestimmter Bibelstellen, wie derjenigen, wo Josua bei der Einnahme von Jericho angeblich die Sonne still stehen ließ, als Grund für die Verfolgung Galileis vorgestellt wird. Bibelstellen konnten auch von der katholischen Kirche, wenn sie dies aus systematischen Gründen für erforderlich oder zweckdienlich hielt, durchaus allegorisch ausgelegt werden, und die Bibelstellen dienten wohl in einer Zeit, in der auch intellektuelle Diskussionen die von Macchiavelli propagierten Methoden einsetzen konnten, eher als Material für rhetorische Finten. Selbst bei physikalischen Experimenten ist es häufig unklar, ob sie tatsächlich durchgeführt worden sind oder ihre Resultate nur unter Berufung auf anschauliche Plausibilität als Belege für eine systematische Theorie behauptet worden sind, s. z. B. [126]. Pietro Redondi [168, 169] hat Belege dafür aufgefunden, dass die Kirche eigentlich die Begründung der für die Konzeption der Gegenreformation zentralen Transsubstantionslehre durch Galilei gefährdet sah und ihn deswegen maßregelte.

Galilei ersetzte also die aristotelische Konzeption eines geordneten und strukturierten Kosmos durch den einheitlichen Wirkungszusammenhang eines an sich unstrukturierten (und schon von Giordano Bruno (1548–1600) enthusiastisch als unendlich propagierten) Universums.[11] Dies war nicht nur der entscheidende Durchbruch der modernen Physik, sondern begründete auch erst die Fragestellungen der modernen Geometrie, wie sie dann in Riemanns Werk ihren Kulminationspunkt erreichten.

Für die Physik von Isaac Newton (1642–1727) war der euklidische Raum der invariante Behälter, in welchem sich die physikalischen Objekte, typischerweise als Massenpunkte idealisiert, unter dem Einfluss von Kräften bewegen. Diese für die weitere Physik richtungsweisende Konzeption musste sich allerdings erst gegen die cartesianische Vorstellung durchsetzen, der als das kennzeichnende Kriterium der Materie ihre Ausdehnung angesehen hatte;[12] René Descartes (1596–1650) wäre also der Newtonsche Begriff des Massenpunktes als völlig sinnlos erschienen. Aber erst die von Johannes Kepler vorbereitete und von Newton entwickelte Vorstellung von Körpern, die nicht durch ihre räumliche Ausdehnung charakterisiert sind,[13] sondern durch ihre dynamischen Kraftwirkungen, also zunächst vom Raum unabhängige Eigenschaften oder Wirkmöglichkeiten, ermöglichte es, dass Körper aufeinander ohne direkten räumlichen Kontakt Kräfte ausüben.[14] Hiermit vollzog Newton einen für die weitere Entwicklung der Physik entscheidenden Schritt über die mechanistische Naturphilosophie des 17. Jahrhunderts hinaus, welche nur direkte mechanische Einwirkungen von Körpern aufeinander zulassen wollte.[15] Nur stellt sich dann die Frage, welche Newton nicht beantworten konnte, wie eine solche Kraftausübung über eine räumliche Entfernung hin

---

[11] Eine klassische Darstellung ist Alexandre Koyré [128, 131]. Materialreicher und in mancher Hinsicht tiefer eindringend bleibt Cassirer [25].

[12] Eine neuere Darstellung der Cartesianischen Physik ist Daniel Garber [66].

[13] Newton war der Ansicht, dass die cartesianische Konzeption der Materie als durch Ausdehnung charakterisiert gerade die wesentlichen Eigenschaften von Raum und Körpern miteinander verwechsele. Newton sah deswegen als wichtiges Charakteristikum von Körpern ihre Undurchdringlichkeit an und widerlegte die cartesianische Theorie mit physikalischen Argumenten [159, 161]. Nichtsdestoweniger argumentiert Alexandre Koyré [129] für einen entscheidenden Einfluss von Descartes auf Newton. Auch Wissenschaftshistoriker scheinen ihre Lieblingshelden zu haben. – Die Auseinandersetzung Newtons mit den Konzeptionen von Descartes wird vielleicht am deutlichsten aus dem nachgelassenen, aber wohl vor der Ausarbeitung der Principia verfassten Manuskript, welches üblicherweise nach seinen Anfangsworten *„De gravitatione ...“* zitiert wird, zuerst mit englischer Übersetzung veröffentlicht in [160, S. 89–156].

[14] Kepler betrachtete die Anziehungskraft der Erde als eine Art von magnetischer Kraft, angeregt durch die Erforschung des Magnetismus durch William Gilbert (1543–1603) und dessen Entdeckung, dass die Erde sich auch wie ein Magnet verhält, woraus sich die Eigenschaften des Kompasses erklären lassen. Bemerkenswerterweise ist es aber der Physik immer noch nicht endgültig gelungen, Magnetismus und Gravitation in einer einheitlichen Theorie zu erfassen, wie wir weiter unten noch genauer darlegen werden.

[15] Für eine knappe, aber sehr klare Darstellung s. [213]. Eine ausführliche Analyse des Newtonschen Kraftbegriffs und seiner historischen Vorbereitung und Genese findet sich in [212]. Man vgl. auch [176]. Der Physiker Markus Fierz (1912–2006) hat die Genese und den physikalischen Gehalt des Newtonschen Raumbegriffes in [59] analysiert.

möglich sein kann.[16] Den tief religiösen Newton führte dies zu einer theologischen Pirouette. Während die heliozentrische Vorstellung des Kopernikus von Martin Luther direkt aufs Heftigste zurückgewiesen wurde, und sich Papst Urban VIII nach langem Zögern schließlich auch zu einer Verurteilung des Galilei entschloss, wurde der Newtonsche Gedanke, dass die in der Gravitation zum Ausdruck kommenden Fernwirkungen ein Beweis für die göttliche Steuerung des Weltgeschehens sei, von dem aufgeklärteren Christentum Englands gerade als glanzvolle Widerlegung der als atheistisch angesehenen Vorstellungen des Cartesius angesehen. Dieser hatte in seiner physikalischen Theorie versucht, auch die Gravitation durch die Wirbelbewegungen von sich berührenden und gegenseitig beeinflussenden Materiepartikeln, also durch direkten physikalischen Kontakt statt durch Fernwirkungen und damit auch ohne eine irgendwie geartete göttliche Vermittlung zu erklären.[17] Aber auch wenn die theologische Wendung, die Newton damit der Sache gegeben hatte, in England seinerzeit viel Zuspruch fand, war dies natürlich eine wissenschaftliche Sackgasse.

Ein zentraler Aspekt der nachfolgenden Ideengeschichte und damit auch ein gewisser Leitfaden unserer Darlegungen ist, wie dieses Problem der räumlichen Vermittlung von Kräften über das aus der Elektrodynamik entstehende Konzept des Feldes, welches die Fern- durch eine Nahwirkung ersetzt, schließlich über die Riemannsche Neukonzeption des Raumes und seiner Eigenschaften und näheren Bestimmungen zum Gedanken der Allgemeinen Relativitätstheorie Einsteins einer dynamischen Wechselwirkung zwischen Raum und Materie führt.

Die zeitabhängigen Positionen dieser Newtonsche Massenpunkte ließen sich durch cartesische Koordinaten beschreiben, also durch auf drei zueinander senkrecht stehenden Koordinatenachsen abgetragene Zahlen. Somit war durch den mittels cartesischer Koordinaten parametrisierten euklidischen Raum ein festes Referenzsystem für alle physikalischen Prozesse gewonnen. Newton ging auch von einer natürlichen Metrik auf dem cartesischen Raum aus, wodurch dieser erst (in heutiger Sichtweise) zum euklidischen Raum wurde. Er (oder offiziell sein Sprachrohr Samuel Clarke (1675–1729)) hielt Gottfried Wilhelm Leibniz (1646–1716) vor, dass dessen unten noch weiter erläuterter rein relational gedachter Raum nur qualitative Beziehungen erlaube, aber keine quantitativen Maße ermögliche. Für Leibniz' geometrische Vorstellungen war es aber gerade wichtig, keinen konzeptionell nicht begründeten und auch nicht begründbaren Maßstab zuzulassen, und für ihn war es daher ein

[16] Es ist wissenschaftsgeschichtlich bemerkenswert, dass diese Vorstellung in den Händen Keplers noch für die Physik fruchtbar und zukunftsweisend gewesen war. Kepler hatte die Gezeiten im Gegensatz zu Galilei, der sie durch die Erddrehung begründen wollte und glaubte, damit umgekehrt einen Beweis für die Erddrehung und somit für die Richtigkeit des kopernikanischen Systems gefunden zu haben (allerdings mit dieser Erklärung seinem eigenen Relativitätsprinzip widersprach), auf die Einwirkung des Mondes zurückgeführt, also auf eine Wirkung über eine räumliche Distanz hinweg. Wäre dieser Gedanke nicht akzeptiert worden, wäre auch das großartige System Newtons nicht möglich gewesen. Als dann aber die allgemeine Annahme der Newtonschen Theorie die Hinterfragung dieses Gedankens erschwerte, wurde auch der weitere Fortschritt der Physik behindert.

[17] s. z.B. [128, 131]. Solche Ansichten wurden noch von dem führenden Wissenschaftler des 18. Jahrhunderts, dem tief religiösen Leonhard Euler, vertreten.

wesentliches Ziel, im Aufbau der Geometrie nur Grössenverhältnisse, aber keine absoluten Größen zu verwenden.

Für Newton bekam der – stets euklidisch gedachte – Raum als festes Bezugssystem auch ontologische Priorität gegenüber den Dingen, und Newton fasste ihn dann als Attribut Gottes auf, als Ausdruck von dessen Allgegenwart.[18] Umgekehrt wurde dieser absolute Raum Newtons von Leibniz scharf kritisiert.[19] Leibniz sah räumliche Beziehungen als Relationen zwischen Dingen an und gelangte auf diese Weise zu einem neuartigen und relativen Raumbegriff, als Ordnung von Lagen oder Relationen.[20] Er konnte allerdings das Newtonsche Gegenargument, dass man an Rotationsbewegungen von Flüssigkeiten die physikalische Wirkung des absoluten Raumes demonstrieren könne, nicht entkräften (dies gelang erst im 19. Jahrhundert Ernst Mach (1838–1916), der diese physikalischen Phänomene durch die gravitativen Effekte des Fixsternhimmels erklärte[21]).[22] Auch wenn die Leibnizschen Überlegungen viel für die Physik Zukunftsweisendes enthielten (z. B. Kontinuitätsprinzip und Nahwirkung oder die Erhaltung der Energie), behauptete die Newtonsche Physik seinerzeit wegen ihres den Leibnizschen Konzepten überlegenen Kraftbegriffes das Feld. Überhaupt war es ein Leitgedanke Newtons, dass sich die wahren geometrischen Sachverhalte in den

---

[18] Die Vorstellung des Raumes als Ausdruck der Allgegenwart Gottes war schon von dem Cambridger Platoniker und Freund Newtons Henry More (1641–1687) und diejenige der Zeit als Ausdruck der Ewigkeit und ständigen Präsenz Gottes von Isaac Barrow (1630–1677), dem Kollegen Mores und Lehrer, Kollegen und Freund von Newton entwickelt worden. Vgl. die Darstellung in [20]. Raum und Zeit wurden für Newton sogar die Sensorien Gottes, und von hier aus lag dann eine Charakterisierung Gottes als Selbstwahrnehmung der Wirklichkeit nahe. Auf derartige spätere Entwicklungen kann hier allerdings nicht eingegangen werden. Ich darf aber auf mein [105] hinweisen.

[19] s. die berühmten Streitschriften zwischen Leibniz und dem Newtonanhänger Samuel Clarke, z. B. in [134]. Für eine ausführliche Analyse s. auch [109].

[20] Für eine grundlegende Darstellung und Analyse des Leibnizschen Raumbegriffs im Kontext seiner Philosophie verweise ich auf [36, S. 283–293]. Die Entwicklung des leibnizschen Raumbegriffes, der dann in den Streitschriften mit Clarke vorgelegt wurde, wird in [38] rekonstruiert. Die strukturellen Überlegungen von Leibniz gingen weit über den Diskussionsstand seiner Zeit hinaus, hatten aber, weil nicht systematisch publiziert und von seinen Zeitgenossen nicht richtig verstanden, keinen nachhaltigen Einfluss. Für eine Gegenüberstellung der Ideen von Leibniz und des heutigen Standes der Wissenschaft s. [105].

[21] Aber auch dieses Machsche Argument lieferte nicht die endgültige Erklärung. Diese wurde erst in der Allgemeinen Relativitätstheorie geliefert, wie unten noch genauer erläutert wird.

[22] Allgemeiner argumentierte Newton, dass man nicht nur kinematische Beziehungen, sondern auch dynamische Effekte berücksichtigen müsse. Kinematisch kann man nicht zwischen einer ruhenden Erde und einer bewegten Sonne, wie in den Ansichten von Ptolemäus bis Brahe, und der umgekehrten Situation, jener von Kopernikus, bei der die Sonne ruht und die Erde sich bewegt, unterscheiden. Dynamisch jedoch führt die Rotation der Erde zu einer Abplattung an den Polen und einer Wölbung am Äquator. Als Pierre Louis Moreau de Maupertuis (1698–1759) 1736 eine wissenschaftliche Expedition nach Lappland leitete, um die Gestalt der Erde zu bestimmen und diese newtonsche Vorhersage bestätigen konnte, wurde er sofort berühmt, und die newtonsche Physik triumphierte über die kartesische Sichtweise. Die physikalischen Argumente von Newton für sein Konzept des Raumes werden beispielsweise in [59] analysiert.

Wirkungen von Kräften ausdrücken. Dass die Sonne im Zentrum des Planetensystems steht, erkennen wir daran, dass sie durch ihre Anziehungskraft die Planeten in ihren Bahnen hält. Newtons mathematische Formulierung des Gravitationsgesetzes wurde zum Leitbild einer physikalischen Theorie schlechthin, auch wenn der dahinterstehende Raumbegriff problematisch war und Newton selbst sich bei dem Konzept der Fernwirkung, der Wirkung der Anziehungskraft durch den leeren Raum hindurch auf entfernte Objekte, unbehaglich fühlte.[23] Das Konzept der Fernwirkung wurde, wie schon erläutert, später durch die auf der infinitesimalen Ausbreitung von Wirkungen beruhenden Feldtheorien von Faraday (1791–1867) und Maxwell (1831–1879) abgelöst. In diesen Theorien ging es um den Elektromagnetismus, also eine andere physikalische Kraft als die Gravitation, aber die Allgemeine Relativitätstheorie Einsteins stellte dann eine Feldtheorie der Gravitation dar.

Es war jedenfalls ein bedeutender Fortschritt, dass sowohl Leibniz als auch Newton gegen Aristoteles und Descartes die begriffliche Trennung von Raum und Körper vollzogen, endgültig, wie es damals schien. Aber auch diese begriffliche Separation wird durch die Allgemeine Relativitätstheorie in gewisser Weise wieder aufgehoben.

Wir wollen noch einmal auf die dynamischen Aspekte und die Rolle der Kräfte zurückkommen. In der Physik von Aristoteles und seinen scholastischen Nachfolgern bewegt sich ein Körper aus seinem eigenen Antrieb heraus. Ein Stein fällt auf die Erde, weil er das Ziel hat, seine natürliche Position zu erreichen. Körper bewegen sich also aktiv aufgrund intrinsischer Endursachen. Die grundlegende Frage war also, warum ein Stein, den man wirft, sich weiterbewegt, nachdem er die Hand, die ihn angetrieben hat, verlassen hat. Galilei und Descartes kehrten die Fragestellung herum, fragten also, warum ein einmal geworfener Stein nicht ewig in Bewegung bleibt, sondern schließlich zur Ruhe kommt. In der Physik von Descartes ist die physische Welt ein Kontinuum zusammenhängender physischer Körper, und Bewegung ist ein Zustand eines Körpers. Im Gegensatz zu Aristoteles, der die physikalische Bewegung nicht als grundlegend verschieden von anderen Veränderungen ansah, die ein Körper erfahren kann, beschränkt Descartes den Begriff der Bewegung auf Veränderungen der lokalen Position und konzentriert sich auf die Beziehung eines Körpers zu seiner unmittelbaren Umgebung.[24]. Die Vorstellungen sowohl von Newton als auch von Leibniz unterscheiden sich grundlegend von denen des Aristoteles, aber in wichtigen Punkten auch von denen Descartes'. In der Newtonschen Physik ändert ein Körper seinen Ruhe- oder Bewegungszustand, weil andere, weit entfernte Körper Kräfte auf ihn ausüben, und nicht durch seine eigene Neigung. Was übrig bleibt, ist das galileische Konzept der Trägheit eines Körpers. Diese Kräfte können anziehend sein, wie die Schwerkraft, oder abstoßend und

---

[23] Newton selber untersagte sich in den *Principia* [161] die Frage nach der Ursache der Gravitation. Gemäß seiner empiristischen Einstellung wollte er durch sorgfältige Beobachtung der Phänomene induktiv zu Gesetzmäßigkeiten vordringen, die dann in mathematischer Formulierung und mit mathematischen Methoden die empirisch überprüfbare Vorhersage weiterer Phänomene erlaubte. In diesem Sinne ist sein berühmtes „Hypotheses non fingo" zu verstehen. Allerdings stellte er an anderen Stellen durchaus Spekulationen über einen die Gravitation und andere physikalische Kräfte vermittelnden Äther an, s. [20].

[24] s. Daniel Garber [66]

verhindern, dass ein Körper in den von anderen Körpern besetzten Raum eindringt. Kant arbeitete dann diese dynamische Sichtweise systematisch aus und ersetzte Konzepte wie die Undurchdringlichkeit von Körpern durch dynamische Aktionen solcher abstoßender Kräfte. Für ihn konstituierte sich die Materie aus einem Gleichgewicht zwischen Anziehung und Abstoßung.[25] Natürlich sind in der Newtonschen Physik die Wechselwirkungen zwischen Körpern reziprok, aufgrund seines dritten Gesetzes, dass Aktion gleich Reaktion ist, aber die Kräfte wirken über räumliche Distanzen hinweg, wie oben beschrieben.

Das Leibnizsche Universum besteht aus einer Sammlung koexistierender Monaden, von denen jede das gesamte Universum in sich selbst widerspiegelt, wenn auch auf ungenaue Weise. Die Welt besteht also aus einem Geflecht interagierender Monaden, die sich gegenseitig beeinflussen, ohne dass ein direkter physischer Kontakt erforderlich ist.[26] Tatsächlich sind die Monaden selbst nicht räumlich, ganz im Gegensatz zu den cartesianischen Körpern, die sich durch ihre räumliche Ausdehnung auszeichnen, sondern der Raum konstituiert sich erst aus dem Geflecht ihrer Wechselbeziehungen.[27] So wurde sowohl bei Newton als auch bei Leibniz ein Konzept der Kraft (aus der Schwerkraft und der Trägheit, die bei Newton empirisch beobachtet und als Masse mal Beschleunigung quantifiziert wurden, und der inneren Energie, die bei Leibniz als Masse mal dem Quadrat der Geschwindigkeit quantifiziert wurde und erhalten blieb) konstitutiv für die Materie, ganz im Gegensatz zu der nur geometrischen Ausdehnung bei Descartes. Körper bewegen sich (oder genauer gesagt, sie ändern ihren Zustand der Ruhe oder der gleichförmigen Bewegung), weil sie den Einfluss anderer, entfernter Körper spüren. Im Unterschied zu Descartes, bei dem ein Körper nur von denjenigen anderen Körpern beeinflusst werden konnte, die in direktem physischen Kontakt mit ihm standen, ist ein Körper nun dem Einfluss aller anderen Körper ausgesetzt. Dies führte schließlich dazu, dass der Fokus vom einzelnen Körper auf das Universum als Ganzes gerichtet wurde. Dies wird zum Beispiel schon in der Naturphilosophie Kants deutlich.[28] Letztendlich gipfelte sie natürlich in Einsteins allgemeiner Relativitätstheorie. Zuvor musste Einstein jedoch zunächst seine spezielle Relativitätstheorie entwickeln, in der er die Annahme einer augenblicklichen Übertragung von physikalischen Kräften oder Einflüssen über Entfernungen hinweg überwand, die den Vorstellungen von Newton und Leibniz zugrunde lag. Wiederum war dies durch die Feldtheorien des Elektromagnetismus vorbereitet, also einer Kraft, die nicht instantan, sondern mit endlicher Geschwindigkeit, derjenigen des Lichtes, übertragen wird.

---

[25] Kant kontrastiert den mathematischen Ansatz der mechanischen Philosophie, die versucht, die Physik durch die mathematische Analyse apriorischer Begriffe zu erklären, mit seinem eigenen metaphysisch-dynamischen Ansatz, der Kräfte als Grundbestandteile verwendet und daher auf Erfahrung angewiesen ist. S. Michael Friedman [63].

[26] Die Ansichten von Leibniz sind tatsächlich komplexer, aber es ist hier nicht der Ort, auf Einzelheiten einzugehen. Siehe z. B. M.Guerault [79], und viele andere Texte, die sich mit Leibniz' Naturphilosophie befassen.

[27] Siehe z. B. Daniel Garber [68], der allerdings die Veränderungen betont, die Leibniz' Naturphilosophie zu seinen Lebzeiten durchlief.

[28] Siehe die umfassende Analyse der Naturphilosophie Kants von Michael Friedman [63].

2.2 Kants Philosophie des Raumes

Die Newtonsche Physik und die Leibnizsche Ontologie waren dann auch der Ausgangspunkt für Immanuel Kant. Kant wollte eine philosophische Begründung der Newtonsche Physik liefern. Er entkräftete den Gegensatz zwischen dem rein relationalen Raumverständnis Leibniz' und dem absoluten Raum Newtons, indem er den Raum nicht mehr der Dingwelt zuschlug, sondern als Anschauungsform ins erkennende Subjekt verlegte.[29] Der Raum wird bei Kant als Möglichkeit des Nebeneinander zu einer Voraussetzung der Erkenntnis. Der Raum ist für Kant in diesem Sinne empirisch real, aber transzendental ideal, weil er nicht den Dingen an sich selbst zu Grunde liegt. Kant geht dann noch einen wesentlichen Schritt weiter und betrachtet Aussagen über den Raum als synthetische Urteile a priori, d. h. vor jeder Erfahrung liegende (und umgekehrt Erfahrung überhaupt erst ermöglichende) Konstruktionen des erkennenden Subjektes. Dass die Konstruktionen synthetisch sind, bedeutet, dass sie nicht einfach aus einer Analyse des Raumbegriffes gewonnen werden können, sondern autonome Setzungen sind. Diese synthetischen Urteile a priori schließen bei Kant die Axiome der euklidischen Geometrie ein. Damit arbeitet Kant gegen Leibniz und Wolff (1679–1754) den axiomatischen Charakter der Geometrie heraus, dass also die Geometrie echte Axiome[30] hat und dass die Sätze der Geometrie nicht analytisch aus Definitionen gewonnen werden können. Für diese wesentliche und von der Mathematik akzeptierte Einsicht waren vermutlich auch die Kontakte Kants zu dem Mathematiker Lambert (1728–1777), einem Vorläufer der nichteuklidischen Geometrie, hilfreich. Insbesondere ist die euklidische Geometrie für Kant nicht logisch notwendig.

Darüberhinaus betont Kant den konstruktiven Charakter der Geometrie und leitet hieraus dann die Einzigartigkeit der dreidimensionalen euklidischen Geometrie als anschaulich konstruierbar ab. Ob die euklidische Geometrie damit nach Kants Ansicht denknotwendig wird, ist ein vieldiskutierter Punkt von zentraler Bedeutung in der Kantinterpretation. Riemanns Schrift weist nämlich implizit auf, dass die Annahmen der euklidischen Geometrie nicht denknotwendig sind, sondern spezifische geometrische Hypothesen darstellen, und Helmholtz macht diesen Punkt zum Kern seiner erkenntnistheoretischen Argumentation. Die orthodoxen Kantianer lehnten daher zunächst die Überlegungen von Riemann und Helmholtz ab.[31] Weil aber dann die Haltlosigkeit dieser Position allmählich immer klarer wurde,

---

[29] Die Ausgabe [114] von Weischedel besitzt eine doppelte Paginierung, sowohl diejenige der 1. Aufl. von 1781 als auch diejenige der 2. Aufl. von 1787; z. B. bedeutet A86/B118 S. 86 der 1. und S. 118 der 2. Aufl.

[30] wobei Axiome hier allerdings nicht im modernen, durch Hilbert geprägten Sinne als willkürliche Setzungen zu verstehen sind

[31] In diesem Zusammenhang kann es nur zur Verwirrung beitragen, wenn Paul Franks in [135, S 243–286], (zu Helmholtz insbesondere S. 269–276) Helmholtz als Neo-Kantianer klassifiziert, denn die sog. Neo-Kantianer waren gerade neben den von ihm so bezeichneten Nativisten wie Hering seine wichtigsten philosophischen Widersacher. In [184]. arbeitet Schiemann insbesondere heraus, wie sich Helmholtz' Ansatz einer Begründung der Erfahrung in den Voraussetzungen physikalischer Messungen von dem kantianischen Ausgangspunkt des erkennenden Subjektes unterscheidet, und

bemühte man sich später, die Argumente von Riemann und Helmholtz in das kantianische System einzubauen.[32]

Weil dies ein wichtiger Aspekt der Rezeptionsgeschichte ist, ist es erforderlich, die Ansicht Kants etwas genauer darzustellen. Es handelt sich hierbei um die in der *Kritik der reinen Vernunft* entwickelte Theorie des Raumes; es ist zu bemerken, dass Kant seine Auffassung vom Raum im Laufe seines Lebens mehrfach geändert hat, immer ringend um das Verhältnis zwischen der Newtonschen Physik mit ihrem absoluten Raumbegriff und der Leibnizschen Ontologie, die das Sein des Raumes nur als das Sein einer Relation und folglich als nicht real, sondern als ideal fasst, wobei beide diese Diskussion noch mit theologischen Aspekten vermengen. In seiner frühen Schrift *Gedanken von der wahren Schätzung der lebendigen*Kräfte stellt Kant die These einer Beziehung zwischen den im Raum waltenden Kräften und seiner geometrischen Struktur auf, insbesondere zwischen dem Gravitationsgesetz und der Dreidimensionalität des Raumes, und zieht auch die Möglichkeit höherdimensionaler Räume in Betracht.[33]

In seiner Dissertation argumentiert Kant dann aber für die ontologische Priorität des Raumes gegenüber den sich in ihm befindenden Dingen.[34] Er verwendet hierfür das Beispiel der linken und rechten Hand (oder einer Hand und ihres Spiegelbildes, oder eines linken und eines rechten Handschuhs, oder eines linksdrehenden und eines rechtsdrehenden Schraubengewindes), die in sich gleichartig – in heutiger mathematischer Terminologie zueinander isomorph – sind, aber sich dadurch voneinander unterscheiden, dass sie nicht im Raume zur Deckung gebracht werden können. Dies bedeutet nach Kant, dass ihre Eigenschaften nicht vollständig aus sich selbst bestimmt sind, sondern dass ihnen eine wichtige Eigenschaft, die Händigkeit, erst vom Raume zugewiesen wird. Der letzte und für Kants Zwecke wichtige Teil des Argumentes lässt sich allerdings nicht halten, wofür aber eine vertiefte Einsicht in die Struktur des Raumes erforderlich ist, die Kant noch nicht zur Verfügung stand. Um dies zu verstehen, betrachten wir die um eine Dimension reduzierte Version eines linken und eines rechten Handabdrucks in der euklidischen Ebene. Diese Figuren können ebenfalls nicht durch eine Bewegung *in der* Ebene (oder in anderer Interpretation durch eine Bewegung *der* Ebene) ineinander überführt werden. Dies ist aber gerade keine Eigenschaft der beiden Figuren, sondern liegt an der topologischen Struktur der Ebene. Wenn wir einen ebenen Streifen (in welchem sich die beiden betrachteten Figuren befinden mögen) zu einem Möbiusband zusammenkleben, so wird es möglich, in diesem neuen geometrischen Raum die beiden Figuren ineinander zu überführen. Der Unterschied zwischen der Ebene und dem Möbiusband, die beide, wie unten erläutert, die gleiche innere Geometrie haben, denn

untersucht die systematischen Wandlungen, die Helmholtz' Naturphilosophie im Laufe seines Lebens erfährt. Man vgl. auch einige Aufsätze in dem Sammelband [22].

[32] s. Referenzen unten bei der Rezeptionsgeschichte

[33] Dies hatte auch Leibniz schon getan, s. [36], der sich dann bemühte, die Dreidimensionalität des Raumes zu beweisen.

[34] Immanuel Kant [116], S. 991–1000; das Beispiel wird wieder aufgegriffen in [115], S. 111–264, §13

die Figuren werden bei der Herstellung des Möbiusbandes in keiner Weise verzerrt, besteht darin, dass letzteres nicht orientierbar ist. Dies bedeutet, dass nicht mehr in konsistenter Form eine Händigkeit ausgezeichnet werden kann, und es verschwindet somit der geometrische Unterschied zwischen den beiden Figuren. Eine andere Möglichkeit, die beiden Figuren zur Deckung zu bringen, ergibt sich, wenn wir von der Ebene in den umgebenden Raum ausweichen und einfach die Figuren umklappen können. Es handelt sich dabei geometrisch um eine Spiegelung der Ebene an einer Geraden, eine Operation, die nicht als kontinuierliche Bewegung in der Ebene, sondern nur als Bewegung im dreidimensionalen Raum vollzogen werden kann. Wenn wir also entweder dem Raum seine Orientierung nehmen oder ihm eine Dimension hinzufügen, wird die Bewegung der linken in die rechte Figur möglich, und links und rechts hören auf, Eigenschaften der Figuren zu sein. Analoges ist im dreidimensionalen Raum möglich. Man kann wie das Möbiusband auch mathematisch einen dreidimensionalen nichtorientierbaren Raum mit lokaler euklidischer Geometrie konstruieren, und man kann auch vom dreidimensionalen zum vierdimensionalen Raum übergehen, um eine linke in eine rechten Hand durch eine Bewegung im Raum überführen zu können. Die Händigkeit ist also keine absolute Eigenschaft der geometrischen Objekte, die ihnen durch den Raum zugewiesen wird, sondern die Möglichkeit, eine Unterscheidung nach Händigkeit zu treffen, ist eine topologische Eigenschaft des Raumes.[35] In Kants Beispiel wird dann diese Eigenschaft des Raumes durch Beobachtungen an im Raum befindlichen Gegenständen festgestellt, wodurch gerade die ontologische Priorität des Raumes in Frage gestellt wird.[36] Die Klärung dieses Sachverhaltes wurde aber erst durch die geometrischen Erkenntnisse von Gauß (1777–1855) und Riemann möglich. Gauß[37] argumentierte jedenfalls schon gegen Kant, dass die von Kant selbst gemachte Bemerkung, dass wir „unsere Anschauung dieses Unterschiedes" (i. e., zwischen links und rechts) „anderen nur durch Nachweisung an wirklich vorhandenen materiellen Dingen mittheilen können" gerade beweise, „dass der Raum unabhängig von unserer Anschauungsart eine reelle Bedeutung haben muss". Dieses Argument richtet sich aber nicht (oder nicht nur) gegen die ontologische Priorität des Raumes vor den Dingen, sondern gegen die in der *Kritik der reinen Vernunft* entwickelte Lehre vom Raum als der reinen Anschauungsform der äußeren Sinnes, die eine wesentliche Veränderung gegenüber der Dissertation darstellt. „Der Raum ist eine notwendige Vorstellung, a priori, die allen äußeren Anschauungen zum Grunde liegt", denn man kann sich zwar einen Raum ohne Dinge vorstellen, aber nicht, dass es keinen Raum gibt. Der Raum ist eine Anschauung, kein Begriff, da sich aus ihm nicht offensichtliche Schlussfolgerungen, die geometrischen Sätze, ziehen lassen.[38] Es handelt sich um eine reine, nicht empirische Anschauung, weil „die geometrischen Sätze [...] apodiktisch, d. i. mit dem Bewußtsein ihrer Notwendigkeit

[35] s. z. B. Hermann Weyl [218, S. 108].

[36] Für einen Vergleich der Positionen von Leibniz und Kant zu dieser Frage und einen neueren Überblick über die diesbezügliche Literatur verweisen wir auf Vincenzo De Risi [36, S. 283–293].

[37] Carl Friedrich Gauß, Werke [71, Bd. II, S. 177]

[38] Dass sich aus mathematischen Axiomen Schlussfolgerungen ziehen lassen, die nicht offensichtlich sind, ist ein zentrales Thema der Philosophie der Mathematik. Die platonisch geprägten Ansätze sehen

verbunden“ sind, wie insbesondere die Dreidimensionalität. Ein Beispiel, auf welches wir unten noch zurückkommen werden: „Daß die gerade Linie zwischen zweien Punkten die kürzeste sei, ist ein synthetischer Satz. Denn mein Begriff vom Geraden enthält nichts von Größe, sondern nur eine Qualität. Der Begriff des Kürzesten kommt also gänzlich hinzu, und kann durch keine Zergliederung aus dem Begriffe der geraden Linie gezogen werden. Anschauung muß also hier zu Hülfe genommen werden, vermittelst deren allein die Synthese möglich ist.“[39]

Insbesondere ist die mathematische Anschauung nicht empirisch: „... liegen unsern reinen sinnlichen Begriffen nicht Bilder der Gegenstände, sondern Schemate zum Grunde ... Das Schema des Triangels kann niemals anderswo als in Gedanken existieren und bedeutet eine Regel der Synthesis der Einbildungskraft in Ansehung reiner Gestalten im Raume.“[40] Da diese Anschauung nicht empirisch ist, muss sie im erkennenden Subjekt selbst liegen. Die Notwendigkeit der geometrischen Sätze kommt daher aus dem erkennenden Subjekt, als Voraussetzung der Möglichkeit, die Mannigfaltigkeit der Erscheinungen in einem Nebeneinander zu ordnen, und insofern sind die Sätze der euklidischen Geometrie nicht logisch notwendig. Für Kant ist die euklidische Geometrie aber dadurch ausgezeichnet, dass sie anschaulich konstruierbar ist. Wir Menschen stellen uns daher notwendigerweise den Raum als euklidisch vor. Das nachfolgende Beispiel Kants bringt dies deutlich zum Ausdruck: „So ist in dem Begriffe einer Figur, die in zwei geraden Linien eingeschlossen ist, kein Widerspruch, denn die Begriffe von zwei geraden Linien und deren Zusammenstoßung enthalten keine Verneinung einer Figur; sondern die Unmöglichkeit beruht nicht auf dem Begriffe an sich selbst, sondern der Konstruktion desselben im Raume, d. i. den Bedingungen des Raumes und der Bestimmung desselben, diese haben aber wiederum ihre objektive Realität, d. i. sie gehen auf mögliche Dinge, weil sie die Form der Erfahrung überhaupt a priori in sich enthalten“.

Die Kantinterpretation war allerdings in diesen Punkten durchaus schwankend. Zum einen liegt das natürlich daran, dass Kant selber seine Ansicht mehrmals geändert hat und die entscheidenden Stellen in der *Kritik der reinen Vernunft* Begriffe verwenden, die erst im Kontext späterer Stellen erhellen. Zum anderen bereitete es den Kantianern nicht unbeträchtliche Schwierigkeiten, eine Interpretation einschlägiger Stellen bei Kant zu entwickeln, die im Einklang mit späteren mathematischen und physikalischen Erkenntnissen stand.

Selbstverständlich wurde die Rolle des Raumes auch in der idealistischen Philosophie diskutiert. Johann Gottlieb Fichte (1762–1814) schrieb „Der Raum ist die Sphäre für die Freiheit, das was im Raume uns beschränkt ist das Materiale, was immer bleibt“.[41] Hier wird also die freie Beweglichkeit im Raum der Rigidität der Materie entgegengesetzt. Jedenfalls wird der Raum hier wieder mehr als eine kantianische Anschauungsform. Allerdings

daher in der Mathematik eine Möglichkeit zur Schau ewiger Wahrheiten. Weyl [218] arbeitet dagegen den konstruktiven und kreativen Charakter der Mathematik heraus.

[39] Kant [114, 2. Aufl., Einleitung, S. 38] (Hervorhebung im Original)

[40] [114, S. 136]

[41] Zitiert nach [132, S. 365 f.].

verstand Fichte kaum etwas von der Mathematik, im Unterschied zu dem schließlich bedeutendsten idealistischen Philosophen, Georg Wilhelm Friedrich Hegel (1770–1831). Dieser wollte, im Unterschied zu Kant, Raum und Zeit begrifflich ableiten. Für Hegel war der Raum das Prinzip des Außersichseins und des Auseinander, also des Verschiedenseins. Da aber Verschiedensein auf einem Unterschied beruhen muss, wird man zum Konzept des Punktes geführt, der sich dann von anderen Punkten durch seine Lage unterscheidet. Dies führt zum Konzept der Linie als Räumlichsein des Punktes, und Linien bilden dann ebenso Flächen, welche wiederum dreidimensionale Gebilde umschließen können. Der Ort, so Hegel, ist „die *gesetzte* Identität des Raumes und der Zeit", aber gleichzeitig *Widerspruch* für Raum und Zeit jeweils für sich. Die *Bewegung* ist daher „*Vergehen* und *Sichwiedererzeugen* des Raumes in Zeit und der Zeit in Raum" (alle Hervorhebungen original).[42] Gauß äußerte sich allerdings verächtlich über Hegel und dessen Kollegen, und inwieweit solche Vorstellungen durch die Vermittlung von Herbart einen gewissen Einfluss auf Riemann hatten, lässt sich wohl kaum klären. Jedenfalls galt die spekulative Naturphilosophie Hegels zu Riemanns Zeiten schon als durch den Fortschritt der empirischen Naturwissenschaften überholt.

2.3 Der euklidische Raum als Grundmodell

Wir wollen nun einige der dargestellten Entwicklungen noch einmal im Hinblick auf das Riemannsche Werk einordnen, also die historische zugunsten einer konzeptionellen Systematik verlassen. In der Geometrie Riemanns und ihrer späteren Weiterentwicklung wird zwar einerseits die Priorität des euklischen Raumes aufgegeben, aber andererseits genießt dieser weiterhin eine gewisse Sonderstellung als Bezugsmodell. Eine Riemannsche Geometrie ist dadurch gekennzeichnet, dass sie infinitesimal, im Unendlichkleinen, euklidisch ist (aber nicht mehr notwendigerweise lokal, wegen der Möglichkeit der Krümmung, und nicht mehr im Großen, wegen der Möglichkeit andersartiger topologischer Verhältnisse). Die Krümmung misst die lokale Abweichung vom euklidischen Modell. Die Krümmung ist dadurch normalisiert, dass dem euklidischen Raum die Krümmung Null zugewiesen wird.[43] Nach dieser Vorwegnahme eines grundlegenden Konzeptes der Riemannschen Geometrie wollen wir noch einmal zu der Frage zurückkehren, wie der euklidische Raum historisch diese Rolle eines Nullmodells gewinnen konnte. Hier fließen wieder verschiedene Entwicklungsstränge zusammen.

---

[42] Zu Hegels Vorstellung von Raum und Zeit s. insbesondere [87, §254–261]. Die Zitate sind §261 entnommen. Die Sekundärliteratur zu Hegel ist sehr umfangreich. Wir zitieren hier nur den Artikel *Raum* von D. Wandschneider in [32].

[43] Der euklidische Raum wird auch als „eben" bezeichnet, und das Wort „Krümmung" soll dann sprachlich gerade die Abweichung von dieser ebenen, geraden Gestalt zum Ausdruck bringen. Da „eben" durch „flat" ins Englische übersetzt worden ist, sagt die heutige deutschsprachige mathematische Terminologie allerdings meist „flach".

1. Wir hatten schon die Herausarbeitung der auf der euklidischen Geometrie beruhenden Linearperspektive in Theorie und Praxis der Malerei der Renaissance dargestellt, welche wiederum auf den euklidisch vorgestellten Ausbreitungsgesetzen von Lichtstrahlen beruhte. In der dahinterstehenden Konzeption der Projektion des euklidischen Raumes auf eine Ebene werden parallele Geraden als sich im Unendlichen treffend vorgestellt, und ein solcher unendlichferner Schnittpunkt, also ein Bündel paralleler Geraden, wird im Fluchtpunkt zusammengezogen.
2. Wir hatten ebenfalls erläutert, wie sich die Vorstellung des euklidischen Raumes als Träger physikalischer Prozesse anhand der Entwicklung der Gravitationstheorie herausgebildet hatte. Wir wollen dies noch einmal aufgreifen, weil es für ein vertieftes Verständnis der Grundlagen auch der mathematischen Entwicklung wesentlich erscheint. Das Trägheitsgesetz besagt, dass sich ein Körper, auf den keine äußeren Kräfte einwirken, unbeschleunigt und daher insbesondere geradlinig im mathematisch als euklidisch und physikalisch als leer vorgestellten Raum bewegt. Es ist nun wichtig, sich klarzumachen, dass eine solche Situation eigentlich unphysikalisch ist, denn physikalische Prozesse sind ihrer Natur nach Wechselwirkungen zwischen Körpern. So hatte sich auch Galilei noch geweigert, eine solche Konstellation zur Grundlage seiner physikalischen Theorie zu machen. In seinen Modellen legt er (in späterer Sprechweise, da Galilei natürlich noch keine Gravitationstheorie besaß) eine ansonsten kräftefreie Bewegung in einem zentralen Gravitationsfeld zugrunde. Er war also nicht bereit, Körper, auf die keine gravitativen Kräfte wirken, als Grundsituation anzuerkennen, weil solche Körper eben keine physikalische Realität besitzen.[44] Daher ersetzt er in seiner Argumentation auch häufig die unendliche (euklidische) Ebene durch eine sphärische Fläche, auf welcher sich ein nur einer zentralen Kraft ausgesetzter Körper ansonsten kräftefrei bewegt. Ein entscheidender Schritt, den Galilei in letzter Konsequenz zu vollziehen nicht bereit war, bestand also darin, eine physikalische Situation als Abweichung von einem unphysikalischen Nullmodell zu konzipieren.
   Newton dagegen hatte dann, wie dargelegt, gerade diesem Nullmodell eine ontologische Realität als absoluter Raum zugeschrieben.
3. Da der euklidische Raum dann auch als physikalisch leer gedacht werden kann, wird er wie insbesondere bei Gassendi physikalisch auch zum Vakuumraum, oder zum mathematischen Substrat des Vakuums. Die Frage nach der Möglichkeit des Vakuums rührt nun ebenfalls an die Grundlagen der physikalischen Theorie, und, wie skizziert, haben beispielsweise sowohl Aristoteles als auch Descartes das Vakuum abgelehnt, weil mit ihren physikalischen Theorien nicht kompatibel. Descartes scheiterte als Physiker insbe-

[44] Alexandre Koyré [130], versucht deshalb, Galilei die Erkenntnis des Trägheitsgesetzes abzusprechen, auch wenn dieses Gesetz in den von ihm zitierten Stellen bei Galilei und seinen Nachfolgern Cavalieri (1598–1647) und Torricelli (1608–1647) und bei Gassendi (1592–1655) mehrfach implizit vorausgesetzt und auch explizit ausgesprochen wird. Er hat dies eben, im Gegensatz zu Newton, nur nicht zur Grundlage seiner physikalischen Theorie gemacht, weil er eine Bewegung ohne Gravitation, also ohne den Einfluss anderer Körper als unphysikalisch angesehen hat.

sondere auch deswegen, weil seine mathematischen Konzepte nicht mit seinen physikalischen Vorstellungen zusammenpassten. Seine große mathematische Leistung bestand in der Einführung des cartesischen Koordinatenraumes zur systematischen Beschreibung und Darstellung algebraischer Gleichungen.[45] Dieser Raum ermöglichte dann später auch die systematische Behandlung funktionaler Zusammenhänge durch cartesische Graphen. Der dreidimensionale cartesische Raum ist ein euklidischer Raum, in welchem die Position eines Punktes durch drei auf zueinander senkrechten Koordinatenachsen abgetragene Zahlenwerte bestimmt wird.[46]
Der cartesische Raum eignet sich also eigentlich vorzüglich zur Beschreibung des Vakuums, zumindest wenn man, wie seinerzeit implizit angenommen, davon ausgeht, dass dies die topologischen und dimensionalen Verhältnisse des Vakuums richtig erfasst.[47] Die Physik von Descartes beruhte dagegen auf mechanischen Wechselwirkungen durch Stöße. Daher war also für ihn im Vakuum keine Physik möglich. Galilei dagegen steht in der Traditionslinie des Atomismus, der bekanntlich schon im Altertum von Leukipp (5. Jhdt. v. Chr.), Demokrit (ca. 460–370 v. Chr.) und Epikur (341–270 v. Chr.) entwickelt worden war (allerdings mehr als naturphilosophische Spekulation ohne konkrete physikalische Grundlage), und für ihn ist das Vakuum daher unproblematisch. Für Gassendi war das Vakuum sogar die Voraussetzung für die Existenz und die Bewegung der Atome. Die Newtonsche Theorie warf dann, wie dargelegt, die Frage auf, inwiefern der leere Raum Träger physikalischer Kräfte sein kann.

4. Der euklidische Raum ist nicht nur leer, sondern auch unbegrenzt und unendlich. Der Unterschied zwischen diesen beiden Eigenschaften wurde wiederum erst durch Riemann geklärt, der darlegte, dass Mannigfaltigkeiten durchaus unbegrenzt sein können, ohne unendlich sein zu müssen (in heutiger Terminologie wären dies geschlossene kompakte Mannigfaltigkeiten wie beispielsweise die Kugeloberfläche und deren höherdimensionale Analoga, s. die untenstehenden Erläuterungen zu Riemanns Text). Die Unendlichkeit des Raumes ist ebenfalls lange aus naturphilosophischen und theologischen Erwägungen abgelehnt worden, von Aristoteles bis noch zu Kepler. Die Vorstellung eines unendli-

[45] Die cartesischen Koordinaten sind allerdings nur implizit in der Geometrie des Descartes angelegt und werden von ihm noch nicht explizit konzipiert. Weil Descartes aber die konzeptionellen Grundlagen legt, ist es trotzdem gerechtfertigt, diese Koordinaten nach ihm zu benennen. Siehe beispielsweise [73] oder [163].

[46] Wie wir unten noch darlegen werden, ist das eigentliche logische Verhältnis aber eher umgekehrt: Man gewinnt die metrische Struktur des euklidischen Raumes, indem man auf jeder Koordinatenachse eines cartesischen Raumes die Beträge von Koordinatendifferenzen als Abstände interpretiert und die verschiedenen Koordinatenachsen als zueinander senkrecht deklariert. Der euklidische Raum besitzt also eine metrische Struktur, die in dem cartesischen Konzept als solchem noch nicht vorhanden ist, während der cartesische Raum eine Koordinatenfestlegung besitzt, die im euklidischen Konzept nicht vorausgesetzt ist. Die klare Trennung von geometrischen Sachverhalten und ihren verschiedenen Beschreibungsmöglichkeiten in unterschiedlichen Koordinatensystemen ist dann gerade eine der wesentlichen Leistungen Riemanns. Man vgl. hierzu auch [104, S. 123–127].

[47] Die Frage, ob es berechtigt ist, dem Vakuum die geometrische Gestalt des euklidischen Raumes zuzuschreiben, führt in die moderne Physik, welche erst weiter unten dargestellt wird.

chen Raumes wurde von Nikolaus von Kues (1401–1464) vorbereitet und von Giordano Bruno emphatisch als Befreiung aus der Beschränktheit des mittelalterlichen Weltbildes begrüßt.[48] Es ist dann bemerkenswert, dass ein solcher unendlicher Raum das Bezugsmodell auch für endliche Räume (kompakte Riemannsche Mannigfaltigkeiten) werden kann.

5. Die von Leibniz und Newton eingeführte Differentialrechnung kann als lineares Approximationsschema für möglicherweise nichtlineare Prozesse angesehen werden. Ein Prozess ist also in dieser Konzeption infinitesimal linear, und die lineare Struktur in einem gegebenen Zeitpunkt t wird durch die Ableitung in t festgelegt. Lokal dagegen weicht der Prozess aufgrund von Wechselwirkungen von dieser linearen Approximation ab. Die Differentialrechnung, die also ursprünglich zur Analyse zeitlicher Prozesse entwickelt worden war, wird insbesondere in den Händen Leonhard Eulers (1707–1783), also desjenigen Mathematikers, der das 18. Jahrhundert dominiert hat, zu einem allgemeinen Werkzeug zur Approximation auch statischer Strukturen. Die Differentialgeometrie und insbesondere die Riemannsche Geometrie werden dann insbesondere ein allgemeines räumliches Gebilde als infinitesimal linear ansetzen und die lokale Abweichung in der Nähe eines gegebenen Punktes p von einer linearen Approximation durch die Krümmung des Raumes in p quantifizieren. Der euklidisch-cartesische Raum ist dann dadurch ausgezeichnet, dass er global und nicht nur infinitesimal eine lineare Struktur trägt. (Er ist ein Vektorraum in moderner mathematischer Terminologie.) Somit wird er also wieder zum Modellraum, mit dem ein allgemeiner Raum verglichen werden kann.[49] Außerdem wird Riemann die globale Koordinatisierung des cartesischen Raumes in die lokale Koordinatenbeschreibung einer Mannigfaltigkeit (ein unten erläutertes Riemannsches Konzept) überführen. Koordinaten werden somit statt einer ontologischen Grundlage zu einer konventionellen Beschreibung geometrischer Sachverhalte und physikalischer Prozesse. Dies wiederum wird dann in die Grundfrage der einsteinschen Relativitätstheorie münden, die von der jeweiligen Koordinatenwahl unabhängigen geometrischen und physikalischen Gegebenheiten zu identifizieren. Die Regeln für die Transformation zwischen verschiedenen Koordinatenbeschreibungen, die insbesondere von den Nachfolgern Riemanns systematisch entwickelt wurden, und die Riemannsche Idee der Krümmungsinvarianten werden Einstein das mathematische Fundament liefern.

[48] S. hierzu [128, 131]. Bemerkenswerterweise geht die heutige Kosmologie wieder von einem endlichen Kosmos aus, u. a. deswegen, um die Entstehung des Universums aus einem singulären Anfang, dem Urknall, „erklären" zu können, also die historische Dimension gegenüber einem zwar unendlichen, aber dafür statischen Universum zurückzugewinnen.

[49] Allerdings werden dann nach Riemann allgemeinere Raumkonzepte eingeführt, die diese Bedingung der Approximierbarkeit durch einen euklidischen Raum aufgeben, beispielsweise die sog. topologischen Räume. Auch wird das Riemannsche Konzept der Mannigfaltigkeit später dahingehend entwickelt, dass nur noch sog. differenzierbare Mannigfaltigkeiten, aber nicht mehr beliebige Mannigfaltigkeiten diese Approximierbarkeitsbedingung erfüllen. Damit wird der euklidische Raum dann endgültig seine Sonderrolle verlieren. Nähere Einzelheiten werden unten nach der Darstellung von Riemanns Schrift präsentiert.

6. Die Raumzeit, die Einsteins Spezieller Relativitätstheorie zugrunde liegt, ist die Minkowski-Raumzeit, eine Version des vierdimensionalen euklidischen Raums, jedoch mit einer relativistischen Metrik, in der Zeit und Raum entgegengesetzte Vorzeichen tragen, die aber die Vektorraumstruktur des euklidischen Raums beibehält und den dreidimensionalen euklidischen Raum als Unterraum enthält. In Einsteins Allgemeiner Relativitätstheorie spielt die Minkowski-Raumzeit immer noch eine grundlegende Rolle als Bezugsraum. Insbesondere ist sie eine Vakuumlösung der Einsteinschen Feldgleichungen. Sie ist nicht die einzige Vakuumlösung, aber sie ist die einfachste und grundlegendste.
7. Der Hilbertraum der Quantenmechanik ist ein unendlichdimensionaler euklidischer Raum. Insbesondere trägt er eine euklidische Maßstruktur.

Nach diesem etwas längeren Vorgriff kehren wir nun aber wieder zur historischen Entwicklung vor Riemann zurück.

2.4 Die Entwicklung der Geometrie: nichteuklidische Geometrie und Differentialgeometrie

Ein Leitproblem in der Entwicklung der Geometrie war das Parallelenproblem.

Das 5. Postulat oder 11. Axiom Euklids besagt, „daß, wenn eine gerade Linie beim Schnitt mit zwei geraden Linien bewirkt, daß innen auf derselben Seite entstehende Winkel zusammen kleiner als zwei Rechte werden, dann die zwei geraden Linien bei Verlängerung ins unendliche sich treffen auf der Seite, auf der die Winkel liegen, die zusammen kleiner als zwei Rechte sind".[50] Die in einer äquivalenten Formulierung (nach John Playfair (1748–1819)) des euklidischen Parallelenaxioms geforderte Existenz von genau einer zu einer gegebenen Geraden parallelen Geraden durch einen nicht auf ersterer liegenden Punkt ist wiederum äquivalent dazu, dass die Winkelsumme in jedem Dreieck genau 180 Grad beträgt. Dieses Postulat nahm offensichtlich eine Sonderstellung im Rahmen des euklidischen Werkes ein, und es stellte sich daher die Frage, ob dies nicht aus den anderen Axiomen und Postulaten abgeleitet werden könne, also nicht von diesen unabhängig wäre. Nach intensiven, aber letztlich vergeblichen Versuchen, aus der Annahme, dass dieses Axiom nicht gelte, einen Widerspruch herzuleiten, und somit seine Abhängigkeit zu demonstrieren, reifte langsam die Erkenntnis, dass auch eine zur euklidischen alternative Geometrie logisch möglich sei, in welcher das Parallelenaxiom nicht gültig ist. Nach wichtigen Vorläufern wie Giovanni Girolamo Saccheri (1667–1733) [181] und Johann Heinrich Lambert (1728–1777) wurde dies unabhängig voneinander zunächst Carl Friedrich Gauß, der seine Erkenntnisse allerdings aus Angst vor dem Unverständnis seiner Zeitgenossen nicht öffentlich bekannt machen

[50] zitiert nach [55].

wollte, und dann Nikolai I.Lobatschewsky (1792–1856) und János Bolyai (1802–1860) in den Jahren vor 1830 klar.[51]

Die Begründer der nichteuklidischen Geometrie gelangten zu der Ansicht, dass die Frage, welche Geometrie gültig sei, eine euklidische oder nichteuklidische, eine empirische war, also durch Winkelmessungen in Dreiecken im Raum entschieden werden konnte. Selbst auf einer astronomischen Skala konnte aber seinerzeit im Rahmen der verfügbaren Messgenauigkeit keine Abweichung von der euklidischen Winkelsumme festgestellt werden.[52]

Der geometrische Ausgangspunkt Riemanns war aber nicht die nichteuklidische Geometrie, die Riemann anscheinend gar nicht zur Kenntnis genommen hatte,[53] sondern die von Carl Friedrich Gauß entwickelte Flächentheorie.[54]

Anlässlich der von ihm geleiteten Vermessung des Königreiches Hannover untersuchte Gauß die Geometrie von Flächen im euklidischen Raum. Von weitreichender Bedeutung war seine Unterscheidung zwischen geometrischen Größen, die sich allein durch Messungen auf der Fläche selbst bestimmen lassen, und solchen, zu deren Bestimmung auch Messungen außerhalb der Fläche im umgebenden Raum erforderlich sind, also die Unterscheidung zwischen innerer und äußerer Geometrie von Flächen im Raum. Als fundamentale Größe der inneren Geometrie identifizierte Gauß die dann nach ihm benannte Gaußsche Krümmung, welcher Riemann dann eine neuartige Interpretation und weitreichende Verallgemeinerung gab. Ausgangspunkt für Gauß waren dabei zunächst Größen der äußeren Geometrie, die sog. Hauptkrümmungen einer Fläche S in einem gegebenen Punkt P, ursprünglich von Euler (1707–1783) eingeführt. Zu deren Bestimmung betrachtet man die Ebenen, die S in P senkrecht schneiden. Der Schnitt zwischen einer solchen Ebene und S (auch Normalenschnitt genannt) ist dann (in der Nähe von P) eine Kurve c auf S. Diese Kurve besitzt dann eine (mit Vorzeichen gemessene) Krümmung k. Unter allen diesen Schnittkurven findet man dann eine kleinste Krümmung k_1 und eine größte Krümmung k_2.[55] Diese beiden Hauptkrümmungen hängen i. a. von der Gestalt der Fläche im Raum ab. Gauß leitet dann aber den bemerkenswerten Satz (sog. *Theorema egregium*) her, dass das Produkt $K = k_1 \cdot k_2$ nicht mehr von dieser Lage abhängt, somit eine Größe der inneren Geometrie ist. Insbesondere ist die Gaußsche Krümmung damit eine biegungsinvariante Größe, ändert sich also nicht, wenn man die Fläche ohne Dehnungen oder Stauchungen verbiegt. Beispielsweise lässt sich ein Blatt Papier zu einem Zylinder oder einer kegelförmigen Tüte aufrollen, und dies verändert nicht die Gaußsche Krümmung, welche in diesem Falle 0 ist und bleibt. Eine

---

[51] deutsche Übersetzungen der entsprechenden Werke in [171], englische Übersetzungen in [15]. Für weitere Angaben verweisen wir auf die Auswahlbibliographie.

[52] für Einzelheiten s. z.[201, S. 63 f, 381].

[53] s. [189]

[54] [69]. wiederabgedruckt in [71, Bd. 4, 217–258]; deutsche Übersetzungen durch O. Böklen, 1884, und A. Wangerin, Leipzig, 1889, wiederabgedruckt in [70]. S. auch [44].

[55] Dies wurde zuerst von Leonhard Euler gezeigt, s. [56, S. 1–22]. Sofern nicht alle Normalenschnitte die gleiche Krümmung haben, sind diese beiden Schnittkurven mit extremaler Krümmung eindeutig festgelegt und schneiden einander in einem rechten Winkel.

Kugeloberfläche hat dagegen positive Gaußsche Krümmung, und zwar ist die Krümmung umso größer, je kleiner der Radius der Kugel ist (K ist umgekehrt proportional zum Quadrat des Radius). Weil die Gaußsche Krümmung eine Biegungsinvariante ist, folgt aus den für Ebene und Kugel verschiedenen Werten von K also, dass sich eine ebene Fläche nicht dehnungsfrei in eine kugelförmige Gestalt bringen lassen kann. Eine sattelförmige Fläche hat negative Gaußsche Krümmung, weil in diesem Fall die beiden Hauptkrümmungen entgegengesetztes Vorzeichen haben, da sich die beiden zugrundeliegenden Ebenenschnitte in entgegengesetzte Richtungen krümmen.[56]

Gauß hat dann auch eine Beziehung zwischen der Winkelsumme in einem Dreieck aus kürzesten Linien auf einer Fläche und dem Integral von K über dieses Dreieck aufgestellt *(theorema elegantissimum).* Hier besteht dann ein direkter Zusammenhang zur nichteuklidischen Ebene. Diese ist nichts anderes als die innere Geometrie einer Fläche konstanter negativer Krümmung, und die Winkelsumme in einem Dreieck ist daher kleiner als 180 Grad. Gauß selbst hat wohl diesen Zusammenhang schon gesehen, aber dessen wirkliche Tragweite wird erst durch Riemann klar (obwohl dieser die nichteuklidische Geometrie überhaupt nicht rezipiert hatte).

2.5 Die Entstehung von Riemanns Habilitationsvortrag

Riemann hatte sich zwar neben seinen eigentlichen mathematischen Forschungen viel mit naturphilosophischen Spekulationen beschäftigt und dabei in vieler Hinsicht Mathematik, Physik und Naturphilosophie durchaus als Einheit aufgefasst. Riemann berief sich dabei in seinen privaten Aufzeichnungen insbesondere auf den Philosophen Johann Friedrich Herbart (1776–1841[57]) und nennt diesen auch am Anfang seiner Schrift. Dass aber die Schrift, die

[56] Für eine moderne Darstellung s. beispielsweise [54].

[57] s. [92], darin insbesondere *Psychologie als Wissenschaft,* 2 Teile, Bd. 5, 177–402, und Bd. 6, 1–339 (ursprünglich erschienen 1824/25). Herbart wurde 1809 Nachfolger Kants auf dem Lehrstuhl für Philosophie in Königsberg und übernahm 1834 den Lehrstuhl für Philosophie in Göttingen. Er markiert den Umbruch vom Idealismus zum Realismus in der deutschen Philosophie des 19. Jahrhunderts. Er kritisiert Kant von einem empiristischen und assoziationspsychologischen Ansatz aus. Das einzelne Seiende ist für ihn eine Einheit, ein Merkmalsbündel, das durch das Zusammenkommen mit anderen verschiedene Eigenschaften bekommt, welche sich in jeweils verschiedenen Kontinua darstellen lassen. So ist Schnee weiß, wenn das Auge ihn sieht, kalt, wenn die Hand ihn berührt. Diese Kontinua können für ihn räumlich konzipiert werden. Er betont dabei insbesondere die geschichtliche Geworden- und Bedingtheit des Raumbegriffes, der für ihn nach den gerade vorgestellten Überlegungen nur ein Beispiel einer „ continuierlichen Reihenfolge“ war. Das Verhältnis zwischen den Vorstellungen Herbarts und den Konzepten Riemanns wird diskutiert in [53, S. 29–33] und [14, S. 129–136]. Erhard Scholz [188] kommt dagegen zu dem Schluss, dass letztendlich der Einfluss der Gedanken Herbarts auf den Riemannschen Mannigfaltigkeitsbegriff eher gering zu veranschlagen ist, auch wenn die Orientierung an allgemeinen Prinzipien Herbarts, wie dasjenige, das für jeden Bereich der Wissenschaft ein Hauptbegriff auszuarbeiten sei, oder dass die Vorstellungen wie Ton oder Farbe nicht nur quantitativ verschieden sind, sondern auch in ihren Kontrasten mathematischen

hier vorgestellt wird, überhaupt zustande kam, verdankt sich vielleicht doch eher einem Zufall. Wie auch heute noch üblich, musste Riemann der Fakultät für seine Habilitation drei verschiedene Themen für eine Probevorlesung zur Auswahl angeben. Es war aber meist üblich, dass das erste Thema ausgewählt wurde. So wählte Riemann dann die ersten beiden Themen nach seinen derzeitigen mathematischen Forschungsthemen und gab dann als drittes Thema dasjenige zu den Grundlagen der Geometrie an. Zu seiner Überraschung wählte die Fakultät dann aber auf Betreiben von Gauß[58] das letzte Thema aus, und die Vorbereitung seines diesbezüglichen Vortrages innerhalb der gesetzten Frist versetzte Riemann in einige Verlegenheit. Der Vortrag wurde am 10. Juni 1854 gehalten. Gauß, der sonst sehr schwer zu beeindrucken war, war von Riemanns Vortrag außerordentlich beeindruckt.

Trotzdem konnte Riemann sich nicht zu einer Veröffentlichung entschließen; zu dieser kam es erst posthum im Jahre 1868 durch Richard Dedekind.

Gesetzmäßigkeiten unterliegen und daher mit den Methoden der Mathematik untersucht werden sollten, Riemann durchaus geleitet haben kann. Wir verweisen in diesem Zusammenhang auch auf die Darstellung in [167, S. 375–388].

[58] s. das entsprechende Zitat aus der Dekanatsakte bei [133, S. 218].

3 Riemanns Habilitationsvortrag

3.1 Abgedruckt nach S. 304–319 der Gesammelten Werke

XIII.

Ueber die Hypothesen, welche der Geometrie zu Grunde liegen.

(Aus dem dreizehnten Bande der Abhandlungen der Königlichen Gesellschaft der Wissenschaften zu Göttingen.)*)

Plan der Untersuchung.

Bekanntlich setzt die Geometrie sowohl den Begriff des Raumes, als die ersten Grundbegriffe für die Constructionen im Raume als etwas Gegebenes voraus. Sie giebt von ihnen nur Nominaldefinitionen, während die wesentlichen Bestimmungen in Form von Axiomen auftreten.

J. Jost, *Bernhard Riemann – Über die Hypothesen, welche der Geometrie zu Grunde liegen*, Klassische Texte der Wissenschaft, https://doi.org/10.1007/978-3-662-70872-9_3

Das Verhältniss dieser Voraussetzungen bleibt dabei im Dunkeln; man sieht weder ein, ob und in wie weit ihre Verbindung nothwendig, noch a priori, ob sie möglich ist.

Diese Dunkelheit wurde auch von Euklid bis auf Legendre, um den berühmtesten neueren Bearbeiter der Geometrie zu nennen, weder von den Mathematikern, noch von den Philosophen, welche sich damit beschäftigten, gehoben. Es hatte dies seinen Grund wohl darin, dass der allgemeine Begriff mehrfach ausgedehnter Grössen, unter welchem die Raumgrössen enthalten sind, ganz unbearbeitet blieb. Ich habe mir daher zunächst die Aufgabe gestellt, den Begriff einer mehrfach ausgedehnten Grösse aus allgemeinen Grössenbegriffen zu construiren. Es wird daraus hervorgehen, dass eine mehrfach ausgedehnte Grösse verschiedener Massverhältnisse fähig ist und der Raum also nur einen besonderen Fall einer dreifach ausgedehnten Grösse bildet. Hiervon aber ist eine nothwendige Folge, dass die Sätze der

---

*) Diese Abhandlung ist am 10. Juni 1854 von dem Verfasser bei dem zum Zweck seiner Habilitation veranstalteten Colloquium mit der philosophischen Facultät zu Göttingen vorgelesen worden. Hieraus erklärt sich die Form der Darstellung, in welcher die analytischen Untersuchungen nur angedeutet werden konnten; einige Ausführungen derselben findet man in der Beantwortung der Pariser Preisaufgabe nebst den Anmerkungen zu derselben.

Geometrie sich nicht aus allgemeinen Grössenbegriffen ableiten lassen, sondern dass diejenigen Eigenschaften, durch welche sich der Raum von anderen denkbaren dreifach ausgedehnten Grössen unterscheidet, nur aus der Erfahrung entnommen werden können. Hieraus entsteht die Aufgabe, die einfachsten Thatsachen aufzusuchen, aus denen sich die Massverhältnisse des Raumes bestimmen lassen — eine Aufgabe, die der Natur der Sache nach nicht völlig bestimmt ist; denn es lassen sich mehrere Systeme einfacher Thatsachen angeben, welche zur Bestimmung der Massverhältnisse des Raumes hinreichen; am wichtigsten ist für den gegenwärtigen Zweck das von Euklid zu Grunde gelegte. Diese Thatsachen sind wie alle Thatsachen nicht nothwendig, sondern nur von empirischer Gewissheit, sie sind Hypothesen; man kann also ihre Wahrscheinlichkeit, welche innerhalb der Grenzen der Beobachtung allerdings sehr gross ist, untersuchen und hienach über die Zulässigkeit ihrer Ausdehnung jenseits der Grenzen der Beobachtung, sowohl nach der Seite des Unmessbargrossen, als nach der Seite des Unmessbarkleinen urtheilen.

I. Begriff einer $n$fach ausgedehnten Grösse.

Indem ich nun von diesen Aufgaben zunächst die erste, die Entwicklung des Begriffs mehrfach ausgedehnter Grössen, zu lösen versuche, glaube ich um so mehr auf eine nachsichtige Beurtheilung Anspruch machen zu dürfen, da ich in dergleichen Arbeiten philosophischer Natur, wo die Schwierigkeiten mehr in den Begriffen, als in der Construction liegen, wenig geübt bin und ich ausser einigen ganz kurzen Andeutungen, welche Herr Geheimer Hofrath Gauss in der zweiten Abhandlung über die biquadratischen Reste, in den Göttingenschen gelehrten Anzeigen und in seiner Jubiläumsschrift darüber gegeben hat, und einigen philosophischen Untersuchungen Herbart's, durchaus keine Vorarbeiten benutzen konnte.

1.

Grössenbegriffe sind nur da möglich, wo sich ein allgemeiner Begriff vorfindet, der verschiedene Bestimmungsweisen zulässt. Je nachdem unter diesen Bestimmungsweisen von einer zu einer andern ein stetiger Uebergang stattfindet oder nicht, bilden sie eine stetige oder discrete Mannigfaltigkeit; die einzelnen Bestimmungsweisen heissen im erstern Falle Punkte, im letztern Elemente dieser Mannigfaltigkeit. Begriffe, deren Bestimmungsweisen eine discrete Mannigfaltigkeit bilden, sind so häufig, dass sich für beliebig gegebene Dinge wenigstens in den gebildeteren Sprachen immer ein Begriff auffinden lässt, unter welchem sie enthalten sind (und die Mathematiker konnten daher in der Lehre von den discreten Grössen unbedenklich von der Forderung ausgehen, gegebene Dinge als gleichartig zu betrachten), dagegen sind die Veranlassungen zur Bildung von Begriffen, deren Bestimmungsweisen eine stetige Mannigfaltigkeit bilden, im gemeinen Leben so selten, dass die Orte der Sinnengegenstände und die Farben wohl die einzigen einfachen Begriffe sind, deren Bestimmungsweisen eine mehrfach ausgedehnte Mannigfaltigkeit bilden. Häufigere Veranlassung zur Erzeugung und Ausbildung dieser Begriffe findet sich erst in der höhern Mathematik.

Bestimmte, durch ein Merkmal oder eine Grenze unterschiedene Theile einer Mannigfaltigkeit heissen Quanta. Ihre Vergleichung der Quantität nach geschieht bei den discreten Grössen durch Zählung, bei den stetigen durch Messung. Das Messen besteht in einem Aufeinanderlegen der zu vergleichenden Grössen; zum Messen wird also ein Mittel erfordert, die eine Grösse als Massstab für die andere fortzutragen. Fehlt dieses, so kann man zwei Grössen nur vergleichen, wenn die eine ein Theil der andern ist, und auch dann nur das Mehr oder Minder, nicht das Wieviel entscheiden. Die Untersuchungen, welche sich in diesem Falle über sie anstellen lassen, bilden einen allgemeinen von Massbestimmungen unabhängigen Theil der Grössenlehre, wo die Grössen nicht als unabhängig von der Lage existirend und nicht als durch eine Einheit ausdrückbar, sondern als Gebiete in einer Mannigfaltigkeit betrachtet werden. Solche Untersuchungen sind für mehrere Theile der Mathematik, namentlich für die Behandlung der mehrwerthigen analytischen Functionen ein Bedürfniss geworden, und der Mangel derselben ist wohl eine Hauptursache, dass der berühmte Abel'sche Satz und die Leistungen von Lagrange, Pfaff, Jacobi für die allgemeine Theorie der Differentialgleichungen so lange unfruchtbar geblieben sind. Für den gegenwärtigen Zweck genügt es, aus diesem allgemeinen Theile der Lehre von den ausgedehnten Grössen, wo weiter nichts vorausgesetzt wird, als was in dem Begriffe derselben schon enthalten ist, zwei Punkte hervorzuheben, wovon der erste die Erzeugung des Begriffs einer mehrfach ausgedehnten Mannigfaltigkeit, der zweite die Zurückführung der Ortsbestimmungen in einer gegebenen Mannigfaltigkeit auf Quantitätsbestimmungen betrifft und das wesentliche Kennzeichen einer $n$fachen Ausdehnung deutlich machen wird.

2.

Geht man bei einem Begriffe, dessen Bestimmungsweisen eine stetige Mannigfaltigkeit bilden, von einer Bestimmungsweise auf eine bestimmte Art zu einer andern über, so bilden die durchlaufenen Bestimmungsweisen eine einfach ausgedehnte Mannigfaltigkeit, deren wesentliches Kennzeichen ist, dass in ihr von einem Punkte nur nach zwei Seiten, vorwärts oder rückwärts, ein stetiger Fortgang möglich ist. Denkt man sich nun, dass diese Mannigfaltigkeit wieder in eine andere, völlig verschiedene, übergeht, und zwar wieder auf bestimmte Art, d. h. so, dass jeder Punkt in einen bestimmten Punkt der andern übergeht, so bilden sämmtliche so erhaltene Bestimmungsweisen eine zweifach ausgedehnte Mannigfaltigkeit. In ähnlicher Weise erhält man eine dreifach ausgedehnte Mannigfaltigkeit, wenn man sich vorstellt, dass eine zweifach ausgedehnte in eine völlig verschiedene auf bestimmte Art übergeht, und es ist leicht zu sehen, wie man diese Construction fortsetzen kann. Wenn man, anstatt den Begriff als bestimmbar, seinen Gegenstand als veränderlich betrachtet, so kann diese Construction bezeichnet werden als eine Zusammensetzung einer Veränderlichkeit von $n+1$ Dimensionen aus einer Veränderlichkeit von n Dimensionen und aus einer Veränderlichkeit von Einer Dimension.

3.

Ich werde nun zeigen, wie man umgekehrt eine Veränderlichkeit, deren Gebiet gegeben ist, in eine Veränderlichkeit von einer Dimension und eine Veränderlichkeit von weniger Dimensionen zerlegen kann. Zu diesem Ende denke man sich ein veränderliches Stück einer Mannigfaltigkeit von Einer Dimension — von einem festen Anfangspunkte an gerechnet, so dass die Werthe desselben unter einander vergleichbar sind —, welches für jeden Punkt der gegebenen Mannigfaltigkeit einen bestimmten mit ihm stetig sich ändernden Werth hat, oder mit andern Worten, man nehme innerhalb der gegebenen Mannigfaltigkeit eine stetige Function des Orts an, und zwar eine solche Function, welche nicht längs eines Theils dieser Mannigfaltigkeit constant ist. Jedes System von Punkten, wo die Function einen constanten Werth hat, bildet dann eine stetige Mannigfaltigkeit von weniger Dimensionen, als die gegebene. Diese Mannigfaltigkeiten gehen bei Aenderung der Function stetig in einander über; man wird daher annehmen können, dass aus einer von ihnen die übrigen hervorgehen, und es wird dies, allgemein zu reden, so geschehen können, dass jeder Punkt in einen bestimmten Punkt der andern übergeht; die Ausnahmsfälle, deren

Untersuchung wichtig ist, können hier unberücksichtigt bleiben. Hierdurch wird die Ortsbestimmung in der gegebenen Mannigfaltigkeit zurückgeführt auf eine Grössenbestimmung und auf eine Ortsbestimmung in einer minderfach ausgedehnten Mannigfaltigkeit. Es ist nun leicht zu zeigen, dass diese Mannigfaltigkeit $n-1$ Dimensionen hat, wenn die gegebene Mannigfaltigkeit eine $n$fach ausgedehnte ist. Durch $n$malige Wiederholung dieses Verfahrens wird daher die Ortsbestimmung in einer $n$fach ausgedehnten Mannigfaltigkeit auf n Grössenbestimmungen, und also die Ortsbestimmung in einer gegebenen Mannigfaltigkeit, wenn dieses möglich ist, auf eine endliche Anzahl von Quantitätsbestimmungen zurückgeführt. Es giebt indess auch Mannigfaltigkeiten, in welchen die Ortsbestimmung nicht eine endliche Zahl, sondern entweder eine unendliche Reihe oder eine stetige Mannigfaltigkeit von Grössenbestimmungen erfordert. Solche Mannigfaltigkeiten bilden z. B. die möglichen Bestimmungen einer Function für ein gegebenes Gebiet, die möglichen Gestalten ein erräumlichen Figur u. s. w.

II. Massverhältnisse, deren eine Mannigfaltigkeit von n Dimensionen fähig ist, unter der Voraussetzung, dass die Linien unabhängig von der Lage eine Länge besitzen, also jede Linie durch jede messbar ist.

Es folgt nun, nachdem der Begriff einer $n$fach ausgedehnten Mannigfaltigkeit construirt und als wesentliches Kennzeichen derselben gefunden worden ist, dass sich die Ortsbestimmung in derselben auf n Grössenbestimmungen zurückführen lässt, als zweite der oben gestellten Aufgaben eine Untersuchung über die Massverhältnisse, deren eine solche Mannigfaltigkeit fähig ist, und über die Bedingungen, welche zur Bestimmung dieser Massverhältnisse hinreichen. Diese Massverhältnisse lassen sich nur in abstracten Grössenbegriffen untersuchen und im Zusammenhange nur durch Formeln darstellen; unter gewissen Voraussetzungen kann man sie indess in Verhältnisse zerlegen, welche einzeln genommen einer geometrischen Darstellung fähig sind, und hiedurch wird es möglich, die Resultate der Rechnung geometrisch auszudrücken. Es wird daher, um festen Boden zu gewinnen, zwar eine abstracte Untersuchung in Formeln nicht zu vermeiden sein, die Resultate derselben aber werden sich im geometrischen Gewande darstellen lassen. Zu Beidem sind die Grundlagen enthalten in der berühmten Abhandlung des Herrn Geheimen Hofraths Gauss über die krummen Flächen.

1.

Massbestimmungen erfordern eine Unabhängigkeit der Grössen vom Ort, die in mehr als einer Weise stattfinden kann; die zunächst sich darbietende Annahme, welche ich hier verfolgen will, ist wohl die, dass die Länge der Linien unabhängig von der Lage sei, also jede Linie durch jede messbar sei. Wird die Ortsbestimmung auf Grössenbestimmungen zurückgeführt, also die Lage eines Punktes in der gegebenen $n$fach ausgedehnten Mannigfaltigkeit durch n veränderliche Grössen x_1, x_2, x_3, und so fort bis x_n ausgedrückt, so wird die Bestimmung einer Linie darauf hinauskommen, dass die Grössen x als Functionen Einer Veränderlichen gegeben werden. Die Aufgabe ist dann, für die Länge der Linien einen mathematischen Ausdruck aufzustellen, zu welchem Zwecke die Grössen x als in Einheiten ausdrückbar betrachtet werden müssen. Ich werde diese Aufgabe nur unter gewissen Beschränkungen behandeln und beschränke mich erstlich auf solche Linien, in welchen die Verhältnisse zwischen den Grössen dx — den zusammengehörigen Aenderungen der Grössen x — sich stetig ändern; man kann dann die Linien in Elemente zerlegt denken, innerhalb deren die Verhältnisse der Grössen dx als constant betrachtet werden dürfen, und die Aufgabe kommt dann darauf zurück, für jeden Punkt einen allgemeinen Ausdruck des von ihm ausgehenden Linienelements ds aufzustellen, welcher also die Grössen x und die Grössen dx enthalten wird. Ich nehme nun zweitens an, dass die Länge des Linienelements, von Grössen zweiter Ordnung abgesehen, ungeändert bleibt, wenn sämmtliche Punkte desselben dieselbe unendlich kleine Ortsänderung erleiden, worin zugleich enthalten ist, dass, wenn sämmtliche Grössen dx in demselben Verhältnisse wachsen, das Linienelement sich ebenfalls in diesem Verhältnisse ändert. Unter diesen Annahmen wird das Linienelement eine beliebige homogene Function ersten Grades der Grössen dx sein können, welche ungeändert bleibt, wenn sämmtliche Grössen dx ihr Zeichen ändern, und worin die willkürlichen Constanten stetige Functionen der Grössen x sind. Um die einfachsten Fälle zu finden, suche ich zunächst einen Ausdruck für die $(n-1)$fach ausgedehnten Mannigfaltigkeiten, welche vom Anfangspunkte des Linienelements überall gleich weit abstehen, d. h. ich suche eine stetige Function des Orts, welche sie von einander unterscheidet. Diese wird vom Anfangspunkt aus nach allen Seiten entweder ab- oder zunehmen müssen; ich will annehmen, dass sie nach allen Seiten zunimmt und also in dem Punkte ein Minimum hat. Es muss dann, wenn ihre ersten und zweiten Differentialquotienten endlich sind, das Differential erster Ordnung verschwinden und das zweiter Ordnung darf nie negativ werden; ich nehme an, dass es immer positiv bleibt. Dieser Differentialausdruck zweiter Ordnung bleibt alsdann constant, wenn ds constant bleibt, und wächst im quadratischen Verhältnisse, wenn die Grössen dx und also auch ds sich sämmtlich in demselben Verhältnisse ändern; er ist also $=$ const. ds^2 und folglich ist $ds =$ der Quadratwurzel aus einer immer positiven ganzen homogenen Function zweiten Grades der Grössen dx, in welcher die Coefficienten stetige Functionen der Grössen x sind. Für den Raum wird, wenn man die Lage der Punkte durch rechtwinklige Coordinaten ausdrückt, $ds = \sqrt{\Sigma (dx)^2}$; der Raum ist also unter diesem einfachsten Falle enthalten. Der nächst einfache Fall würde wohl die Mannigfaltigkeiten umfassen, in welchen sich das Linienelement durch die vierte Wurzel aus einem Differentialausdrucke vierten Grades ausdrücken lässt. Die Untersuchung dieser allgemeinern Gattung würde zwar keine wesentlich andere Principien erfordern, aber ziemlich zeitraubend sein und verhältnissmässig auf die Lehre vom Raume wenig neues Licht werfen, zumal da sich die Resultate nicht geometrisch ausdrücken lassen; ich beschränke mich daher auf die Mannigfaltigkeiten, wo das Linienelement durch die Quadratwurzel aus einem Differentialausdruck zweiten Grades ausgedrückt wird. Man kann einen solchen Ausdruck in einen andern ähnlichen transformiren, indem man für die n unabhängigen Veränderlichen Functionen von n neuen unabhängigen Veränderlichen setzt. Auf diesem Wege wird man aber nicht jeden Ausdruck in jeden transformiren können; denn der Ausdruck enthält $n\frac{n+1}{2}$ Coefficienten, welche willkürliche Functionen der unabhängigen Veränderlichen sind; durch Einführung neuer Veränderlicher wird man aber nur n Relationen genügen und also nur n der Coefficienten gegebenen Grössen gleich machen können. Es sind dann die übrigen $n\frac{n-1}{2}$ durch die Natur der darzustellenden Mannigfaltigkeit schon völlig bestimmt, und zur Bestimmung ihrer Massverhältnisse also $n\frac{n-1}{2}$ Functionen des Orts erforderlich. Die Mannigfaltigkeiten, in welchen sich, wie in der Ebene und im Raume, das Linienelement auf die Form $\sqrt{\Sigma dx^2}$ bringen lässt, bilden daher nur einen besondern Fall der hier zu untersuchenden Mannigfaltigkeiten; sie verdienen wohl einen besonderen Namen, und ich will also diese Mannigfaltigkeiten, in welchen sich das Quadrat des Linienelements auf die Summe der Quadrate von selbständigen Differentialien bringen lässt, eben nennen. Um nun die wesentlichen Verschiedenheiten sämmtlicher in der vorausgesetzten Form darstellbarer Mannigfaltigkeiten übersehen zu können, ist es nöthig, die von der Darstellungsweise herrührenden zu beseitigen, was durch Wahl der veränderlichen Grössen nach einem bestimmten Princip erreicht wird.

2.

Zu diesem Ende denke man sich von einem beliebigen Punkte aus das System der von ihm ausgehenden kürzesten Linien construirt; die Lage eines unbestimmten Punktes wird dann bestimmt werden können durch die Anfangsrichtung der kürzesten Linie, in welcher er liegt, und durch seine Entfernung in derselben vom Anfangspunkte und kann daher durch die Verhältnisse der Grössen dx^0, d. h. der Grössen dx im Anfang dieser kürzesten Linie und durch die Länge s dieser Linie ausgedrückt werden. Man führe nun statt dx^0 solche aus ihnen gebildete lineare Ausdrücke $d\alpha$ ein, dass der Anfangswerth des Quadrats des Linienelements gleich der Summe der Quadrate dieser Ausdrücke wird, so dass die unabhängigen Variabeln sind: die Grösse s und die Verhältnisse der Grössen $d\alpha$; und setze schliesslich statt $d\alpha$ solche ihnen proportionale Grössen $x_1, x_2, \ldots, x_n$, dass die Quadratsumme $= s^2$ wird. Führt man diese Grössen ein, so wird für unendlich kleine Werthe von x das Quadrat des Linienelements $= \Sigma dx^2$, das Glied der nächsten Ordnung in demselben aber gleich einem homogenen Ausdruck zweiten Grades der $n\frac{n-1}{2}$ Grössen $(x_1\,dx_2 - x_2\,dx_1)$, $(x_1\,dx_3 - x_3\,dx_1), \ldots,$ also eine unendlich kleine Grösse von der vierten Dimension, so dass man eine endliche Grösse erhält, wenn man sie durch das Quadrat des unendlich kleinen Dreiecks dividirt, in dessen Eckpunkten die Werthe der Veränderlichen sind $(0, 0, 0, \ldots)$, $(x_1, x_2, x_3, \ldots)$, $(dx_1, dx_2, dx_3, \ldots)$. Diese Grösse behält denselben Werth, so lange die Grössen x und dx in denselben binären Linearformen enthalten sind, oder so lange die beiden kürzesten Linien von den Werthen 0 bis zu den Werthen x und von den Werthen 0 bis zu den Werthen dx in demselben Flächenelement bleiben, und hängt also nur von Ort und Richtung desselben ab. Sie wird offenbar $= 0$, wenn die dargestellte Mannigfaltigkeit eben, d. h. das Quadrat des Linienelements auf Σdx^2 reducirbar ist, und kann daher als das Mass der in diesem Punkte in dieser Flächenrichtung stattfindenden Abweichung der Mannigfaltigkeit von der Ebenheit angesehen werden. Multiplicirt mit $-\frac{3}{4}$ wird sie der Grösse gleich, welche Herr Geheimer Hofrath Gauss das Krümmungsmass einer Fläche genannt hat. Zur Bestimmung der Massverhältnisse einer $n$fach ausgedehnten in der vorausgesetzten Form darstellbaren Mannigfaltigkeit wurden vorhin $n\frac{n-1}{2}$ Functionen des Orts nöthig gefunden;

wenn also das Krümmungsmass in jedem Punkte in $n\frac{n-1}{2}$ Flächenrichtungen gegeben wird, so werden daraus die Massverhältnisse der Mannigfaltigkeit sich bestimmen lassen, wofern nur zwischen diesen Werthen keine identischen Relationen stattfinden, was in der That, allgemein zu reden, nicht der Fall ist. Die Massverhältnisse dieser Mannigfaltigkeiten, wo das Linienelement durch die Quadratwurzel aus einem Differentialausdruck zweiten Grades dargestellt wird, lassen sich so auf eine von der Wahl der veränderlichen Grössen völlig unabhängige Weise ausdrücken. Ein ganz ähnlicher Weg lässt sich zu diesem Ziele auch bei den Mannigfaltigkeiten einschlagen, in welchen das Linienelement durch einen weniger einfachen Ausdruck, z. B. durch die vierte Wurzel aus einem Differentialausdruck vierten Grades, ausgedrückt wird. Es würde sich dann das Linienelement, allgemein zu reden, nicht mehr auf die Form der Quadratwurzel aus einer Quadratsumme von Differentialausdrücken bringen lassen und also in dem Ausdrucke für das Quadrat des Linienelements die Abweichung von der Ebenheit eine unendlich kleine Grösse von der zweiten Dimension sein, während sie bei jenen Mannigfaltigkeiten eine unendlich kleine Grösse von der vierten Dimension war. Diese Eigenthümlichkeit der letztern Mannigfaltigkeiten kann daher wohl Ebenheit in den kleinsten Theilen genannt werden. Die für den jetzigen Zweck wichtigste Eigenthümlichkeit dieser Mannigfaltigkeiten, derentwegen sie hier allein untersucht worden sind, ist aber die, dass sich die Verhältnisse der zweifach ausgedehnten geometrisch durch Flächen darstellen und die der mehrfach ausgedehnten auf die der in ihnen enthaltenen Flächen zurückführen lassen, was jetzt noch einer kurzen Erörterung bedarf.

3.

In die Auffassung der Flächen mischt sich neben den inneren Massverhältnissen, bei welchen nur die Länge der Wege in ihnen in Betracht kommt, immer auch ihre Lage zu ausser ihnen gelegenen Punkten. Man kann aber von den äussern Verhältnissen abstrahiren, indem man solche Veränderungen mit ihnen vornimmt, bei denen die Länge der Linien in ihnen ungeändert bleibt, d. h. sie sich beliebig — ohne Dehnung — gebogen denkt, und alle so auseinander entstehenden Flächen als gleichartig betrachtet. Es gelten also z. B. beliebige cylindrische oder conische Flächen einer Ebene gleich, weil sie sich durch blosse Biegung aus ihr bilden lassen, wobei die innern Massverhältnisse bleiben, und sämmtliche Sätze über dieselben — also die ganze Planimetrie — ihre Gültigkeit behalten; dagegen gelten sie als wesentlich verschieden von der Kugel, welche sich nicht ohne Dehnung in eine Ebene verwandeln lässt. Nach der vorigen Untersuchung werden in jedem Punkte die innern Massverhältnisse einer zweifach ausgedehnten Grösse, wenn sich das Linienelement durch die Quadratwurzel aus einem Differentialausdruck zweiten Grades ausdrücken lässt, wie dies bei den Flächen der Fall ist, charakterisirt durch das Krümmungsmass. Dieser Grösse lässt sich nun bei den Flächen die anschauliche Bedeutung geben, dass sie das Product aus den beiden Krümmungen der Fläche in diesem Punkte ist, oder auch, dass das Product derselben in ein unendlich kleines aus kürzesten Linien gebildetes Dreieck gleich ist dem halben Ueberschusse seiner Winkelsumme über zwei Rechte in Theilen des Halbmessers. Die erste Definition würde den Satz voraussetzen, dass das Product der beiden Krümmungshalbmesser bei der blossen Biegung einer Fläche ungeändert bleibt, die zweite, dass an demselben Orte der Ueberschuss der Winkelsumme eines unendlich kleinen Dreiecks über zwei Rechte seinem Inhalte proportional ist. Um dem Krümmungsmass einer $n$fach ausgedehnten Mannigfaltigkeit in einem gegebenen Punkte und einer gegebenen durch ihn gelegten Flächenrichtung eine greifbare Bedeutung zu geben, muss man davon ausgehen, dass eine von einem Punkte ausgehende kürzeste Linie völlig bestimmt ist, wenn ihre Anfangsrichtung gegeben ist. Hienach wird man eine bestimmte Fläche erhalten, wenn man sämmtliche von dem gegebenen Punkte ausgehenden und in dem gegebenen Flächenelement liegenden Anfangsrichtungen zu kürzesten Linien verlängert, und diese Fläche hat in dem gegebenen Punkte ein bestimmtes Krümmungsmass, welches zugleich das Krümmungsmass der $n$fach ausgedehnten Mannigfaltigkeit in dem gegebenen Punkte und der gegebenen Flächenrichtung ist.

4.

Es sind nun noch, ehe die Anwendung auf den Raum gemacht wird, einige Betrachtungen über die ebenen Mannigfaltigkeiten im Allgemeinen nöthig, d. h. über diejenigen, in welchen das Quadrat des Linienelements durch eine Quadratsumme vollständiger Differentialien darstellbar ist.

In einer ebenen $n$fach ausgedehnten Mannigfaltigkeit ist das Krümmungsmass in jedem Punkte in jeder Richtung Null; es reicht aber nach der frühern Untersuchung, um die Massverhältnisse zu bestimmen, hin zu wissen, dass es in jedem Punkte in $n\frac{n-1}{2}$ Flächenrichtungen, deren Krümmungsmasse von einander unabhängig sind,

Null sei. Die Mannigfaltigkeiten, deren Krümmungsmass überall $= 0$ ist, lassen sich betrachten als ein besonderer Fall derjenigen Mannigfaltigkeiten, deren Krümmungsmass allenthalben constant ist. Der gemeinsame Charakter dieser Mannigfaltigkeiten, deren Krümmungsmass constant ist, kann auch so ausgedrückt werden, dass sich die Figuren in ihnen ohne Dehnung bewegen lassen. Denn offenbar würden die Figuren in ihnen nicht beliebig verschiebbar und drehbar sein können, wenn nicht in jedem Punkte in allen Richtungen das Krümmungsmass dasselbe wäre. Andererseits aber sind durch das Krümmungsmass die Massverhältnisse der Mannigfaltigkeit vollständig bestimmt; es sind daher um einen Punkt nach allen Richtungen die Massverhältnisse genau dieselben, wie um einen andern, und also von ihm aus dieselben Constructionen ausführbar, und folglich kann in den Mannigfaltigkeiten mit constantem Krümmungsmass den Figuren jede beliebige Lage gegeben werden. Die Massverhältnisse dieser Mannigfaltigkeiten hängen nur von dem Werthe des Krümmungsmasses ab, und in Bezug auf die analytische Darstellung mag bemerkt werden, dass, wenn man diesen Werth durch α bezeichnet, dem Ausdruck für das Linienelement die Form

$$\frac{1}{1+\frac{\alpha}{4}\Sigma x^2}\sqrt{\Sigma dx^2}$$

gegeben werden kann.

5.

Zur geometrischen Erläuterung kann die Betrachtung der Flächen mit constantem Krümmungsmass dienen. Es ist leicht zu sehen, dass sich die Flächen, deren Krümmungsmass positiv ist, immer auf eine Kugel, deren Radius gleich 1 dividirt durch die Wurzel aus dem Krümmungsmass ist, wickeln lassen werden; um aber die ganze Mannigfaltigkeit dieser Flächen zu übersehen, gebe man einer derselben die Gestalt einer Kugel und den übrigen die Gestalt von Umdrehungsflächen, welche sie im Aequator berühren. Die Flächen mit grösserem Krümmungsmass, als diese Kugel, werden dann die Kugel von innen berühren und eine Gestalt annehmen, wie der äussere der Axe abgewandte Theil der Oberfläche eines Ringes; sie würden sich auf Zonen von Kugeln mit kleinerem Halbmesser wickeln lassen, aber mehr als einmal herumreichen. Die Flächen mit kleinerem positiven Krümmungsmass wird man erhalten, wenn man aus Kugelflächen mit grösserem Radius ein von zwei grössten Halbkreisen begrenztes Stück ausschneidet und die Schnittlinien zusammenfügt. Die Fläche mit dem Krümmungsmass Null wird eine auf dem Aequator stehende Cylinderfläche sein; die Flächen mit negativem Krümmungsmass aber werden diesen Cylinder von aussen berühren und wie der innere der Axe zugewandte Theil der Oberfläche eines Ringes geformt sein. Denkt man sich diese Flächen als Ort für in ihnen bewegliche Flächenstücke, wie den Raum als Ort für Körper, so sind in allen diesen Flächen die Flächenstücke ohne Dehnung beweglich. Die Flächen mit positivem Krümmungsmass lassen sich stets so formen, dass die Flächenstücke auch ohne Biegung beliebig bewegt werden können, nämlich zu Kugelflächen, die mit negativem aber nicht. Ausser dieser Unabhängigkeit der Flächenstücke vom Ort findet bei der Fläche mit dem Krümmungsmass Null auch eine Unabhängigkeit der Richtung vom Ort statt, welche bei den übrigen Flächen nicht stattfindet.

III. Anwendung auf den Raum.

1.

Nach diesen Untersuchungen über die Bestimmung der Massverhältnisse einer $n$fach ausgedehnten Grösse lassen sich nun die Bedingungen angeben, welche zur Bestimmung der Massverhältnisse des Raumes hinreichend und nothwendig sind, wenn Unabhängigkeit der Linien von der Lage und Darstellbarkeit des Linienelements durch die Quadratwurzel aus einem Differentialausdrucke zweiten Grades, also Ebenheit in den kleinsten Theilen vorausgesetzt wird.

Sie lassen sich erstens so ausdrücken, dass das Krümmungsmass in jedem Punkte in drei Flächenrichtungen $= 0$ ist, und es sind daher die Massverhältnisse des Raumes bestimmt, wenn die Winkelsumme im Dreieck allenthalben gleich zwei Rechten ist.

Setzt man aber zweitens, wie Euklid, nicht bloss eine von der Lage unabhängige Existenz der Linien, sondern auch der Körper voraus, so folgt, dass das Krümmungsmass allenthalben constant ist, und es ist dann in allen Dreiecken die Winkelsumme bestimmt, wenn sie in Einem bestimmt ist.

Endlich könnte man drittens, anstatt die Länge der Linien als unabhängig von Ort und Richtung anzunehmen, auch eine Unabhängigkeit ihrer Länge und Richtung vom Ort voraussetzen. Nach dieser Auffassung sind die Ortsänderungen oder Ortsverschiedenheiten complexe in drei unabhängige Einheiten ausdrückbare Grössen.

2.

Im Laufe der bisherigen Betrachtungen wurden zunächst die Ausdehnungs- oder Gebietsverhältnisse von den Massverhältnissen gesondert, und gefunden, dass bei denselben Ausdehnungsverhältnissen verschiedene Massverhältnisse denkbar sind; es wurden dann die Systeme einfacher Massbestimmungen aufgesucht, durch welche die Massverhältnisse des Raumes völlig bestimmt sind und von welchen alle Sätze über dieselben eine nothwendige Folge sind; es bleibt nun die Frage zu erörtern, wie, in welchem Grade und in welchem Umfange diese Voraussetzungen durch die Erfahrung verbürgt werden. In dieser Beziehung findet zwischen den blossen Ausdehnungsverhältnissen und den Massverhältnissen eine wesentliche Verschiedenheit statt, insofern bei erstern, wo die möglichen Fälle eine discrete Mannigfaltigkeit bilden, die Aussagen der Erfahrung zwar nie völlig gewiss, aber nicht ungenau sind, während bei letztern, wo die möglichen Fälle eine stetige Mannigfaltigkeit bilden, jede Bestimmung aus der Erfahrung immer ungenau bleibt — es mag die Wahrscheinlichkeit, dass sie nahe richtig ist, noch so gross sein. Dieser Umstand wird wichtig bei der Ausdehnung dieser empirischen Bestimmungen über die Grenzen der Beobachtung in's Unmessbargrosse und Unmessbarkleine; denn die letztern können offenbar jenseits der Grenzen der Beobachtung immer ungenauer werden, die ersteren aber nicht.

Bei der Ausdehnung der Raumconstructionen in's Unmessbargrosse ist Unbegrenztheit und Unendlichkeit zu scheiden; jene gehört zu den Ausdehnungsverhältnissen, diese zu den Massverhältnissen. Dass der Raum eine unbegrenzte dreifach ausgedehnte Mannigfaltigkeit sei, ist eine Voraussetzung, welche bei jeder Auffassung der Aussenwelt angewandt wird, nach welcher in jedem Augenblicke das Gebiet der wirklichen Wahrnehmungen ergänzt und die möglichen Orte eines gesuchten Gegenstandes construirt werden und welche sich bei diesen Anwendungen fortwährend bestätigt. Die Unbegrenztheit des Raumes besitzt daher eine grössere empirische Gewissheit, als irgend eine äussere Erfahrung. Hieraus folgt aber die Unendlichkeit keineswegs; vielmehr würde der Raum, wenn man Unabhängigkeit der Körper vom Ort voraussetzt, ihm also ein constantes Krümmungsmass zuschreibt, nothwendig endlich sein, so bald dieses Krümmungsmass einen noch so kleinen positiven Werth hätte. Man würde, wenn man die in einem Flächenelement liegenden Anfangsrichtungen zu kürzesten Linien verlängert, eine unbegrenzte Fläche mit constantem positiven Krümmungsmass, also eine Fläche erhalten, welche in einer ebenen dreifach ausgedehnten Mannigfaltigkeit die Gestalt einer Kugelfläche annehmen würde und welche folglich endlich ist.

3.

Die Fragen über das Unmessbargrosse sind für die Naturerklärung müssige Fragen. Anders verhält es sich aber mit den Fragen über das Unmessbarkleine. Auf der Genauigkeit, mit welcher wir die Erscheinungen in's Unendlichkleine verfolgen, beruht wesentlich die Erkenntniss ihres Causalzusammenhangs. Die Fortschritte der letzten Jahrhunderte in der Erkenntniss der mechanischen Natur sind fast allein bedingt durch die Genauigkeit der Construction, welche durch die Erfindung der Analysis des Unendlichen und die von Archimed, Galiläi und Newton aufgefundenen einfachen Grundbegriffe, deren sich die heutige Physik bedient, möglich geworden ist. In den Naturwissenschaften aber, wo die einfachen Grundbegriffe zu solchen Constructionen bis jetzt fehlen, verfolgt man, um den Causalzusammenhang zu erkennen, die Erscheinungen in's räumlich Kleine, so weit es das Mikroskop nur gestattet. Die Fragen über die Massverhältnisse des Raumes im Unmessbarkleinen gehören also nicht zu den müssigen.

Setzt man voraus, dass die Körper unabhängig vom Ort existiren, so ist das Krümmungsmass überall constant, und es folgt dann aus den astronomischen Messungen, dass es nicht von Null verschieden sein kann; jedenfalls müsste sein reciprocer Werth eine Fläche sein, gegen welche das unsern Teleskopen zugängliche Gebiet verschwinden müsste. Wenn aber eine solche Unabhängigkeit der Körper vom Ort nicht stattfindet, so kann man aus den Massverhältnissen im Grossen nicht auf die im Unendlichkleinen schliessen; es kann dann in jedem Punkte das Krümmungsmass in drei Richtungen einen beliebigen Werth haben, wenn nur die ganze Krümmung jedes messbaren Raumtheils nicht merklich von Null verschieden ist; noch complicirtere Verhältnisse können eintreten, wenn die vorausgesetzte Darstellbarkeit eines Linienelements durch die Quadratwurzel aus einem Differentialausdruck zweiten Grades nicht stattfindet. Nun scheinen aber die empirischen Begriffe, in welchen die räumlichen Massbestimmungen gegründet sind, der Begriff des festen Körpers und des Lichtstrahls, im Unendlichkleinen ihre Gültigkeit zu verlieren; es ist also sehr wohl denkbar, dass die Massverhältnisse des Raumes im Unendlichkleinen den Voraussetzungen der Geometrie nicht gemäss sind, und dies würde man in der That annehmen müssen, sobald sich dadurch die Erscheinungen auf einfachere Weise erklären liessen.

Die Frage über die Gültigkeit der Voraussetzungen der Geometrie im Unendlichkleinen hängt zusammen mit der Frage nach dem innern Grunde der Massverhältnisse des Raumes. Bei dieser Frage, welche wohl noch zur Lehre vom Raume gerechnet werden darf, kommt die obige Bemerkung zur Anwendung, dass bei einer discreten Mannigfaltigkeit das Princip der Massverhältnisse schon in dem Begriffe dieser Mannigfaltigkeit enthalten ist, bei einer stetigen aber anders woher hinzukommen muss. Es muss also entweder das dem Raume zu Grunde liegende Wirkliche eine discrete Mannigfaltigkeit bilden, oder der Grund der Massverhältnisse ausserhalb, in darauf wirkenden bindenden Kräften, gesucht werden.

Die Entscheidung dieser Fragen kann nur gefunden werden, indem man von der bisherigen durch die Erfahrung bewährten Auffassung der Erscheinungen, wozu Newton den Grund gelegt, ausgeht und diese durch Thatsachen, die sich aus ihr nicht erklären lassen, getrieben allmählich umarbeitet; solche Untersuchungen, welche, wie die hier geführte, von allgemeinen Begriffen ausgehen, können nur dazu dienen, dass diese Arbeit nicht durch die Beschränktheit der Begriffe gehindert und der Fortschritt im Erkennen des Zusammenhangs der Dinge nicht durch überlieferte Vorurtheile gehemmt wird.

Es führt dies hinüber in das Gebiet einer andern Wissenschaft, in das Gebiet der Physik, welches wohl die Natur der heutigen Veranlassung nicht zu betreten erlaubt.

Uebersicht.

*) Art. I. bildet zugleich die Vorarbeit für Beiträge zur analysis situs.

*) Die Untersuchung über die möglichen Massbestimmungen einer n fach ausgedehnten Mannigfaltigkeit ist sehr unvollständig, indess für den gegenwärtigen Zweck wohl ausreichend.

**) Der §. 3 des Art. III bedarf noch einer Umarbeitung und weiteren Ausführung. (Bemerkungen von Riemann.)

3.2 Stellenkommentar von Hermann Weyl (nach S. 740–768 der gesammelten Werke von Bernhard Riemann)

Vorwort des Herausgebers.

RIEMANNS Probevorlesung „Über die Hypothesen, welche der Geometrie zugrunde liegen", von ihm bei Gelegenheit seiner Habilitation am 10. Juni 1854 vor der Göttinger philosophischen Fakultät gehalten, ist erst nach seinem Tode im 13. Bande der Abhandlungen der Gesellschaft der Wissenschaften zu Göttingen veröffentlicht worden. Nachdem LOBATSCHEFSKIJ und BOLYAI, ohne prinzipiell über die Euklidische Position hinauszukommen, vielmehr im engen Anschluß an das Muster der Euklidischen „Elemente", eine logisch in sich konsequente Geometrie entwickelt hatten, welche auf der Ablehnung statt auf der Annahme des Parallelenpostulats beruhte, wurde in dieser Vorlesung RIEMANNS das Raumproblem von einem neuen und wahrhaft universellen Standpunkt aus aufgerollt. Für die Geometrie geschah hier der gleiche Schritt, den FARADAY und MAXWELL innerhalb der Physik, speziell der Elektrizitätslehre, vollzogen durch den Übergang von der Fernwirkungs- zur Nahewirkungstheorie: das Prinzip, die Welt aus ihrem Verhalten im Unendlichkleinen zu verstehen, gelangt zur Durchführung. Aus dem gleichen erkenntnistheoretischen Motiv entspringen letzten Endes RIEMANNS grandiose Leistungen auf dem Gebiete der analytischen Funktionentheorie wie auch seine physikalischen Spekulationen. Auf ihm beruht so die bei aller Verschiedenheit der von RIEMANN bearbeiteten Sachgebiete ohne weiteres fühlbare Einheit seines Lebenswerkes.

IV

Die Gedanken, welche der große Mathematiker in dem hier von neuem abgedruckten Vortrag entwickelte, sind aber nicht nur für die Geometrie von weittragender Bedeutung geworden, sie besitzen heute eine besondere Aktualität, da durch sie das begriffliche Fundament für die allgemeine Relativitätstheorie gelegt wurde; so wenig auch deren Schöpfer EINSTEIN unmittelbar und bewußt von RIEMANN beeinflußt wurde. Ja, die über das Mathematische hinausgehenden Ausführungen des letzten Absatzes weisen mit überraschender Deutlichkeit — man ist geradezu versucht, von Divination zu sprechen — in die Richtung solcher physikalischen Konsequenzen der RIEMANNschen Raumlehre, wie sie EINSTEINS Gravitationstheorie gezogen hat. Immerhin steht fest, daß von dieser Beziehung zur Gravitation RIEMANN nichts bekannt war; denn seine eigenen Versuche, „den Zusammenhang von Licht, Elektrizität, Magnetismus und Gravitation" zu ergründen, die zeitlich mit der Probevorlesung zusammenfallen, stehen sachlich in keiner Verbindung mit ihr. (Vgl. die Fragmente über Naturphilosophie im Anhang von RIEMANNS Gesammelten mathematischen Werken [2. Aufl., Leipzig 1892, S. 526—538]. — In der Zeit der Habilitation schreibt RIEMANN an seinen Bruder: „Darauf beschäftigte ich mich wieder mit meiner Untersuchung über den Zusammenhang der physikalischen Grundgesetze und vertiefte mich so darin, daß ich, als mir das Thema zur Probevorlesung beim Colloquium gestellt war, nicht gleich wieder davon loskommen konnte." Die beiden Dinge, die damals in seinem Gehirn sich störten, sind jetzt aufs engste miteinander verwachsen.)

Seit der von R. DEDEKIND und H. WEBER besorgten Herausgabe von RIEMANNS Werken ist sein gedankentiefer Habilitationsvortrag allgemein zugänglich. Trotzdem habe ich mich auf Anregung des Verlages gerne bereit gefunden, eine Sonderausgabe zu veranstalten; denn es scheint mir in der Tat erwünscht, daß diese Schrift, auch hinsichtlich der Darstellung ein bewunderungswürdiges Meisterstück, in möglichst viele Hände kommt; sie sollte von allen gelesen werden, die heute der Relativitätstheorie ihr Interesse zuwenden. Ich habe einen Kommentar hinzugefügt, in dem 1. die von RIEMANN nur angedeuteten analytischen Rechnungen durchgeführt sind, 2. auf die wichtigste spätere Literatur über den Gegenstand verwiesen und 3. die Brücke zu der modernen, unter dem Zeichen der Relativitätstheorie sich vollziehenden Entwicklung geschlagen wurde. Um der Leserlichkeit willen ist für den Kommentar ein ebenso großer Druck gewählt worden wie für den Haupttext; ich bitte darin keine Anmaßung des Herausgebers erblicken zu wollen. Demjenigen, der nur die großen Prinzipien kennen lernen, nicht aber die Probleme im Detail studieren will, sei dringend geraten, sich durch die formelreichen Erläuterungen nicht im Genuß der Lektüre stören zu lassen. Die dem Vortrag beigegebene Inhaltsübersicht rührt mitsamt den Fußnoten von RIEMANN her.

Trage die Schrift in der vorliegenden Gestalt, wie sie es schon seit ihrem Hervortreten in reichem Maße getan, auch weiterhin das Ihre dazu bei, das Leben der Idee zu fördern!

Zürich, Mai 1919.

H. Weyl.

In den Anmerkungen sind bei Gelegenheit der 2. und 3. Auflage nur unwesentliche Änderungen vorgenommen.

Zürich, März 1923.

H. Weyl.

Erläuterungen.

1. (Zu Teil I.) In neuerer Zeit ist versucht worden, durch präzise Axiome festzulegen, welche Eigenschaften man allgemein einer stetigen Mannigfaltigkeit zuschreiben muß, damit dieser Begriff ein sicheres Fundament für die mathematische Analyse abgeben kann. Vgl. WEYL, Die Idee der Riemannschen Fläche, Leipzig 1913, Kap. I, § 4; HAUSDORFF, Grundzüge der Mengenlehre, Leipzig 1914, Kap. VII und VIII; für eine genetische Konstruktion durch fortgesetzte Teilung, bei welcher das Kontinuum nicht mehr atomistisch, als ein System einzelner diskreter Elemente aufgefaßt wird: BROUWER, Math. Ann. Bd. 71, 1912, S. 97; WEYL, Über die neue Grundlagenkrise der Mathematik, Mathem. Zeitschr. Bd. 10, S. 77. Als Charakteristikum einer n-dimensionalen Mannigfaltigkeit verwendet man am einfachsten die Forderung, daß sich eine solche (oder wenigstens jedes hinreichend kleine Stück einer solchen) umkehrbar-eindeutig und stetig auf die Wertsysteme von n Koordinaten x_i (stetigen Funktionen des Orts innerhalb der Mannigfaltigkeit) abbilden läßt. Erst wenn die Mannigfaltigkeit auf ein derartiges Koordinatensystem bezogen ist, besteht die Möglichkeit, alle an die Mannigfaltigkeit gebundenen Größen durch Zahlangaben zu charakterisieren. Der Willkürlichkeit des Koordinatensystems ist durch Aufstellung einer „Invariantentheorie" Rechnung zu tragen, und zwar kommt hier die Invarianz gegenüber beliebigen umkehrbar-eindeutigen stetigen Transformationen in Betracht. Vor allem muß von

der Dimensionenzahl selber gezeigt werden, daß sie eine derartige Invariante ist, weil sonst der Dimensionsbegriff ganz in der Luft hängt. Dieser Beweis wurde erbracht von BROUWER (Math. Ann. Bd. 70, 1911, S. 161—165; vgl. dazu auch Math. Ann. Bd. 72, 1912, S. 55—56). Für die weiteren Untersuchungen RIEMANNS über die Maßbestimmung muß freilich vorausgesetzt werden, daß aus der inneren Natur der Mannigfaltigkeit ein solcher Koordinatenbegriff sich ergibt, daß der Zusammenhang zwischen irgend zwei Koordinatensystemen durch Funktionen hergestellt wird, die nicht nur stetig sind, sondern auch stetig differentiierbar und die zu umkehrbar-eindeutigen linearen Beziehungen zwischen den Differentialen der Koordinaten beider Systeme führen; denn sonst könnte von einem Linienelement überhaupt nicht gesprochen werden. In diesem Falle ist die Invarianz der Dimensionszahl eine Selbstverständlichkeit; die Funktionaldeterminante der Koordinatentransformation ist $\neq 0$.

Eine zu der RIEMANNschen analoge, rekurrente Erklärung der Dimensionszahl, die sich enger an die Anschauung anschließt als die „arithmetische" Definition durch die Anzahl der Koordinaten, ist von H. POINCARÉ vorgeschlagen worden (Revue de métaphysique et de morale 1912, S. 486, 487); das Verhältnis dieses (in geeigneter Weise präzisierten) „natürlichen" Dimensionsbegriffs zu dem arithmetischen wurde von BROUWER untersucht (Journal f. d. reine u. angew. Mathematik, Bd. 142, S. 146—152).

2. (Zu Teil II, Absatz 1.) Die Annahme, daß ds^2 eine quadratische Differentialform ist, kommt offenbar darauf hinaus, daß im Unendlichkleinen der Pythagoreische Lehrsatz gelten soll. Es ist diese Annahme nicht nur die einfachste, die möglich ist, sondern sie ist vor allen andern auch in ganz besonderer Weise ausgezeichnet. Geht man mit

25

Riemann von der Voraussetzung des meßbaren Linienelements aus, so empfängt die Mannigfaltigkeit in einem Punkte P eine Maßbestimmung dadurch, daß jedem Linienelement (mit den Komponenten dx_i) in P eine Maßzahl

$$ds = f_P(dx_1, dx_2, \ldots, dx_n) \tag{1}$$

zugewiesen wird. f_P wird als eine homogene Funktion der ersten Ordnung in dem Sinne vorauszusetzen sein, daß bei Multiplikation der Argumente dx_i mit einem gemeinsamen reellen Proportionalitätsfaktor ϱ die Funktion f_P sich mit $|\varrho|$ multipliziert. Es wird weiter natürlich sein, vorauszusetzen, daß sich die verschiedenen Punkte der Mannigfaltigkeit nicht schon hinsichtlich der in jedem von ihnen herrschenden Maßbestimmung unterscheiden; das formuliert sich analytisch dahin, daß die den verschiedenen Punkten P entsprechenden Funktionen f_P alle aus einer, f, durch lineare Transformation der Variablen hervorgehen. Dies ist der Fall, wenn f_P^2 an jeder Stelle eine positiv-definitive quadratische Form ist:

$$f = \sqrt{(dx_1)^2 + (dx_2)^2 + \ldots + (dx_n)^2}; \tag{2}$$

es ist aber im allgemeinen nicht der Fall, wenn f_P die 4. Wurzel aus einer Form 4. Grades ist mit von Ort zu Ort veränderlichen Koeffizienten. Daher formuliert man das Raumproblem vielleicht besser folgendermaßen: Alle Funktionen, welche aus einer, f, durch lineare Transformation der Variablen hervorgehen, rechne ich zu einer Klasse (f). Jeder solchen Klasse (f) von homogenen Funktionen erster Ordnung entspricht eine besondere Art von Geometrie: in einem metrischen Raum von der Art (f) gehört die Funktion f_P, welche nach (1) an jeder Stelle P des Raumes die Maßzahlen der Linienelemente bestimmt, der Klasse (f) an. Diese Festsetzung ist unabhängig von der Wahl der Koordinaten x_i. Unter diesen Raumarten ist die Pythagoreisch-Riemannsche, die der Funktion (2) entspricht, eine einzige spezielle. Es fragt sich, auf welchen inneren Gründen ihre Vorzugsstellung beruht.

Eine erste befriedigende Antwort auf diese Frage wurde durch Untersuchungen von HELMHOLTZ und LIE gegeben (HELMHOLTZ, Über die Tatsachen, welche der Geometrie zugrunde liegen, Nachr. d. Ges. d. Wissensch. zu Göttingen 1868, S. 193—221; LIE, Über die Grundlagen der Geometrie, Verh. d. Sächs. Ges. d. Wissensch. zu Leipzig, Bd. 42, 1890, S. 284—321). Die n-dimensionale Mannigfaltigkeit besitze infinitesimale Beweglichkeit in dem Sinne, daß ein unendlichkleiner, den Punkt O enthaltender Körper um O frei drehbar ist, derart, daß seine Maßverhältnisse dabei in erster Ordnung ungeändert bleiben und durch solche Drehungen einem Linienelement in O eine beliebige Richtung erteilt werden kann, einem durch dasselbe hindurchgehenden Flächenelement eine beliebige, diese Linienrichtung enthaltende Flächenrichtung, usf. bis zu den Elementen von $(n-1)$ Dimensionen; wenn aber ein solches System inzidenter Richtungselemente der 1. bis $(n-1)$-ten Dimension in O festgehalten wird, lasse jener Körper keine Bewegung um O mehr zu. Die Drehungen werden eine gewisse Gruppe homogener linearer Transformationen der Differentiale dx_i bilden. Und nun ergibt sich, daß diese Gruppe notwendig aus allen linearen Transformationen besteht, die eine gewisse positiv-definite quadratische Form ds^2 in sich überführen. So hat die Forderung der infinitesimalen Beweglichkeit 1. die Tatsache zur Folge, daß sich Linienelemente an der gleichen Stelle messend miteinander vergleichen lassen, und 2. für ihre Maßzahlen ds die Gültigkeit des Pythagoreischen Lehrsatzes.

Eine ganz andere Lösung des Raumproblems, welche der neuen durch die Relativitätstheorie geschaffenen Situation voll Rechnung trägt, rührt von WEYL her. Vgl. darüber den Vortrag „Das Raumproblem“, Jahresbericht der Dtsch.

Math.-Vereinig. 1923, ferner: Mathem. Zeitschr. Bd. 12 (1922), S. 114, und die demnächst bei Julius Springer (Berlin) erscheinenden Vorlesungen über die „Mathematische Analyse des Raumproblems".

Geometrische Untersuchungen in Räumen, die in jedem Punkte eine beliebige Maßbestimmung tragen im Sinne der Gleichung (1), sind neuerdings von P. FINSLER angestellt worden (Über Kurven und Flächen in allgemeinen Räumen, Göttinger Dissertation 1918).

3. (Zu Teil II, Absatz 2.) Hat das Linienelement die Gestalt[1])

$$ds^2 = g_{ik}\, dx_i\, dx_k, \qquad (g_{ki} = g_{ik}) \tag{3}$$

so liefern die klassischen Methoden der Variationsrechnung als Bedingung dafür, daß eine die gegebenen Punkte A, B der Mannigfaltigkeit miteinander verbindende Linie $x_i = x_i\,(s)$ im Vergleich zu allen, hinreichend benachbarten, von A nach B führenden Linien die kürzeste oder wenigstens eine stationäre Länge besitzt (Verschwinden der ersten Variation) die folgenden Gleichungen

$$\frac{d}{ds}\left(g_{ij}\frac{dx_j}{ds}\right) = \frac{1}{2}\frac{\partial g_{\alpha\beta}}{\partial x_i}\frac{dx_\alpha}{ds}\frac{dx_\beta}{ds}\,. \tag{4}$$

Dabei ist vorausgesetzt, daß als Parameter s die von einem bestimmten Anfangspunkt gemessene Bogenlänge der Kurve genommen wird oder doch eine Größe, die ihr proportional ist; so daß längs der Kurve (wie übrigens aus (4) folgt)

$$g_{ik}\frac{dx_i}{ds}\frac{dx_k}{ds} \text{ eine Konstante} \tag{5}$$

[1]) Über Indizes, die in einem Formelglied doppelt auftreten, wie hier die Indizes i und k, ist stets zu summieren; diese Übereinkunft erspart uns das Hinschreiben vieler Summenzeichen.

28

ist. Die linke Seite von (4) ist

$$= \frac{\partial g_{i\alpha}}{\partial x_\beta} \frac{d x_\alpha}{ds} \frac{d x_\beta}{ds} + g_{ij} \frac{d^2 x_j}{ds^2}.$$

Man schaffe das erste Glied auf die rechte Seite und führe zur Abkürzung die „Christoffelschen Dreiindizessymbole" ein, d. s. die Größen

$$\frac{1}{2}\left(\frac{\partial g_{i\alpha}}{\partial x_\beta} + \frac{\partial g_{i\beta}}{\partial x_\alpha} - \frac{\partial g_{\alpha\beta}}{\partial x_i}\right) = \Gamma_{i,\alpha\beta}$$

und diejenigen $\Gamma^i_{\alpha\beta}$, die aus ihnen eindeutig nach den Gleichungen

$$\Gamma_{i,\alpha\beta} = g_{ij}\Gamma^j_{\alpha\beta}$$

entspringen. Dann entstehen die folgenden für die „geodätische Linie" charakteristischen Gleichungen

$$\frac{d^2 x_i}{ds^2} + \Gamma^i_{\alpha\beta} \frac{d x_\alpha}{ds} \frac{d x_\beta}{ds} = 0. \tag{6}$$

Die von RIEMANN zu einem beliebigen Punkte O eingeführten „Zentralkoordinaten", die er mit $x_1, x_2, \ldots, x_n$ bezeichnet, ergeben sich jetzt analytisch folgendermaßen. Es seien zunächst z_i beliebige Koordinaten, die in O verschwinden. Da sich eine positiv-definite quadratische Form durch lineare Transformation immer in die Einheitsform mit den Koeffizienten

$$\delta_{ik} = \begin{cases} 1\ (i = k) \\ 0\ (i \neq k) \end{cases}$$

überführen läßt, kann von vornherein vorausgesetzt werden, daß für den Punkt O die Koeffizienten g_{ik} des Linienelements (3) die Werte δ_{ik} annehmen, so daß dort $ds^2 = \Sigma\, dz_i^2$ wird. Eine der Gleichung (6) genügende geodätische Linie, für welche O der Anfangspunkt ist ($z_i = 0$ für $s = 0$), ist eindeutig bestimmt durch die Anfangswerte der Ableitungen

$$\left(\frac{dz_i}{ds}\right)_0 = \xi^i;$$

ihre Parameterdarstellung laute

$$z_i = \psi_i(s; \xi^1, \xi^2, \ldots, \xi^n).$$

Man erkennt sofort, daß die Funktionen ψ_i nur von den Produkten $s\xi^1, s\xi^2, \ldots, s\xi^n$ abhängen:

$$z_i = \varphi_i(s\xi^1, s\xi^2, \ldots, s\xi^n).$$

Die Zentralkoordinaten x_i entstehen dann aus den ursprünglichen z_i durch die Transformation

$$z_i = \varphi_i(x_1, x_2, \ldots, x_n).$$

Sie sind dadurch gekennzeichnet, daß bei ihrer Benutzung die linearen Funktionen

$$x_i = \xi^i s \tag{7}$$

von s für beliebige Konstante ξ^i die Gleichungen (5), (6) befriedigen. Auch für sie ist in $O: ds^2 = \Sigma dx_i^2$. Es wird also, wenn wir den Konstanten ξ^i ein für allemal die Bedingung $\Sigma(\xi^i)^2 = 1$ auferlegen, bei der Substitution (7)

$$g_{ik}\xi^i\xi^k$$

unabhängig von s, und zwar $= 1$, wie sich durch Einsetzen des Wertes $s = 0$ herausstellt; außerdem

$$\Gamma^i_{\alpha\beta}\xi^\alpha\xi^\beta = 0. \tag{8}$$

Somit bestehen identisch in den x die Identitäten

$$g_{ik}x_i x_k = x_i^2, \tag{9}$$ $$\Gamma^i_{\alpha\beta}x_\alpha x_\beta = 0, \tag{8'}$$

aus denen wir zunächst einige Folgerungen herleiten wollen.

Die Gleichung (8′) kann man schreiben

$$\Gamma_{i,\alpha\beta}x_\alpha x_\beta = 0 \quad \text{oder} \quad (10) \quad \left(\frac{\partial g_{i\beta}}{\partial x_\alpha} - \frac{1}{2}\frac{\partial g_{\alpha\beta}}{\partial x_i}\right)x_\alpha x_\beta = 0.$$

Nun ist

$$\frac{\partial g_{i\beta}}{\partial x_\alpha}\cdot x_\beta = \frac{\partial x'_i}{\partial x_\alpha} - g_{i\alpha},$$

wenn

$$x'_i = g_{ij}x_j$$

30

gesetzt wird; folglich ist die linke Seite von (10)

$$= \left(\frac{\partial x'_i}{\partial x_\alpha} x_\alpha - x'_i\right) - \frac{1}{2}\left(\frac{\partial x'_\alpha}{\partial x_i} x_\alpha - x'_i\right)$$

$$= \frac{\partial x'_i}{\partial x_\alpha} x_\alpha - \frac{1}{2}\left(\frac{\partial x'_\alpha}{\partial x_i} x_\alpha + x'_i\right) = \frac{\partial x'_i}{\partial x_\alpha} x_\alpha - \frac{1}{2}\frac{\partial (x'_\alpha x_\alpha)}{\partial x_i}.$$

Nach (9) aber ist $x'_\alpha x_\alpha = x_\alpha^2$, und so kommt schließlich

$$\frac{\partial x'_i}{\partial x_\alpha} x_\alpha - x_i = \frac{\partial (x'_i - x_i)}{\partial x_\alpha} x_\alpha = 0.$$

Bei der Substitution (7) liefert das

$$\frac{d(x'_i - x_i)}{ds} = 0,$$

und da für $s = 0$ die Differenz $x'_i - x_i$ verschwindet, kommen wir zu dem einfachen Resultat, daß identisch in x

$$x'_i = g_{i\alpha} x_\alpha = x_i \tag{11}$$

sein muß. Weiter folgt durch Differentation nach x_k:

$$\frac{\partial g_{i\alpha}}{\partial x_k} \cdot x_\alpha = \delta_{ik} - g_{ik}. \tag{12}$$

Die linke Seite ist demnach symmetrisch in i und k:

$$\frac{\partial g_{i\alpha}}{\partial x_k} \cdot x_\alpha = \frac{\partial g_{k\alpha}}{\partial x_i} \cdot x_\alpha. \tag{13}$$

Multiplikation von (12) mit x_k oder x_i und Summation nach k bzw. i liefert unter nochmaliger Benutzung von (11):

$$\frac{\partial g_{i\alpha}}{\partial x_\beta} x_\alpha x_\beta = 0, \tag{14}$$

$$\frac{\partial g_{\alpha\beta}}{\partial x_i} x_\alpha x_\beta = 0. \tag{14'}$$

In dieser Weise läßt sich die ursprüngliche Gleichung (10) in zwei Bestandteile zerspalten.

Jetzt betrachten wir die Potenzentwicklung der Koeffizienten g_{ik} des Linienelements in der Umgebung von O:

$$g_{ik} = \delta_{ik} + c_{ik,\alpha} x_\alpha + c_{ik,\alpha\beta} x_\alpha x_\beta + \ldots.$$

Dabei sind $c_{ik,\alpha}$ die Werte der 1. Ableitungen $\frac{\partial g_{ik}}{\partial x_\alpha}$, $2\,c_{ik,\alpha\beta}$ die Werte der 2. Ableitungen $\frac{\partial^2 g_{ik}}{\partial x_\alpha \partial x_\beta}$ im Punkte O.
RIEMANN behauptet zunächst, daß hier die linearen Glieder verschwinden. Das folgt aus (14′): setzen wir darin $x_i = \xi^i s$ und löschen den Faktor s^2, so bekommen wir die Identität in s

$$\frac{\partial g_{\alpha\beta}}{\partial x_i} \xi^\alpha \xi^\beta = 0 .$$

Sie liefert für $s = 0$ das gewünschte Resultat, daß die Ableitungen $\frac{\partial g_{\alpha\beta}}{\partial x_i}$ in O verschwinden, da ja die ξ beliebige Zahlen sein können. Differentiieren wir jene Gleichung aber zunächst nach s und setzen dann $s = 0$, so erhalten wir die weitere Beziehung

$$c_{\beta\gamma,\alpha i} + c_{\gamma\alpha,\beta i} + c_{\alpha\beta,\gamma i} = 0 .$$

Durch dieselbe Behandlung von (14) ergibt sich

(15) $$c_{i\alpha,\beta\gamma} + c_{i\beta,\gamma\alpha} + c_{i\gamma,\alpha\beta} = 0 .$$

Vertauschen wir in der letzten Gleichung i mit γ und subtrahieren sie von der oberen, so folgen endlich noch die Symmetriebedingungen

(16) $$c_{ik,\alpha\beta} = c_{\alpha\beta,ik} .$$

In der Potenzentwicklung von ds^2 lauten die Glieder o-ter Ordnung

$$[0] = \sum dx_i^2 ;$$

es fehlen die Glieder 1. Ordnung, diejenigen der 2. Ordnung aber fügen sich zusammen zu der Form

(17) $$[2] = c_{ik,\alpha\beta} x_\alpha x_\beta \, dx_i \, dx_k .$$

RIEMANN behauptet weiter, daß [2] eine quadratische Form der Größen $x_i dx_k - x_k dx_i$ ist. Benutzen wir für

32

unendlichkleine x_i der Übereinstimmung halber das Zeichen δx_i, so sind diese Größen

$$\delta x_i dx_k - dx_i \delta x_k = \Delta x_{ik} \tag{18}$$

die „Komponenten" des von den beiden Linienelementen mit den Komponenten δx_i bzw. dx_i im Punkte O aufgespannten (parallelogrammartigen) Flächenelements. Eine quadratische Form dieser Flächenvariablen läßt sich auf eine und nur eine Weise in der Gestalt schreiben

$$\Delta\sigma^2 = \frac{1}{4} R_{\alpha\beta,\gamma\delta} \Delta x_{\alpha\beta} \Delta x_{\gamma\delta}, \tag{19}$$

wenn für die Koeffizienten R die Nebenbedingungen hinzugefügt werden:

$$\left\{\begin{array}{c} R_{\beta\alpha,\gamma\delta} = -R_{\alpha\beta,\gamma\delta}, \qquad R_{\alpha\beta,\gamma\delta} = -R_{\alpha\beta,\gamma\delta}; \\ R_{\gamma\delta,\alpha\beta} = R_{\alpha\beta,\gamma\delta}; \\ R_{i\alpha,\beta\gamma} + R_{i\beta,\gamma\alpha} + R_{i\gamma,\alpha\beta} = 0. \end{array}\right. \tag{20}$$

Um **[2]** in diese Gestalt zu bringen, haben wir die Relationen (15), (16) nötig; denn nach ihnen können wir $c_{ik,\alpha\beta}$ ersetzen durch

$$\left.\begin{array}{r} \frac{2}{3} c_{ik,\alpha\beta} \\ + \frac{1}{3} c_{ik,\alpha\beta} \end{array}\right\} = \left\{\begin{array}{l} \frac{1}{3}(c_{ik,\alpha\beta} + c_{\alpha\beta,ik}) \\ - \frac{1}{3}(c_{i\alpha,\beta k} + c_{i\beta,k\alpha}). \end{array}\right.$$

Setzen wir diesen Wert des Koeffizienten $c_{ik,\alpha\beta}$ in (17) ein, so dürfen wir in dem dritten Term $c_{i\alpha,k\beta}$ noch die Indizes i und k vertauschen. Bilden wir also nach (19) die Form $\Delta\sigma^2$ mit folgenden Koeffizienten

$$R_{\alpha\beta,\gamma\delta} = c_{\alpha\gamma,\beta\delta} + c_{\beta\delta,\alpha\gamma} - c_{\alpha\delta,\beta\gamma} - c_{\beta\gamma,\alpha\delta}, \tag{21}$$

welche die sämtlichen Bedingungen (20) erfüllen, so ergibt sich

$$\textbf{[2]} = -\frac{1}{3}\Delta\sigma^2.$$

In neuerer Zeit hat sich eine sehr natürliche und anschauliche geometrische Auffassung der Riemannschen Krümmung herausgebildet, welche sich der infinitesimalen Parallelverschiebung von Vektoren in einer Riemannschen Mannigfaltigkeit bedient. Die infinitesimale Drehung, welche der Vektorkörper im Punkte O erfahren hat, nachdem er durch Parallelverschiebung um ein Flächenelement in O herumgeführt ist — der Vektor $\mathfrak{x}$ mit den Komponenten ξ^i erfahre dabei den Zuwachs $\Delta\mathfrak{x} = (\Delta\xi^i)$ —, drückt sich durch eine Formel aus:

$$\Delta\xi^i = -\Delta r^i_k \cdot \xi^k;$$

die Δr^i_k sind vom Vektor $\mathfrak{x}$ unabhängig, hängen aber linear ab von den Komponenten Δx_{ik} des umfahrenen Flächenelements:

$$\Delta r^i_k = \frac{1}{2} R^i_{k,\alpha\beta} \Delta x_{\alpha\beta}.$$

Diese Erklärung führt zu den Gleichungen:

$$(22) \qquad R^\alpha_{\beta,\gamma\delta} = \left(\frac{\partial\Gamma^\alpha_{\beta\delta}}{\partial x_\gamma} - \frac{\partial\Gamma^\alpha_{\beta\gamma}}{\partial x_\delta}\right) + (\Gamma^\alpha_{\varrho\delta}\Gamma^\varrho_{\beta\gamma} - \Gamma^\alpha_{\varrho\gamma}\Gamma^\varrho_{\beta\delta}).$$

Infolgedessen ist die Form $\Delta\sigma^2$ mit den Koeffizienten

$$(22') \qquad R_{\alpha\beta,\gamma\delta} = g_{\alpha\varrho} R^\varrho_{\beta,\gamma\delta}$$

eine Invariante. Da ihre Koeffizienten R bei Benutzung der Zentralkoordinaten, für welche die ersten Ableitungen der g_{ik} im betrachteten Punkte O verschwinden, in (21) übergehen, ist sie mit der Riemannschen Krümmungsform identisch. Das Quadrat des Inhalts des von den beiden Linienelementen δ und d aufgespannten unendlichkleinen Parallelogramms Δf^2 (RIEMANN benutzt statt des Parallelogramms das Dreieck) wird ebenfalls durch eine quadratische Form der Variablen (18) gegeben, und zwar ist in beliebigen Koordinaten

$$\Delta f^2 = \frac{1}{4}(g_{\alpha\gamma}g_{\beta\delta} - g_{\alpha\delta}g_{\beta\gamma})\,\Delta x_{\alpha\beta}\Delta x_{\gamma\delta}.$$

Der nur vom Verhältnis der Δx_{ik} abhängige Quotient $\frac{\Delta\sigma^2}{\Delta f^2}$ ist die Zahl, die man nach RIEMANN als die Krümmung der Mannigfaltigkeit in der vom Flächenelement mit den Komponenten Δx_{ik} eingenommenen Flächenrichtung zu bezeichnen hat. —

Die Riemannsche Krümmungstheorie wurde analytisch zuerst durchgeführt von CHRISTOFFEL und LIPSCHITZ (mehrere Abhandlungen im Journal f. d. reine u. angew. Mathematik, Bd. 70, 71, 72, 82). RIEMANN selbst hatte die betreffenden Rechnungen entwickelt in einer der Pariser Akademie eingereichten, aber nicht gekrönten und daher auch nicht publizierten Arbeit; sie ist durch DEDEKIND und WEBER in den Gesammelten Werken ans Licht gezogen und mit einem ausgezeichneten Kommentar versehen worden. Die Invariantentheorie in einer metrischen Mannigfaltigkeit wurde insbesondere ausgebildet von RICCI und LEVI-CIVITA (vgl. Méthodes de calcul différential absolu, Math. Annalen, Bd. 54, 1901, S. 125—201). Neuerdings sind unter dem Einfluß der Einsteinschen Relativitätstheorie diese Untersuchungen wieder aufgenommen worden; sie führten namentlich zur Aufstellung des fundamentalen Begriffs der infinitesimalen Parallelverschiebung. Vgl. darüber LEVI-CIVITA, Nozione di parallelismo in una varietà qualunque..., Rend. d. Circ. Matem. di Palermo, Bd. 42 (1917); HESSENBERG, Vektorielle Begründung der Differentialgeometrie, Math. Annalen, Bd. 78 (1917); WEYL, Raum, Zeit, Materie, 5. Auflage (Berlin 1923) S. 88ff.; J. A. SCHOUTEN, Die direkte

35

Analysis zur neueren Relativitätstheorie, Verhand. d. K. Akad. v. Wetensch. te Amsterdam, XII, Nr. 6 (1919).

4. (Zu Teil II, Absatz 3.) Eine metrische Mannigfaltigkeit, deren Maßbestimmung auf einer positiv-definiten quadratischen Differentialform ds^2 beruht, werde als Riemannsche Mannigfaltigkeit bezeichnet. Der Zusammenhang mit der gewöhnlichen Flächentheorie, wie sie von Gauss begründet wurde, ist dadurch gegeben, daß jede Fläche im dreidimensionalen Euklidischen Raum im festgesetzten Sinne eine (zweidimensionale) Riemannsche Mannigfaltigkeit ist. Dies aber aus dem alleinigen Grunde, weil der Euklidische Raum selbst eine derartige Mannigfaltigkeit ist: allgemein überträgt sich von einer n-dimensionalen Riemannschen Mannigfaltigkeit die Maßbestimmung auf alle in ihr gelegenen m-dimensionalen Mannigfaltigkeiten ($m = 1$ oder $2\ldots$ oder $n-1$) in der Weise, daß auch sie eine Riemannsche Metrik tragen. Die Punkte im n-dimensionalen „Raum" mögen durch n Koordinaten x_i, die Punkte der m-dimensionalen „Fläche" durch m Koordinaten u_k charakterisiert sein. Die Fläche wird durch eine Parameterdarstellung

$$x_i = x_i(u_1 u_2 \ldots u_m) \qquad (i = 1, 2, \ldots, n)$$

beschrieben, die von jedem Flächenpunkt u angibt, in welchen Raumpunkt x er hineinfällt. Setzen wir die daraus sich ergebenden Differentiale

$$dx_i = \frac{\partial x_i}{\partial u_1} du_1 + \frac{\partial x_i}{\partial u_2} du_2 + \ldots + \frac{\partial x_i}{\partial u_m} du_m$$

in die metrische Fundamentalform ds^2 des Raumes ein, so erhalten wir eine definite quadratische Form der du_k als die metrische Fundamentalform (das „Linienelement") der Fläche. Während also bei Euklid der Raum a priori von viel speziellerer Natur angenommen ist als die in ihm möglichen

36

Flächen, nämlich als eben, hat der Begriff der Riemannschen Mannigfaltigkeit just denjenigen Grad der Allgemeinheit, welcher nötig ist, um diese Diskrepanz völlig zum Verschwinden zu bringen.

Nach Gauss legt man der Theorie der Flächen

$$x = x(u_1 u_2), \qquad y = y(u_1 u_2), \qquad z = z(u_1 u_2)$$

im dreidimensionalen Euklidischen Raum mit den Cartesischen Koordinaten xyz die folgenden beiden Differentialformen zugrunde:

$$(23) \qquad \begin{aligned} ds^2 = dx^2 + dy^2 + dz^2 &= \sum_{i,k=1}^{2} g_{ik}\, du_i\, du_k, \\ -(dx\,dX + dy\,dY + dz\,dZ) &= \sum_{ik} G_{ik}\, du_i\, du_k. \end{aligned}$$

X, Y, Z sind dabei die Richtungskosinus der Normalen. Zieht man zu den Normalen in sämtlichen Punkten eines unendlichkleinen Flächenstücks do Parallele durch einen festen Raumpunkt, so erfüllen sie einen gewissen räumlichen Winkel $d\omega$. Das Verhältnis $\frac{d\omega}{do}$ ist im Limes, wenn do auf einen Punkt zusammenschrumpft, die Gaußsche Krümmung der Fläche in diesem Punkte. Analytisch wird sie durch den Quotienten aus den Determinanten der beiden Fundamentalformen gegeben:

$$K = \frac{G_{11} G_{22} - G_{12}^2}{g_{11} g_{22} - g_{12}^2}.$$

Daß die Gaußsche Krümmung nur von der Geometrie auf der Fläche abhängt, nicht aber von der Art ihres Eingebettetseins in den Raum, genauer: daß K übereinstimmt mit derjenigen Größe, die nach Riemann als Krümmung der mit dem Linienelement (23) ausgestatteten zweidimensionalen metrischen Mannigfaltigkeit zu bezeichnen und aus den Formeln (22) zu berechnen ist, wird in jedem Lehrbuch der Flächentheorie bewiesen (siehe z. B. W. BLASCHKE, Vorlesungen über Differentialgeometrie I, Julius Springer 1921, S. 59 u. S. 96).

Die anschauliche Deutung der Riemannschen Krümmung einer zweidimensionalen Mannigfaltigkeit mit Hilfe eines geodätischen Dreiecks ergibt sich am besten als Spezialfall jener, die sich auf die infinitesimale Parallelverschiebung von Vektoren stützt. Verschiebt man den „Kompaß" der ∞^1 von einem Punkte P der zweidimensionalen Mannigfaltigkeit ausgehenden Richtungen parallel längs einer vom Kompaßzentrum P zu durchlaufenden geschlossenen Kurve $\mathfrak{C}$ auf der Mannigfaltigkeit, so kehrt der Richtungskompaß nicht in seine Ausgangsstellung zurück, sondern hat eine Drehung um einen gewissen Winkel erfahren; dieser ist, wie aus der früher erwähnten natürlichen Definition der Krümmung unmittelbar hervorgeht, gleich dem Integral der Krümmung über das von der Kurve $\mathfrak{C}$ umschlossene Gebiet. Nimmt man für $\mathfrak{C}$ ein geodätisches Dreieck und beachtet, daß die geodätische Linie durch die Eigenschaft gekennzeichnet ist, ihre Richtung ungeändert beizubehalten, so folgt die im Text angegebene, auf GAUSS zurückgehende Deutung.

Daß endlich eine zweidimensionale geodätische Fläche, aufgebaut aus allen geodätischen Linien, die von einem Punkte O in einer bestimmten Flächenrichtung Δ ausgehen, im Punkte O eine Krümmung besitzt, die gleich der Raumkrümmung in der Flächenrichtung Δ ist, beweist man am einfachsten so. Sind x_i Zentralkoordinaten des Raumes, die zu diesem Punkte O gehören, so möge jene geodätische Fläche dadurch charakterisiert sein, daß für ihre Punkte alle Koordinaten außer x_1, x_2 verschwinden. Da die Ableitungen der g_{ik} und somit die Größen $\Gamma^i_{\alpha\beta}$ im Punkte O verschwinden, die g_{ik} aber die besonderen Werte δ_{ik} annehmen, erkennt man sofort aus der Formel (22), daß die

38

Raumkrümmung $R_{12,12}$ daselbst nur von den (2. Ableitungen der) Koeffizienten g_{11}, g_{12}, g_{22} abhängt, die übrigen g_{ik} aber in ihren Ausdruck nicht eingehen.

5. (Zu Teil II, Absatz 4.) Eine Mannigfaltigkeit besitzt ein Zentrum in O, wenn sie sich mit Hilfe gewisser in O verschwindender Koordinaten x_i so auf einen Cartesischen Bildraum mit der Maßbestimmung

$$ds_0^2 = dx_1^2 + dx_2^2 + \ldots + dx_n^2$$

abbilden läßt, daß das lineare Vergrößerungsverhältnis $\frac{ds}{ds_0}$, Quotient der Länge ds eines Linienelements und der Länge ds_0 des korrespondierenden Linienelements im Cartesischen Bildraum, einen festen Wert hat 1) für alle radial gestellten Linienelemente ds_0 im Bildraum, die sich in der gleichen Entfernung r vom Nullpunkt befinden,

$$(r^2 = x_1^2 + x_2^2 + \ldots + x_n^2)$$

und 2) für alle tangential, senkrecht zu den Radien gestellten Linienelemente ds_0 in dieser Entfernung. Analytisch gibt sich das darin kund, daß ds^2 eine lineare Kombination der orthogonalinvarianten Differentialformen

$$dx_1^2 + dx_2^2 + \ldots + dx_n^2 \quad \text{und} \quad (x_1 dx_1 + x_2 dx_2 + \ldots + x_n dx_n)^2$$

wird:

$$ds^2 = \lambda^2 \sum_i dx_i^2 + l(\sum_i x_i dx_i)^2;$$

wobei die Koeffizienten λ und l nur von r abhängen. Das tangentiale Vergrößerungsverhältnis ist λ, das radiale h bestimmt sich aus $h^2 = \lambda^2 + l r^2$. Die radiale Maßskala r läßt sich offenbar so einrichten, daß $\lambda = 1$ wird:

$$ds^2 = \sum_i dx_i^2 + l(\sum_i x_i dx_i)^2. \tag{24}$$

Die x_i sind „modifizierte Zentralkoordinaten" zum Punkte O in dem folgenden Sinne: jeder Strahl

$$x_i = \xi^i r$$

39

(ξ^i beliebige Konstante von der Quadratsumme 1, r der variable Parameter) ist eine geodätische Linie; aber r ist nicht die auf ihr gemessene Bogenlänge, sondern diese, s, steht zu r in der Beziehung

$$\left(\frac{ds}{dr}\right)^2 = 1 + lr^2 = h^2. \tag{24'}$$

Auf einer n-dimensionalen Kugel vom Radius a im $(n+1)$-dimensionalen Euklidischen Raum mit den Cartesischen Koordinaten $x_0, x_1, \ldots, x_n$ ist

$$\begin{aligned} x_0^2 + x_1^2 + \ldots + x_n^2 &= a^2, \\ ds^2 &= dx_0^2 + dx_1^2 + \ldots + dx_n^2. \end{aligned} \tag{25}$$

Benutzen wir also $x_1, \ldots, x_n$ als Koordinaten auf der Kugel, so erhalten wir, da auf ihr

$$\begin{aligned} x_0 dx_0 &= -(x_1 dx_1 + \ldots + x_n dx_n), \\ dx_0^2 &= \frac{(x_1 dx_1 + \ldots + x_n dx_n)^2}{a^2 - r^2} \end{aligned}$$

ist, für ihr ds^2 eine Formel (24) mit

$$l = \frac{1}{a^2 - r^2} = \frac{\alpha}{1 - \alpha r^2}. \qquad \left(\alpha = \frac{1}{a^2}.\right)$$

Es ist danach klar, daß Mannigfaltigkeiten, deren Linienelement sich in die Gestalt (24) setzen läßt, worin l die eben angegebene Funktion $\frac{\alpha}{1-\alpha r^2}$ bedeutet, konstante, von Ort und Flächenrichtung unabhängige Krümmung besitzen; diese Behauptung wird natürlich ebensowohl richtig sein, wenn die Konstante α negativ ist, wie im Falle eines positiven α. Die gleich durchzuführende Rechnung wird außerdem zeigen, daß der Wert der Krümmung gleich α ist. Statt dieser Normalform für ds^2, welche der orthogonalen Projektion der Kugel auf den „Äquator" $x_0 = 0$ entspricht, benutzt RIEMANN diejenige, die durch stereographische Projektion

40

zustande kommt. Wir erhalten sie aus der eben angegebenen, wenn wir durch die Transformation

$$x_i = \frac{x_i^*}{1 + \frac{\alpha}{4} r^{*2}} \qquad \left[r^{*2} = \sum_i (x_i^*)^2, \quad i = 1, 2, \ldots, n\right]$$

zu neuen Koordinaten x_i^* übergehen.

Um die Umkehrung zu beweisen[1]), führen wir auf einer beliebigen Mannigfaltigkeit zu einem Punkte O „modifizierte Zentralkoordinaten" x_i ein, wobei eine Funktion l von r willkürlich zugrunde zu legen ist. Sie entstehen aus den in Anm. 3 konstruierten „eigentlichen" Zentralkoordinaten, wenn wir auf den von O ausstrahlenden geodätischen Linien die natürliche Maßskala s durch die aus (24') sich ergebende modifizierte Skala r ersetzen. Auf die gleiche Weise, wie wir in Anm. 3 die Formeln (8), (13), (11) für die „eigentlichen", der Wahl $l = 0$ entsprechenden Zentralkoordinaten fanden, erhalten wir dann

(26) $$\Gamma^i_{\alpha\beta} \xi^\alpha \xi^\beta = \frac{h'}{h} \xi^i$$

[der Akzent bedeutet die Ableitung nach r; es ist stets $x_i = \xi^i r$ zu setzen, und ξ^i sind beliebige Konstante von der Quadratsumme 1];

(27) $$\frac{\partial g_{i\alpha}}{\partial x_k} \xi^\alpha = \frac{\partial g_{k\alpha}}{\partial x_i} \xi^\alpha,$$

(28) $$\xi_i, \text{ d. i. } g_{i\alpha} \xi^\alpha = h^2 \xi^i.$$

Wir fragen: wann ist der Punkt O ein Zentrum dieser Mannigfaltigkeit, genauer: wann bestehen die Gleichungen

(29) $$g_{ik} = \delta_{ik} + l x_i x_k?$$

---

[1]) Vgl. dazu Lipschitz, Journal für die reine und angewandte Mathematik, Bd. 72; F. Schur, Math. Annalen, Bd. 27, S. 537–567; H. Weyl, Nachr. d. Ges. d. Wissensch. zu Göttingen 1921, S. 109.

Die notwendige und hinreichende Bedingung dafür ist offenbar die, daß

$$\frac{d}{dr}(g_{ik} - l x_i x_k) = 0$$

wird, oder

$$\frac{\partial g_{ik}}{\partial x_\alpha} \xi^\alpha = \frac{d}{dr}(l r^2) \cdot \xi^i \xi^k; \tag{30}$$

denn wenn die Differenz $g_{ik} - l x_i x_k$ unabhängig von r ist, so muß sie gleich ihrem Werte für $r = 0$, d. i. $= \delta_{ik}$ sein. Wegen (27) und (28) sind die folgenden Gleichungen der Bedingung (30) äquivalent:

$$\Gamma_{i,k\alpha} \xi^\alpha = h h' \cdot \xi^i \xi^k,$$

ebenso

$$\Gamma^i_{k\alpha} \xi^\alpha = \frac{h'}{h} \xi^i \xi^k.$$

Setze ich demnach

$$\varphi^i_k = \Gamma^i_{k\alpha} \xi^\alpha - \frac{h'}{h} \xi^i \xi^k, \tag{31}$$

so ist, das Verschwinden dieser Größen φ^i_k die gesuchte Bedingung für das Bestehen von (29).

Um das Problem mit der Krümmung in Zusammenhang zu bringen, differentiiere man abermals nach r; es kommt

$$\frac{d\varphi^i_k}{dr} = \frac{\partial \Gamma^i_{k\alpha}}{\partial x_\beta} \xi^\alpha \xi^\beta - (\lg h)'' \xi^i \xi^k. \tag{32}$$

Das erste Glied rechts ist ein Bestandteil von

$$R^i_{\alpha k \beta} \xi^\alpha \xi^\beta, \tag{33}$$

wie dem Ausdruck (22) der R zu entnehmen ist. Um (33) zu berechnen, haben wir der Reihe nach zu bilden

$$\frac{\partial \Gamma^i_{\alpha k}}{\partial x_\beta} \xi^\alpha \xi^\beta, \qquad \frac{\partial \Gamma^i_{\alpha\beta}}{\partial x_k} \xi^\alpha \xi^\beta$$

und

$$(\Gamma^i_{\varrho\beta} \Gamma^\varrho_{\alpha k} - \Gamma^i_{\varrho k} \Gamma^\varrho_{\alpha\beta}) \xi^\alpha \xi^\beta. \tag{34}$$

42

Der erste Term ist nach (32)

$$= \frac{d\varphi_k^i}{dr} + (\lg h)'' \xi^i \xi^k.$$

Um den zweiten zu erhalten, differentiieren wir (26):

$$\Gamma^{i}_{\alpha\beta} x_\alpha x_\beta = \frac{r h'}{h} x_i$$

nach x_k:

$$\frac{\partial \Gamma^i_{\alpha\beta}}{\partial x_k} x_\alpha x_\beta + 2\, \Gamma^i_{\alpha k} x_\alpha = \frac{x_i x_k}{r} \frac{h'}{h} + x_i x_k (\lg h)'' + \frac{r h'}{h} \delta_{ik}.$$

Drückt man noch $\Gamma^i_{\alpha k} \xi^\alpha$ nach (31) durch φ^i_k aus, so kommt also

$$\frac{\partial \Gamma^i_{\alpha\beta}}{\partial x_k} \xi^\alpha \xi^\beta = \xi^i \xi^k (\lg h)'' + \frac{h'}{rh}(\delta_{ik} - \xi^i \xi^k) - \frac{2}{r} \varphi^i_k,$$

$$\left(\frac{\partial \Gamma^i_{\alpha k}}{\partial x_\beta} - \frac{\partial \Gamma^i_{\alpha\beta}}{\partial x_k}\right) \xi^\alpha \xi^\beta = \left(\frac{d\varphi^i_k}{dr} + \frac{2}{r}\varphi^i_k\right) + \frac{h'}{rh}(\xi^i \xi^k - \delta_{ik}).$$

Das dritte Glied (34) aber lassen wir folgende Wandlungen durchlaufen:

$$\begin{aligned}
&(\Gamma^i_{\varrho\beta}\xi^\beta)(\Gamma^\varrho_{\alpha k}\xi^\alpha) - \Gamma^i_{k\varrho}(\Gamma^\varrho_{\alpha\beta}\xi^\alpha\xi^\beta) \\
&= \Gamma^i_{\varrho\beta}\xi^\beta\left(\varphi^\varrho_k + \frac{h'}{h}\xi^\varrho\xi^k\right) - \Gamma^i_{k\varrho}\cdot\frac{h'}{h}\xi^\varrho \\
&= \Gamma^i_{\varrho\beta}\xi^\beta\varphi^\varrho_k + \frac{h'}{h}\xi^k(\Gamma^i_{\varrho\beta}\xi^\varrho\xi^\beta) - \frac{h'}{h}\left(\varphi^i_k + \frac{h'}{h}\xi^i\xi^k\right) \\
&= \Gamma^i_{\beta\varrho}\xi^\beta\varphi^\varrho_k - \frac{h'}{h}\varphi^i_k.
\end{aligned}$$

Die Endformel lautet demnach, wenn man noch

$$\frac{r^2 \varphi^i_k}{h} = \psi^i_k$$

einführt,

$$(35) \quad -R^i_{\alpha k\beta}\xi^\alpha\xi^\beta = \frac{h}{r^2}\left[\frac{d\psi^i_k}{dr} + \Gamma^i_{\alpha\beta}\xi^\alpha\psi^\beta_k\right] + \frac{h'}{rh}(\xi^i\xi^k - \delta_{ik}).$$

Anderseits ist

$$(36)\quad (\delta_{ik} g_{\alpha\beta} - \delta_{i\beta} g_{\alpha k}) \xi^\alpha \xi^\beta = \delta_{ik} h^2 - \xi^i \xi_k = h^2(\delta_{ik} - \xi^i \xi^k).$$

Ist O Zentrum: $\psi^i_k = 0$, so folgt daraus: Die Krümmung der Mannigfaltigkeit in einem beliebigen Punkte P und in einer beliebigen Flächenrichtung daselbst, die den geodätischen Strahl OP enthält, hängt nur von r ab, ist nämlich

$$(37)\quad \frac{h'}{rh} : h^2 = -\frac{1}{2r}\frac{d}{dr}\left(\frac{1}{h^2}\right).$$

[Insbesondere ist die Krümmung in O unabhängig von der Flächenrichtung $= l(0)$.]

Diese Bedingung ist aber auch hinreichend dafür, daß O Zentrum ist; denn nach (35) und (36) ist sie mit der Gleichung

$$(38)\quad \frac{d\psi^i_k}{dr} + \Gamma^i_{\alpha\beta} \xi^\alpha \psi^\beta_k = 0$$

identisch, und aus ihr folgt $\psi^i_k = 0$. In der Tat: sind C, Γ solche Konstanten, daß etwa für $0 \leqq r \leqq 1$ die Ungleichungen

$$(39)\quad |\Gamma^i_{\alpha\beta}| \leqq \frac{\Gamma}{n^2}, \qquad |\psi^i_k| \leqq C$$

bestehen, so gilt für jede ganze nicht-negative Zahl m

$$(40)\quad |\psi^i_k| \leqq C \cdot \frac{(\Gamma r)^m}{m!}.$$

Beweis durch vollständige Induktion. Die Behauptung trifft nach (39) zu für $m = 0$; der Schluß von m auf $m + 1$ aber vollzieht sich durch die Abschätzung

$$|\psi^i_k| = \left|\int_0^r \Gamma^i_{\alpha\beta} \xi^\alpha \psi^\beta_k \, dr\right| \leqq \frac{C\Gamma^{m+1}}{m!} \int_0^r r^m \, dr = C \frac{(\Gamma r)^{m+1}}{(m+1)!}.$$

Lassen wir in (40) die ganze Zahl m über alle Grenzen wachsen, so ergibt sich $\psi^i_k = 0$.

44

Wir machen von unserm Ergebnis die Anwendung auf den besonderen Fall einer Mannigfaltigkeit von der konstanten Krümmung α. Wir wählen

$$l = \frac{\alpha}{1 - \alpha r^2}, \qquad h^2 = 1 + l r^2 = \frac{1}{1 - \alpha r^2};$$

dann bekommt (37) den konstanten Wert α. Führen wir demnach in einem beliebigen Punkt O der Mannigfaltigkeit die zu dieser Funktion l gehörigen modifizierten Zentralkoordinaten ein, so gilt die Gleichung (38), aus der $\psi_k^i = 0$ und schließlich

$$g_{ik} - l x_i x_k = \delta_{ik}$$

folgt. Damit sind wir am Ziel: das Linienelement der Mannigfaltigkeit von der konstanten Krümmung α hat in den gewählten Koordinaten notwendig die Gestalt

$$ds^2 = \sum_i dx_i^2 + \frac{\alpha}{1 - \alpha r^2} (\sum_i x_i \, d x_i)^2 .$$

Da hierbei das Zentrum O in einen willkürlichen Punkt der Mannigfaltigkeit verlegt werden kann und die Normalform unter Festhaltung des Punktes O auch nicht durch eine beliebige lineare orthogonale Transformation der Koordinaten x_i zerstört wird, zeigt sich, daß eine Mannigfaltigkeit konstanter Krümmung die von RIEMANN behauptete Beweglichkeit in sich besitzt. Sie ist also gewiß in dem Sinne homogen, daß nicht nur alle Punkte auf ihr, sondern auch in jedem Punkte alle Flächenrichtungen gleichberechtigt sind. Umgekehrt muß eine Mannigfaltigkeit mit diesen Homogenitätseigenschaften offenbar konstante Krümmung besitzen. Unter Ausschluß des hinlänglich bekannten Euklidischen Falles $\alpha = 0$ nehmen wir $\alpha = \pm 1$ an. Führen wir im ersten Fall ($\alpha = +1$) das Verhältnis der vorhin — Formel (25) — benutzten Koordinaten

$$x_0 : x_1 : \ldots : x_n$$

45

als homogene Koordinaten in der Mannigfaltigkeit ein, so können wir, ohne einer Normierung wie (25) zu bedürfen, für das Linienelement schreiben

$$ds^2 = \frac{\Omega(x, x)\,\Omega(dx, dx) - \Omega^2(x, dx)}{\Omega^2(x, x)}, \tag{41}$$

wo $\Omega(x, y)$ die symmetrische Bilinearform

$$x_0 y_0 + x_1 y_1 + \ldots + x_n y_n$$

bedeutet (die zugehörige quadratische Form $\Omega(x, x)$ gleich

$$x_0^2 + x_1^2 + \ldots + x_n^2$$

ist positiv-definit, vom Trägheitsindex 0). Dieses ds^2 hängt in der Tat nur von den Verhältnissen der Koordinaten x in den beiden unendlich benachbarten Punkten ab. Die Bewegungen der Mannigfaltigkeit in sich werden jetzt einfach durch diejenigen linearen Transformationen der homogenen Koordinaten x gegeben, welche die quadratische Gleichung $\Omega(x, x) = 0$ in sich überführen. Analoges gilt für die Mannigfaltigkeiten von der Krümmung -1; nur ist in der Formel (41) ds^2 durch $-ds^2$ zu ersetzen und unter $\Omega(x, x)$ die quadratische Form

$$x_0^2 - (x_1^2 + \ldots + x_n^2)$$

vom Trägheitsindex n zu verstehen. Auch hat man sich auf solche Werte der Variablen zu beschränken, für die $\Omega > 0$ ist. Allgemeiner kann für Ω eine beliebige nicht-ausgeartete quadratische Form vom Trägheitsindex 0 oder n genommen werden (denn solche lassen sich linear auf die beiden hier zugrunde gelegten Normalformen transformieren; nur die Werte 0 und n des Trägheitsindex sind möglich, weil ds^2 definit sein muß). Die geodätischen Linien (Geraden) werden durch lineare Gleichungen zwischen unsern homogenen Koordinaten dargestellt. Wir haben es also mit dem n-dimensionalen Raum der projektiven Geometrie zu tun, der auf Grund

46

eines „Kegelschnitts" $\Omega(x, x) = 0$ mit einer gewissen Maßbestimmung ausgestattet ist (Cayleysche Maßbestimmung). Vgl. darüber CAYLEY, Sixth Memoir upon Quantics, Philosophical Transactions, t. 149 (1859); F. KLEIN, Über die sogenannte Nicht-Euklidische Geometrie, Math. Annalen, Bd. 4 (1871), und die weiteren Abhandlungen von KLEIN in Math. Annalen, Bd. 6 und 37. Die Fälle $\alpha = +1$ und $\alpha = -1$ werden von KLEIN als „elliptische" und „hyperbolische" Geometrie unterschieden, zwischen die sich als Übergangs- und Entartungsfall die Euklidische einschiebt. Die hyperbolische Geometrie ist mit der von LOBATCHEFSKIJ und BOLYAI (um 1830) zuerst systematisch aufgebauten „Nicht-Euklidischen Geometrie" identisch. Die elliptische fällt in einem hinreichend beschränkten Gebiet, wie wir sahen, mit der sphärischen Geometrie zusammen, die auf einer n-dimensionalen Kugel im $(n+1)$-dimensionalen Euklidischen Raum gilt. Im großen besitzt aber der ihr zugrunde liegende „elliptische Raum" andere Zusammenhangsverhältnisse als die Kugel; er entsteht aus der Kugel, wenn man je zwei diametral einander gegenüberliegende Punkte derselben in einen einzigen Punkt ideell zusammenfallen läßt, oder, was auf dasselbe hinauskommt, an Stelle der Kugelpunkte die durch den Kugelmittelpunkt laufenden Geraden als Elemente verwendet. Über die mit den verschiedenen Maßbestimmungen verträgliche Analysis-situs-Beschaffenheit des Raumes vgl. namentlich KLEIN, Math. Annalen, Bd. 37 (1890), S. 544; KILLING, Math. Annalen, Bd. 39 (1891), S. 257, und: Einführung in die Grundlagen der Geometrie, Paderborn 1893; auch KOEBE, Annali di Matematica, Ser. III, 21, pag. 57, und WEYL, Math. Annalen, Bd. 77, S. 349.

6. (Zu Teil III, Absatz 3.) Das volle Verständnis für die Schlußbemerkungen RIEMANNs über den innern Grund der Maßverhältnisse des Raums ist uns erst durch EINSTEINS

47

allgemeine Relativitätstheorie erschlossen worden. Sehen wir von der ersten Möglichkeit ab, es könnte „das dem Raum zugrunde liegende Wirkliche eine diskrete Mannigfaltigkeit bilden“ (obschon in ihr vielleicht einmal die endgültige Antwort auf das Raumproblem enthalten sein wird), so stellt sich RIEMANN hier im Gegensatz zu der bis dahin von allen Mathematikern und Philosophen vertretenen Meinung, daß die Metrik des Raumes unabhängig von den in ihm sich abspielenden physischen Vorgängen festgelegt sei und das Reale in diesen metrischen Raum wie in eine fertige Mietskaserne einziehe; er behauptet vielmehr, daß der Raum an sich nur eine formlose dreidimensionale Mannigfaltigkeit im Sinne von Teil I des Vortrages ist und erst der den Raum erfüllende materielle Gehalt ihn gestaltet und seine Maßverhältnisse bestimmt. Das „metrische Feld“ ist prinzipiell von der gleichen Natur wie etwa das elektromagnetische Feld. — Da der Raum, sofern er Form der Erscheinungen, homogen ist, schien sich mit Notwendigkeit zu ergeben (und von dem alten Standpunkt aus ist diese Konsequenz in der Tat unausweichlich), daß er eine Riemannsche Mannigfaltigkeit von ganz spezieller Art, nämlich von konstanter Krümmung sein müsse. Durch die in der Anm. 2 zitierten Arbeiten von HELMHOLTZ und LIE wurde festgestellt, daß nur in einem solchen Raum ein Körper ohne Änderung seiner Maßverhältnisse diejenige Beweglichkeit besitzt, die aus der Gleichberechtigung aller Orte und Richtungen folgt. Aber diese Folgerung fällt dahin, sobald die Maßbestimmung abhängig gedacht wird von der Verteilung der Materie. Denn die Möglichkeit der Ortsversetzung eines Körpers ohne Maßänderungen in einer beliebigen Riemannschen Mannigfaltigkeit ist zurückgewonnen, wenn der Körper das von ihm erzeugte metrische Feld bei der Bewegung mitnimmt; genau so wie eine Masse, die unter dem Einfluß eines von ihr selbst er-

48

zeugten Kraftfeldes eine Gleichgewichtsgestalt angenommen hat, sich deformieren müßte, wenn man das Kraftfeld festhalten und die Masse an eine andere Stelle desselben schieben könnte, in Wahrheit aber ihre Gestalt behält, da sie das von ihr selbst erzeugte Kraftfeld mitnimmt.

In der physischen Welt tritt zu den drei Raumdimensionen als vierte die Zeit hinzu, und die spezielle Relativitätstheorie (EINSTEIN, MINKOWSKI) führte zu der Einsicht, daß diese vierdimensionale Mannigfaltigkeit der Raum-Zeit-Punkte eine Euklidische ist, in der Raum und Zeit nicht ohne Willkür voneinander getrennt werden können; Euklidisch mit der Modifikation jedoch, daß die der Maßbestimmung zugrunde liegende quadratische Form ds^2 nicht positiv-definit ist, sondern vom Trägheitsindex 1. In der allgemeinen Relativitätstheorie vollzog sich der Übergang von EUKLID zu RIEMANN: die Welt ist ein vierdimensionales Kontinuum, in welcher ein von Zustand, Verteilung und Bewegung der Materie abhängiges metrisches Feld herrscht, darstellbar durch eine quadratische Differentialform ds^2 vom Trägheitsindex 1. Aus diesem metrischen Feld entspringen insbesondere die Erscheinungen der Gravitation. So hat RIEMANNs Idee, welche die alte Scheidewand zwischen Geometrie und Physik niederriß, heute durch EINSTEIN ihre glänzende Erfüllung gefunden. Betreffs der Literatur verweist der Herausgeber auf sein Buch „Raum Zeit Materie" (5. Aufl., Berlin 1923).

Präsentation des Textes 4

4.1 Kurze Zusammenfassung

Im hier vorgestellten Werk analysiert Riemann auf konzeptionell neuartige Weise die mathematische Struktur des Raumes.

Durch Riemann bekommt der physikalische Raum erstens empirisch bestimmbare Eigenschaften und verliert zweitens seine Einzigartigkeit als mathematischer Raum.

Hierzu führt Riemann zunächst den Begriff der mehrfach ausgedehnten Größe oder Mannigfaltigkeit ein. Eine Mannigfaltigkeit wird dadurch charakterisiert, dass sie sich in ihren genügend kleinen Teilen durch n Koordinaten vollständig und nichtredundant beschreiben lässt. n ist dann die Dimension der Mannigfaltigkeit. Grundlegend ist, dass diese Mannigfaltigkeitsstruktur (in heutiger Terminologie nur die Topologie, also die qualitativen Lageverhältnisse festlegt, aber) noch keine Maßstruktur impliziert. Riemann erkennt also, dass die Möglichkeit, Längen und Winkel zu messen, eine zusätzliche Struktur erfordert. Diese zusätzliche Struktur ist (in gewissen natürlichen Grenzen) beliebig. Eingeschränkt werden kann sie einerseits durch Bedingungen der Einfachheit und andererseits durch empirische Überprüfung, wenn ihre Aufgabe die Beschreibung des tatsächlichen physikalischen Raumes ist. Riemann beschreibt die Maßstruktur dann durch einen sog. metrischen Tensor,[1] welcher aus Gründen der Einfachheit quadratisch gewählt wird. Mit Hilfe dieses metrischen Tensors können dann Kurvenlängen und Abstände zwischen Punkten sowie Winkelgrößen bestimmt werden, also die üblichen metrischen Größen. Weil nun aber eine Mannigfaltigkeit auf verschiedene Weisen lokal durch Koordinaten beschrieben werden kann, ist es die zentrale Aufgabe der geometrischen Untersuchungen, solche Größen herauszuarbeiten, die nicht von der Wahl der Koordinaten abhängen. Dieses sind dann die Invarianten der mit einer Maßbestimmung versehenen Mannigfaltigkeit. Riemann identifiziert unter

[1] In Riemanns Abhandlung wird der Begriff des Tensors allerdings noch nicht eingeführt, so dass durch diese Formulierung eine spätere Entwicklung vorweggenommen wird, welche ausführlich beschrieben ist in Karin Reich [170].

J. Jost, *Bernhard Riemann – Über die Hypothesen, welche der Geometrie zu Grunde liegen*, Klassische Texte der Wissenschaft, https://doi.org/10.1007/978-3-662-70872-9_4

seinen Bedingungen einen vollständigen Satz von Invarianten. Dieser Satz von Invarianten kann im Krümmungstensor zusammengefasst werden. Dies stellt eine weitreichende Verallgemeinerung der Gaußschen Flächentheorie dar. Durch zusätzliche Forderungen an die geometrischen Eigenschaften kann dieser Krümmungstensor eingeschränkt und damit näher spezifiziert werden. Insbesondere folgt aus der Forderung der freien Beweglichkeit von starren Körpern, dass die Krümmung des Raumes konstant sein muss, ein Resultat, welches dann Helmholtz in das Zentrum seiner Überlegungen stellen wird. Die Riemannschen Räume konstanter negativer Krümmung erweisen sich, wie Eugenio Beltrami (1835–1900) nachfolgend herausstellt, als Modelle der nichteuklidischen Geometrien von Bolyai und Lobatschewsky. Riemann hat daher einen neuen und wesentlich allgemeineren Zugang zur nichteuklidischen Geometrie gefunden, die er übrigens anscheinend bei Abfassung seiner Arbeit gar nicht gekannt hatte. Riemann ist die Allgemeinheit seines Ansatzes insbesondere auch aus naturphilosophischen Gründen wichtig, denn er weist schon auf den für die Allgemeine Relativitätstheorie Einsteins fundamentalen Zusammenhang zwischen der Geometrie des Raumes und den durch die sich im Raum befindlichen Objekte bewirkten Kräften hin. Dies greift weit über die Klasse von Räumen konstanter Krümmung hinaus, da dann sich im Raum bewegende Körper auch die Geometrie des Raumes verändern und dann umgekehrt die Geometrie die Bewegung von Körpern bestimmen kann.[2]

4.2 Die wesentlichen Aussagen des Textes

Riemann unterscheidet zwischen der Mannigfaltigkeits- und der Maßstruktur, also der topologischen und der metrischen Struktur des Raumes, und entwickelt die hierzu erforderlichen mathematischen Begriffsbildungen. Die Mannigfaltigkeitsstruktur bezieht sich nur auf die Umgebungs- und Ausdehnungsverhältnisse, also die qualitativen Aspekte der Lage. Die Unbegrenztheit des Raumes, dass er also keinen Rand besitzt, ist ein Beispiel für eine topologische Eigenschaft. Riemann nimmt in seinem Mannigfaltigkeitsbegriff an, dass sich der Raum lokal durch Koordinaten beschreiben lässt, also lokal auf eine Zahlenraumstruktur bezogen werden kann. Hierdurch wird es möglich, eine Mannigfaltigkeit lokal mit den Verfahren der Algebra und Analysis zu untersuchen. Die Anzahl der erforderlichen unabhängigen Koordinaten ist dann die Dimension n der Mannigfaltigkeit. Diese Dimension ist nicht auf die Zahl 3 des Erfahrungsraumes beschränkt, sondern kann beliebige Werte annehmen. Hierdurch wird der Mannigfaltigkeitsbegriff auch ein formales Werkzeug zur Beschreibung parameterabhängiger Strukturen der höheren Mathematik. Außer den Voraussetzungen der Vollständigkeit und Unabhängigkeit, die die Dimension festlegen, können die den Raum lokal beschreibenden Koordinaten beliebig gewählt werden. Aufgabe der Geometrie ist es

[2] Pulte [167] sieht allerdings auf der Grundlage seiner eingehenden Analyse der naturphilosophischen und physikalischen Vorstellungen Riemanns die in der Literatur oft, z. B. auch von Hermann Weyl in seinem oben abgedruckten Kommentar, geäußerte Behauptung, Riemann habe wesentliche Aspekte der Allgemeinen Relativitätstheorie vorausgeahnt, sehr kritisch.

dann, von einer solchen willkürlichen Beschreibung unabhängige Invarianten einer gegebenen Mannigfaltigkeit zu finden.

Eine Mannigfaltigkeit kann als zusätzliche Struktur eine Maßstruktur tragen, also eine Möglichkeit, Längen und Winkel zu messen. Um ein genügend inhaltsreiches Konzept zu bekommen, nimmt Riemann an, dass sich diese Maßstruktur infinitesimal auf eine euklidische Maßstruktur reduziert, dass also infinitesimal der Satz des Pythagoras gilt. Lokal weicht eine solche Maßstruktur allerdings im Allgemeinen von der euklidischen ab, was beispielsweise darin zum Ausdruck kommt, dass die Winkelsumme in einem aus kürzesten Linien gebildeten Dreieck nicht mehr unbedingt π betragen muss. Die Abweichung von der euklidischen Struktur wird durch die Krümmung von Flächen im Raum gemessen. Aus diesen Krümmungen gewinnt Riemann ein vollständiges System unabhängiger Invarianten zur Charakterisierung der Maßstruktur. Figuren lassen sich genau dann in einer solchen Riemannschen Mannigfaltigkeit dehnungsfrei bewegen, wenn die Krümmung konstant ist, d. h. in jedem Punkt und in jeder Flächenrichtung gleich ist. Zu diesen Räumen konstanter Krümmung gehören auch die nichteuklidischen Geometrien, worauf Riemann aber nicht eingeht.

Daraus, dass die metrische Struktur eine zusätzliche Struktur ist, die noch nicht im Mannigfaltigkeitsbegriff enthalten ist, folgert Riemann, dass die Metrik unseres Erfahrungsraumes von außerhalb, aus physikalischen Kräften herkommt. Dies antizipiert den zentralen Gedanken der Allgemeinen Relativitätstheorie Einsteins, welcher die Krümmung des Raumes mit den Gravitationskräften der in ihm befindlichen Massen identifiziert. Riemann und seine Nachfolger, die seine geometrischen Konzepte formal ausgearbeitet und weiterentwickelt haben, schaffen auch mit dem Grundgedanken der Unabhängigkeit geometrischer Beziehungen von ihrer Beschreibung in Koordinaten und dem Tensorkalkül der Riemannschen Geometrie die mathematische Grundlage für die Allgemeine Relativitätstheorie.

Der mathematische Raum ist bei Riemann die Mannigfaltigkeit, die mehrfach ausgedehnte und in Koordinaten darstellbare Größe. Der physikalische Seh- und Tastraum, der Ort der Sinnengegenstände, ist ein Beispiel, der Farbraum ein anderes. Hiermit erschöpfen sich für Riemann allerdings schon die physikalischen Beispiele. Ein die Mathematik prägender Gedanke Riemanns ist dann, dass es in der Mathematik eine Vielzahl von Gebilden gibt, die als Räume konzipiert werden können. Dabei unterscheidet Riemann zwei Aspekte, erstens die reinen Lagebeziehungen und zweitens die Maßbestimmungen. Ersteres führt in die Topologie, bei Riemann noch *Analysis situs* (Analyse der Lage) genannt, zu welcher er ebenfalls wichtige Grundlagen schuf, letzteres in die (Riemannsche) Geometrie.

4.3 Erläuterung der Argumentation Riemanns

Der Text besteht aus einer Einleitung, in welcher der Plan der Untersuchung dargelegt wird, und drei in Paragraphen untergliederten Kapiteln. Das erste Kapitel beschäftigt sich mit dem qualitativ-topologischen Begriff der Mannigfaltigkeit, das zweite mit den quantitativmetrischen Maßverhältnissen, die einer Mannigfaltigkeit gegeben werden können, und das dritte dann mit Anwendungen auf den (physikalischen) Raum.

In der Einleitung thematisiert Riemann zuerst das Verhältnis zwischen Nominaldefinition -en, die den Begriff des Raumes bestimmen und die grundlegenden Konstruktionen im Raume festlegen, einerseits und Axiomen, die die wesentlichen Bestimmungen enthalten, andererseits. Es ist weder klar, ob deren Verbindung notwendig noch ob sie möglich ist.[3] Um dies Verhältnis zu klären, wird Riemann dann zunächst den Begriff der mehrfach ausgedehnten Größe (Mannigfaltigkeit) auf allgemeine Weise konstruieren. Diese Struktur enthält noch keine Maßverhältnisse, sondern nur reine Lagebeziehungen, oder anders ausgedrückt, die Möglichkeit, einen Punkt durch Angabe seiner Koordinaten durch n reelle Zahlen zu repräsentieren. Die Maßverhältnisse können nur empirisch gewonnen werden. Es handelt sich um Tatsachen, die nicht notwendig, sondern nur empirisch gewiss sind, mithin um Hypothesen.[4] Helmholtz wird dann über die der Geometrie zugrundeliegenden Tatsachen schreiben, als etwas Feststehendes (als einzige empirisch zu bestimmende Größe wird bei ihm der Wert der konstanten Raumkrümmung übrigbleiben). Riemann dagegen räumt die Möglichkeit mehrerer Systeme zur Bestimmung der Maßverhältnisse des Raumes hinreichender Tatsachen ein, wobei das euklidische das wichtigste ist. Insbesondere stellt sich die Frage, inwieweit ein solches System seine Gültigkeit jenseits der Grenzen der Beobachtung, im Kleinen wie im Großen, behält.

Es erscheint vielleicht als etwas verwunderlich, dass Riemann empirische Tatsachen als Hypothesen ansieht. Der Gedanke ist aber, dass, wenn die Maßverhältnisse des Raumes nicht notwendig aus seiner Struktur folgen, der Raum mehrere mögliche Maßverhältnisse tragen kann, der Mathematiker dann auch beliebige solche Verhältnisse hypothetisch festlegen und die daraus jeweils resultierenden Strukturen untersuchen und hinsichtlich ihrer

[3] Mit „notwendig“ ist hier wohl eine Denknotwendigkeit im Sinne Kants, mit „möglich“ die logische Möglichkeit im Sinne von Leibniz gemeint.

[4] Allerdings steht auch in einem der nachgelassenen philosophischen Fragmente Riemanns im Kontext einer Diskussion des Kausalitätsbegriffes und der Positionen von Kant und Newton „Man pflegt jetzt unter *Hypothese* Alles zu den Erscheinungen Hinzugedachte zu verstehen“, s. [175, S. 525] (bzw. [174, S. 557]), meine Hervorhebung. Wie stark durchreflektiert der Gebrauch des Wortes „Hypothese“ bei Riemann wirklich ist, ist für mich schwer entscheidbar. Es handelt sich um die Frage, ob Riemann bewusst einen Bezug auf die Relativierung des Geltungsanspruches intendierte, die Osiander in dem nicht autorisierten Vorwort zum Werk des Kopernikus dadurch hergestellt hatte, dass er dessen astronomische Theorien als reine Hypothesen ohne weitergehenden Wahrheitsanspruch deklarierte, auf den Anspruch Keplers, er habe eine Astronomie ohne Hypothesen geschaffen, oder auf den Ausspruch Newtons „hypotheses non fingo“, der die Schwierigkeit, was die Ursache der physikalischen Fähigkeit von Körpern sei, ohne räumlichen Kontakt oder ein vermittelndes Medium auf andere Körper eine Anziehungskraft auszuüben, bestehen ließ (für eine neuere ideengeschichtliche Diskussion vgl. beispielsweise Hans Blumenberg [13, S. 341–370]). Riemanns angeführtes Zitat entspricht jedenfalls der Auffassung, die sich in der beschriebenen Diskurslinie schließlich nicht ohne beträchtliche und nicht ausgeräumte Widerstände herausgebildet hatte, dass nämlich die Physik ohne Hypothesen über das Wesen der beteiligten Körper die mathematischen Gesetzmäßigkeiten aufdecken solle, die den beobachteten Phänomenen zugrunde liegen, und dass hierin ihr Wirklichkeitsanspruch liege.

Eigenschaften unterscheiden kann. Hilbert wird dies als axiomatische Methode dann zu einem Programm erheben.

Nach diesen einleitenden Überlegungen widmet sich der erste Teil dem Begriff der mehrfach ausgedehnten Größe, der Mannigfaltigkeit. Grundlage ist „ein allgemeiner Begriff ..., der verschiedene Bestimmungsweisen zulässt," also etwas, das auf verschiedene Weise spezifiziert werden kann, verschiedene Werte annehmen kann. Dieser Begriff konstituiert die Mannigfaltigkeit, und seine möglichen Werte liefern die Punkte oder Elemente dieser Mannigfaltigkeit. Der diskrete Fall, wo die Mannigfaltigkeit aus Elementen besteht, die man dann zählen kann, – in heutiger Terminologie würde man von einer diskreten Menge reden – erfordert keine weitere Erläuterung. Der stetige Fall, wo die Werte kontinuierlich variieren und die Teile gemessen werden können, bildet dagegen die Grundkonzeption des Werkes. Die Werte können mehrere unabhängige Freiheitsgrade besitzen, und deren Anzahl n ist dann die Dimension der Mannigfaltigkeit. Es gibt hierfür nur wenige alltägliche Beispiele, nach Riemanns Ansicht nur die Orte der Sinnengegenstände, also die möglichen Positionen von Punkten im Sinnenraum – welche drei Freiheitsgrade, die drei Raumdimensionen, haben – und die Farben – bei welchen die Bestimmung der Anzahl der Freiheitsgrade schon nicht mehr so selbstverständlich ist. Eine der wesentlichen Einsichten von Riemann ist die Bedeutung des Konzeptes der Mannigfaltigkeit für die höhere Mathematik. Beispielsweise hat Riemann selbst durch die geometrische Interpretation einer mehrwertigen Funktion mittels einer Überlagerungsfläche, der sog. Riemannschen Fläche, die gesamte komplexe Analysis und die Theorie der elliptischen Integrale völlig neu konzipiert und revolutioniert und damit eine konzeptionelle Synthese analytischer, geometrischer und algebraischer Aspekte ermöglicht, die die weitere Entwicklung der Mathematik bis heute entscheidend geprägt hat.[5] Der Begriff der Mannigfaltigkeit impliziert noch keine Maßbestimmung, und damit noch keine Möglichkeit, geometrische Größen (Objekte in der Mannigfaltigkeit, Teilmengen der Mannigfaltigkeit) unabhängig von ihrer Lage miteinander zu vergleichen. Größen können daher zunächst nur verglichen werden, wenn eine ein Teil der anderen ist, und auch dann kann man nur sagen, dass die erste kleiner als die andere ist, aber nicht angeben, um wieviel sie kleiner ist. Ohne Maßbestimmung gibt es also nur die Relation des Enthaltenseins; dies führt in die mengentheoretische Topologie, ein Gebiet der Mathematik, welches im 20. Jahrhundert eine wichtige Grundlagenfunktion eingenommen hat. Riemann erkennt schon die Bedeutung derartiger Konzepte für verschiedene Bereiche der Mathematik, und führt als Beispiel die mehrwertigen analytischen Funktionen an.

Der Begriff der Mannigfaltigkeit ist allerdings subtiler, als es nach dem Vorstehenden den Anschein haben mag. Die Position eines Punktes in einer n-dimensionalen Mannigfaltigkeit wird durch Angabe seiner Koordinaten beschrieben. Man denkt hierbei vermutlich zuerst an die cartesischen Koordinaten im dreidimensionalen euklidischen Raum, die die Position eines Punktes im Raum durch drei reelle Zahlen beschreiben, die auf drei zueinander senkrecht stehenden Koordinatenachsen abgetragen werden. Es ist aber wichtig, einzusehen, dass hierin mehrere willkürliche Konventionen verborgen sind und zusätzliche Strukturen

[5] Für eine Einführung s. z. B. [101].

herangezogen werden. Zunächst einmal enthält der euklidische Raum keinen ausgezeichneten Nullpunkt oder Koordinatenursprung als Schnittpunkt der drei cartesischen Koordinatenachsen. Dieser Nullpunkt muss also willkürlich gewählt werden, um die Koordinaten festzulegen. Bei einer anderen Wahl des Nullpunktes würde der gleiche Raumpunkt andere Koordinaten bekommen. Genauso sind die drei Koordinatenrichtungen nur durch die Forderung der Orthogonalität, dass sie also senkrecht zueinander sein sollen, eingeschränkt und ansonsten beliebig. Eine andere Wahl der Richtungen würde wiederum dem gleichen Raumpunkt andere Koordinatenwerte zuweisen. Auch die Wahl der Einheit auf den Koordinatenachsen, also des Maßstabes, ist eine reine Konvention. Schließlich beruht die Forderung, dass die Koordinatenachsen aufeinander senkrecht stehen sollen, auf der Möglichkeit, Winkel messen zu können. Hier wird also schon eine metrische Struktur, die Möglichkeit einer Messung, herangezogen, welche, wie Riemann darlegt, im Konzept der Mannigfaltigkeit noch nicht enthalten ist. Wenn man keine Winkelmessung zugrunde legt, kann man nur spezifizieren, dass die drei Koordinatenachsen in verschiedene Richtungen zeigen. Auch dass die Koordinatenachsen gerade sein sollen, setzt einen Begriff, denjenigen der geraden Linie, voraus, der mit der Mannigfaltigkeit alleine noch nicht gegeben ist.

Nehmen wir ein anderes anschauliches Beispiel: Die Erdoberfläche ist eine zweidimensionale Mannigfaltigkeit, die in idealisierter Form durch eine Kugeloberfläche dargestellt werden kann. Auf dieser Kugeloberfläche kann die Position eines Punktes durch Angabe seiner Länge und Breite bestimmt werden. Länge und Breite sind also seine Koordinaten. Die Breitenkreise sind Kurven konstanten Abstandes von den Polen, die Längenkreise durch diese Pole hindurchgehende Großkreise. Der Nullmeridian wird dabei konventionell durch den durch Greenwich in England laufenden Längenkreis gegeben. Nicht nur dies, sondern auch die Position der Pole auf der Kugeloberfläche ist eine Konvention (auf der Erdkugel sind die Pole nicht geometrisch, sondern kinematisch, als Schnittpunkte mit der Drehachse, bestimmt). Der Abstand von den Polen wie auch der Begriff der Großkreise (diese sind dadurch bestimmt, dass kürzeste Wege auf der Kugeloberfläche längs Großkreisen verlaufen) erfordern wiederum die Möglichkeit von Messungen, ergeben sich also noch nicht aus dem Mannigfaltigkeitsbegriff.

Koordinaten sind also ein bequemes Beschreibungsmittel für die Position von Punkten in einer Mannigfaltigkeit, erfordern aber zusätzliche willkürliche Bestimmungen und Konventionen. Die Punkte der Mannigfaltigkeit sind unabhängig von irgendwelchen Koordinaten gegeben. Sie können daher auch durch verschiedene Koordinatensätze beschrieben werden. Dies wirft nun aber ein Problem auf. Wenn die Koordinatenwahl willkürlich ist, so kann man auch beliebig zwischen verschiedenen Beschreibungen wechseln, und wenn sich das gleiche Objekt je nach Beschreibung ganz unterschiedlich darstellt, so scheint man jeden invarianten Gehalt zu verlieren. Die Riemannsche Geometrie löst aber dieses Problem. Zwar stellt sich ein Objekt in einer bestimmten Beschreibung auf eine spezifische Weise dar, aber bei einem Wechsel der Beschreibung transformiert sich diese Darstellung nach festen Regeln. Was das Objekt ausmacht, sind also nicht seine Koordinatenbeschreibungen, sondern die Transformationsregeln, die es bei einem Beschreibungswechsel erfährt. Dies ist auch das grundlegende Prinzip der Allgemeinen Relativitätstheorie (sprachlich richtiger: Theorie der allgemeinen Relativität) Einsteins, dass nämlich die physikalischen Gesetze unabhängig von spezifischen Koordinatenbeschreibungen sind, in dem Sinne, dass sie sich bei einem Koordinatenwechsel nach festen Regeln transformieren. Dies ist das Prinzip der Kovarianz – nicht Invarianz, denn die Darstellung bleibt gerade nicht invariant – und seine Allgemeinheit erklärt den Namen der Theorie. Physikalische Erscheinungen sind relativ in dem Sinne, dass sie von der Wahl eines Bezugssystems abhängen, genügen aber beim Übergang in ein anderes Bezugssystem allgemeinen Transformationsregeln.

Wenn alles von der Wahl der Beschreibung abhängt, könnte es sogar der Fall sein, dass auch die Dimensionszahl n der Mannigfaltigkeit koordinatenabhängig ist. Diese Zahl n ist die Anzahl derjenigen Koordinatenwerte, die zur Spezifizierung eines Punktes in der gegebenen Mannigfaltigkeit mindestens erforderlich sind. Dies bedeutet, dass wir die Koordinaten unabhängig voneinander wählen, dass also keiner der Koordinatenwerte sich schon als Funktion von anderen Koordinatenwerten des gleichen Punktes berechnen lässt, denn solche von anderen abhängigen und damit redundanten Koordinatenwerte könnte man weglassen, ohne dass dadurch die vollständige Bestimmung des Punktes beeinträchtigt würde. Es wurde dann von Luitzen E.J. Brouwer (1881–1966) gezeigt, dass hierdurch die Dimension n einer Mannigfaltigkeit eindeutig festgelegt, also koordinatenunabhängig ist [18]. Riemann bestimmt die Dimension induktiv. Aus einer n-fach ausgedehnten Größe wird durch Hinzunahme eines zusätzlichen Freiheitsgrades eine $(n + 1)$-fach ausgedehnte, so wie man von der zweidimensionalen euklidischen Ebene durch Hinzufügung einer Dimension zum dreidimensionalen Raum übergehen kann. Umgekehrt erhält man, wenn man auf einer n-dimensionalen Mannigfaltigkeit eine stetige Funktion angibt, als deren Niveaumengen, d. h. als die Mengen, auf denen die Funktion jeweils einen festen Wert annimmt, $(n - 1)$-dimensionale Mannigfaltigkeiten, und wenn man diesen Wert stetig ändert, erzeugt man die ursprüngliche n-dimensionale Mannigfaltigkeit als eine einparametrische Schar von $(n - 1)$-dimensionalen Mannigfaltigkeiten. (Riemann weist darauf hin, dass es hierbei i. a. aber Ausnahmemengen gibt, denn die Niveaumengen einer stetigen Funktion auf einer n-dimensionalen Mannigfaltigkeit brauchen nicht sämtlich $(n-1)$-dimensionale Mannigfaltigkeiten zu sein. Beispielsweise ziehen sich die Breitenkreise auf der zweidimensionalen Kugeloberfläche, also die Niveaumengen des Abstandes zum Nordpol, an den Polen zu Punkten zusammen, verlieren dort also eine Dimension. Die genauere Untersuchung des Zusammenhangs zwischen derartigen Singularitäten und der globalen Topologie der Mannigfaltigkeit ist ein wichtiger Zweig der Mathematik des 20. Jahrhunderts geworden.)

Riemann sieht auch die Möglichkeit von Mannigfaltigkeiten unendlicher Dimension, beispielsweise der Mannigfaltigkeit aller Funktionen auf einem gegebenen Gebiet. Eine solche Funktion hat unendlich viele Freiheitsgrade, nämlich ihre Werte in den unendlich vielen Punkten des Gebietes. Dies weist auf einen weiteren wichtigen Forschungszweig der Mathematik des 20. Jahrhunderts voraus, die Funktionalanalysis.

Bevor wir nun den Riemannschen Gedanken der Metrik erläutern, wollen wir die Problematik noch einmal an dem schon von Gauß analysierten Beispiel der Flächen im Raum erläutern.

Wie erläutert, beschreibt eine Mannigfaltigkeit nur das Nebeneinander von Punkten. Im Mannigfaltigkeitsbegriff ist dieses Nebeneinander derart eingeschränkt, dass es lokal durch Koordinaten auf ein Gebiet im Zahlenraum bezogen werden kann. Abgesehen von der Dimensionsfestlegung ist dies aber nicht weiter bestimmt, sondern beliebig, wobei nur Stetigkeitsbedingungen beim Übergang von einem Koordinatensystem zu einem anderen gewährleistet sein müssen. Global trägt die Mannigfaltigkeit aber eine topologische Struktur, die insbesondere (abgesehen von in diesem Kontext als trivial angesehenen Fällen) verhindert, dass sie in einer Gesamtheit durch ein einziges Koordinatensystem, auch Karte genannt, beschrieben werden kann. Die Kugeloberfläche ist ein anschaulich leicht vorstellbares Beispiel einer zweidimensionalen Mannigfaltigkeit. Teile von ihr können in Koordinatensystemen dargestellt werden, wie bei den Karten von Teilen der Erdoberfläche in einem Atlas, wie wir schon dargelegt haben. Die gesamte Kugelfläche lässt sich aber so nicht repräsentieren. In der Kartographie verwendet man dafür daher einen Globus statt einer Atlaskarte. Man kann höchstens die Gesamtheit der Fläche aus den verschiedenen Karten zusammensetzen, aber sie nicht in einer einzelnen Karte erfassen. Dies sind noch rein topologische Aspekte. Das Gleiche gilt für jede andere Fläche vom gleichen topologischen Typ, also für alle geschlossenen Flächen ohne Löcher, beispielsweise Ellipsoide oder Eiflächen. Auch geschlossene Flächen von anderem topologischen Typ, wie eine Ringfläche, also die Oberfläche eines Ringes, oder eine Brezelfläche, lassen sich nicht durch eine einzige Karte erfassen. Hier sind sogar die Verhältnisse noch komplizierter als bei der Kugeloberfläche. Eine wichtige Einsicht, die sich auch aus den Überlegungen Riemanns ergeben hat, und zwar nicht nur denjenigen zur Geometrie, sondern auch denjenigen zur komplexen Analysis und zu elliptischen Integralen, die dann in die Theorie der Riemannschen Flächen mündete, ist, dass das Konzept einer Mannigfaltigkeit schon qualitative Lagebeziehungen beinhaltet, und dass folglich verschiedene Mannigfaltigkeiten aufgrund unterschiedlicher Lageverhältnisse unterschieden werden können. Ein wichtiges Beispiel möge dies verdeutlichen: Eine geschlossene Kurve in der euklidischen Ebene oder auf einer Kugeloberfläche zerlegt diese in zwei Teile; in der euklidischen Ebene kann man diese beiden Teile zudem als Inneres und Äußeres der Kurve voneinander unterscheiden. Auf einer Ringfläche dagegen lassen sich geschlossene Kurven finden, beispielsweise die Mantelkurven, bei denen dies nicht der Fall ist, die also die Fläche nicht in zwei Teile zerlegen. Man drückt dies seit Riemann so aus, dass auf der Ringfläche andere Zusammenhangsverhältnisse herrschen als auf der Kugeloberfläche oder in der Ebene.

Durch derartige qualitative Verhältnisse lassen sich also Flächen vom Typ der Ringfläche topologisch von solchen vom Typ der Kugelfläche unterscheiden.

Dies ist unabhängig von einer Maßbestimmung. Ohne eine solche Maßbestimmung sind dagegen Kugel- und Eifläche, als rein topologische Objekte, nicht voneinander unterscheidbar, denn sie können leicht in umkehrbar eindeutiger Weise aufeinander bezogen werden.

Insbesondere herrschen auf beiden die gleichen Zusammenhangsverhältnisse. Dass Kugel- und Eifläche topologisch nicht voneinander unterscheidbar sind, ist wohl nur deswegen intuitiv schwer zu erfassen, weil wir sie uns immer schon als metrische Objekte vorstellen. Dadurch dass wir sie uns im dreidimensionalen euklidischen Raum und nicht als abstrakte Objekte vorstellen, tragen sie immer schon eine Maßbestimmung, nämlich die durch den umgebenden euklidischen Raum induzierte. Dadurch dass wir im euklidischen Raum Längen von Kurven messen können, können wir auch Längen von Kurven, die auf Flächen im Raum liegen, messen. Der Abstand zweier Punkte auf einer Fläche ist dann die kürzestmögliche Länge aller Kurven, die diese beiden Punkte miteinander *auf der Fläche* verbinden. Dadurch dass wir hier nur Kurven, die ganz auf der Fläche verlaufen, in Betracht ziehen, wird der Abstand der Punkte auf der Fläche größer als der im euklidischen Raum gemessene. Denn im euklidischen Raum können wir die beiden Punkte durch ein Geradenstück verbinden, und dessen Länge ist dann der euklidische Abstand. Da das Geradenstück aber typischerweise nicht auf der Fläche verlaufen wird, wird der Abstand auf der Fläche größer, denn auf der Fläche können die beiden Punkte dann nur durch Kurven miteinander verbunden werden, die sämtlich länger als das euklidische Geradenstück sind.

Wir wenden uns nach diesem hoffentlich für die geometrische Intuition hilfreichen Einschub nun dem zweiten Teil von Riemanns Schrift zu. Riemanns konzeptionelle Analyse ermöglicht nämlich erst das volle Verständnis der vorstehenden Darlegung zu Flächen im Raum, und zwar gerade dadurch, dass von der Tatsache, dass sich eine Fläche möglicherweise im euklidischen Raum befindet, vollkommen abstrahiert wird.[6] Dies baut natürlich auf der schon von Gauß getroffenen Unterscheidung von äußerer und innerer Geometrie auf. Nur erstere berücksichtigt die Lage im Raum, während die innere Geometrie nur die Maßverhältnisse auf der Fläche selbst berücksichtigt.

Dieser zweite Teil von Riemanns Schrift beschäftigt sich nun unter abstrakten Gesichtspunkten mit den Maßverhältnissen, mit denen eine n-dimensionale Mannigfaltigkeit versehen werden kann. Die Mathematik wird später den allgemeinen Begriff eines metrischen Raumes entwickeln, also einer Menge, auf der man den Abstand $d(P, Q)$ zwischen je zwei Punkten P und Q messen kann, wobei dieser Abstand stets positiv sein soll, sofern P und Q verschieden sind, ferner symmetrisch in P und Q, d. h. $d(P, Q) = d(Q, P)$, und schließlich die Dreiecksungleichung $d(P, Q) \leq d(P, R) + d(R, Q)$ für je drei Punkte P, Q, R erfüllen soll, der Abstand sich also nicht verkleinern darf, wenn man noch einen Zwischenpunkt einschiebt. Dies ist eine axiomatische Kennzeichnung eines allgemeinen Abstandsbegriffs. Riemann dagegen geht anders vor und gelangt zu dem Begriff der später

[6] Gauß wies übrigens auch auf die Tatsache hin, dass die deutsche Sprache im Unterschied zum Lateinischen, wo es nur den Ausdruck „superficies", und den westeuropäischen Sprachen, wo es nur das davon abgeleitete „surface" gibt, zwischen einer Fläche und einer Oberfläche unterscheiden kann. Eine Oberfläche begrenzt einen Körper, während eine Fläche ein Gebilde ist, welches man sich unabhängig von einem solchen Körper vorstellen kann. (Gauß an Schumacher, 31.07.1836 ([71, Bd. 3, S. 164 f.]) und 03.09.1842 ([71, Bd. 4, S. 83 f.]). Ich danke Rüdiger Thiele für diese Mitteilung.) Dies ist natürlich für die Gaußsche Flächentheorie wesentlich, weil man derart insbesondere von der Verbiegung einer Fläche reden kann, ohne die Verformung eines Körpers mitdenken zu müssen.

nach ihm benannten Riemannschen Metrik. Er gewinnt sein Abstandsmaß über die Messung der Länge von Kurven. Wenn man die Länge von Kurven messen kann, so ist der Abstand zwischen zwei Punkten durch die Länge der kürzesten sie verbindenden Kurve gegeben.[7] (Im euklidischen Raum ist dies die geradlinige Verbindung zwischen den beiden betroffenen Punkten; in einem allgemeinen Riemannschen Raum ist dies eine sogenannte geodätische Kurve.[8]) Der Abstandsbegriff ist also bei Riemann ein abgeleiteter, und Annahmen über die Längenbestimmung von Kurven führen Riemann dann zu seinen metrischen Konzepten. Die Möglichkeit der Längenbestimmung setzt sinnvollerweise voraus, dass jede Linie durch jede andere messbar ist, dass man also einen Längenmaßstab in der Mannigfaltigkeit transportieren kann, ohne dass dieser dabei seine Länge ändert. Linien werden dabei als eindimensionale Objekte gedacht, und der Längenmaßstab ist daher auch ein eindimensionales Objekt, kein starrer Körper. Helmholtz wird später die freie Beweglichkeit starrer Körper als der Geometrie zugrundeliegende Tatsache fordern. Dies führt dann notwendigerweise zu einer wesentlich spezielleren Form der Geometrie als der Riemannsche Ansatz, und zwar muss ein n-dimensionaler Raum, in dem n-dimensionale starre Körper frei beweglich sind, notwendigerweise eine Riemannsche Mannigfaltigkeit konstanter Krümmung sein. Nach Riemann folgt dies allerdings auch schon aus der Annahme, dass zweidimensionale Figuren dehnungsfrei bewegbar sind. Den Riemannschen Krümmungsbegriff werden wir unten noch erläutern, aber der wesentliche Punkt ist, dass eine allgemeine Riemannsche Mannigfaltigkeit eine von Punkt zu Punkt und von Flächenrichtung zu Flächenrichtung variable Krümmung haben kann. Somit ist das Riemannsche Konzept wesentlich allgemeiner als das Helmholtzsche. Dies kann zunächst als Nachteil angesehen werden, in dem Sinne, dass es Helmholtz im Unterschied zu Riemann gelungen war, die Struktur des physikalischen Raumes aus empirischen Tatsachen vollständig zu bestimmen (die noch freie Krümmungskonstante kann ebenfalls im Prinzip empirisch durch die Winkelsumme in geodätischen Dreiecken bestimmt werden), während der allgemeine Riemannsche Raum noch beliebig viele kontingente Freiheitsgrade aufwies. Es stellte sich dann aber heraus, dass dies genau die für die Allgemeine Relativitätstheorie erforderliche Struktur ist, da nämlich dort durch die Einsteinschen Gleichungen die Raumkrümmung durch die Gravitationskräfte der im Raume befindlichen Massen festgelegt wird und umgekehrt genau die in der Riemannschen Struktur verfügbaren Freiheitsgrade benötigt werden, damit sich die Gravitationskräfte entfalten können.

Riemann geht also von der Möglichkeit der invarianten Längenmessung aus. Dies erscheint ihm aber noch als zu allgemein (auch wenn die Mathematik später durchaus Struk-

[7] Zur mathematischen Korrektheit: Es folgt nicht aus den allgemeinen Begriffsbildungen, dass auf einer mit einer Riemannschen Maßbestimmung versehenen Mannigfaltigkeit stets zu je zwei Punkten eine kürzeste Verbindung existiert. Unter der Annahme, dass aber überhaupt eine Verbindung existiert (die Mannigfaltigkeit sei zusammenhängend), kann man den Abstand dann definieren als das Infimum der Längen aller verbindenden Kurven.

[8] Die Benennung zeigt den Ursprung der modernen Differentialgeometrie in den Untersuchungen von Gauß, Disquisitiones, [69] zur Landvermessung.

turen von einer solchen Allgemeinheit untersucht hat), und er sucht daher nach sinnvollen Zusatzforderungen. Die erste derartige Forderung ist, dass die Längenmessung sich auf infinitesimale Messungen reduzieren lässt, dass man also die Länge von infinitesimalen Kurvenelementen (wir würden heute von Tangentialvektoren sprechen) misst und dann die Länge einer stetig differenzierbaren Kurve durch Integration dieser infinitesimalen Längen längs der Kurve gewinnt. Riemanns Konzeption bewegt sich also natürlicherweise im Kontext der mathematischen Analysis, der Differential- und Integralrechnung.[9]

Wir wollen dies noch einmal anders ausdrücken: Eine Kurve verbindet zwei Punkte miteinander, und es soll letztendlich auch der Abstand zwischen diesen beiden Punkten berechnet werden. Die Analysis geht aber so vor, dass sie jeweils in einem Punkt auf der Kurve ihr Richtungselement, ihren Tangentialvektor, betrachtet und dessen Länge bestimmt. Aufsummation (Integration) dieser infinitesimalen Längen über alle Punkte der Kurve liefert dann deren Länge. Dies bedeutet eine wesentliche Vereinfachung der Aufgabe, denn statt zweier Punkte brauchen wir nun nur noch einen Punkt und die Richtungselemente (Tangentialvektoren) in diesem Punkt zu betrachten. Die Riemannsche Metrik ist dann die Maßgabe, nach der die Länge eines Richtungselementes in einem Punkt bestimmt wird. Es gehen also zwei verschiedene Typen von Variablen in die Metrik ein, die Punkte der Mannigfaltigkeit und die Richtungselemente in diesen Punkten. Die Abhängigkeit der Metrik von den Punkten der Mannigfaltigkeit ist dabei beliebig[10] – hierin liegt die Allgemeinheit des Riemannschen Konzeptes. Dagegen muss sie als Funktion des Richtungselementes linear homogen sein. Dies bedeutet, dass, wenn das betreffende Richtungselements um einen Faktor verlängert oder gestaucht wird, sich seine Länge mit dem gleichen Faktor ändert. Außerdem soll sich die Länge nicht ändern, wenn die Richtung einfach herumgedreht wird, denn die Länge einer Kurve darf nicht davon abhängen, in welcher Richtung sie durchlaufen wird. Auch unter diesen Einschränkungen gibt es noch verschiedene Möglichkeiten, und Riemann entscheidet sich dann für die einfachste, dass nämlich sich das Längenelement aus der Wurzel eines quadratischen Ausdrucks in den möglichen Verschiebungsrichtungen ergibt.[11] Riemann begründet diese Wahl folgendermaßen: Zu einem gegebenen Punkt P auf der Mannigfaltigkeit möchte man eine Funktion haben, die den Abstand von P rekonstruiert. Diese Funktion soll differenzierbar sein. Da alle anderen Punkte von P einen positiven Abstand haben, muss die Funktion daher genau in P ihren Minimalwert 0 annehmen. Nach den Regeln der Differentialrechnung müssen ihre ersten Ableitungen daher in P verschwinden. Die zweiten

[9] S. Lie wird dies später als einen für axiomatische Zwecke wenig geeigneten Ansatz kritisieren, da er nicht elementar ist. Siehe die untenstehenden Ausführungen zur Lieschen Aufarbeitung des Helmholtzschen Ansatzes.

[10] Abgesehen davon, dass es sich um differenzierbare Funktionen handeln muss (Riemann präzisiert zwar die genauen Differenzierbarkeitsbedingungen nicht explizit, aber für die Berechnung des Riemannschen Krümmungstensors ist die Bildung zweiter Ableitungen der Metrik nach dem Punkt auf der Mannigfaltigkeit erforderlich).

[11] Der allgemeine Fall ist dann in der Göttinger Dissertation von Paul Finsler, *Über Kurven und Flächen in allgemeinen Räumen,* 1918 (nachgedruckt in [60]), aufgenommen und entwickelt worden. Die so begründete Forschungsrichtung heißt daher Finslergeometrie. S. z. B. [6].

Ableitungen müssen dort nichtnegativ sein, und Riemann nimmt dann an, dass sie positiv sind. Die gesuchte Funktion ist daher in erster Näherung bei P quadratisch, d. h. es handelt sich im Wesentlichen um das Quadrat des Abstandes von P. Der Abstand selbst wird also gewonnen, indem man die Wurzel aus dieser quadratischen Funktion zieht.

Die Vorgabe, dass sich das Längenelement aus der Wurzel eines quadratischen Ausdrucks in den möglichen Verschiebungsrichtungen ergeben soll, hat zur Konsequenz, dass infinitesimal der Pythagoräische Lehrsatz und damit die Regeln der euklidischen Geometrie gelten. (Es erhebt sich die Frage, ob sich hieraus im Kontext der Riemannschen Theorie eine Sonderstellung der euklidischen Geometrie ergibt. Insbesondere lassen sich auch die nichteuklidischen Geometrien mit dieser Methode beschreiben. In der weiteren Entwicklung der Differentialgeometrie wird dies dann so formuliert, dass der Tangentialraum in jedem Punkt einer (differenzierbaren) Mannigfaltigkeit eine lineare Struktur trägt, also den Methoden der linearen Algebra zugänglich ist, und dass er bei einer Riemannschen Mannigfaltigkeit dann auch eine euklidische Maßstruktur trägt. Der Tangentialraum in einem Punkt erfasst die infinitesimalen Aspekte der Geometrie und ist daher ein Hilfsmittel zur approximativen Beschreibung der lokalen Geometrie. Die euklidische Geometrie kann deswegen diese Rolle der approximativen Beschreibung der lokalen Riemannschen Geometrie besonders gut übernehmen, weil sie auf der linearen Struktur des cartesischen Raumes aufbaut, wie sie von Hermann Grassmann entwickelt worden ist. Dass die euklidische Geometrie ein hilfreiches Beschreibungsmittel ist, sichert ihr aber noch keinen konzeptionellen Vorrang vor anderen Geometrien. Riemann selbst spricht auch nicht von einer euklidischen Struktur, sondern bezeichnet diese Möglichkeit der Approximation als Ebenheit in den kleinsten Teilen.) Die Abweichung von der euklidischen Geometrie zeigt sich erst beim Übergang von einem Punkt zu einem anderen und findet ihren analytischen Ausdruck in der Abhängigkeit der Metrik von den Punkten der Mannigfaltigkeit.

Riemann untersucht dann, wieviele Freiheitsgrade es für diese Abhängigkeit gibt.

In jedem Punkt gibt es soviele unabhängige Verschiebungsrichtungen, wie die Mannigfaltigkeit Dimensionen hat, also n. Es gibt dann $n(n+1)/2$ verschiedene Produkte dieser Verschiebungsrichtungen (weil Produkte unabhängig von der Reihenfolge der Faktoren sind). Durch Transformation der n Koordinaten kann man zwischen diesen dann n Relationen herstellen (d. h. n dieser Freiheitsgrade beziehen sich auf die Wahl der Koordinaten, enthalten also keine koordinatenunabhängigen Informationen über die metrische Struktur). Daher bleiben $n(n+1)/2-n = n(n-1)/2$ Freiheitsgrade übrig, welche dann die Maßbestimmung der Mannigfaltigkeit charakterisieren. Riemann identifiziert diese Freiheitsgrade dann mit seinen Krümmungsgrößen und gewinnt damit eine geometrische Beschreibung einer metrischen Struktur auf einer Mannigfaltigkeit. Diese Krümmungsgrößen werden aus zweiten Ableitungen des metrischen Tensors nach den Punkten der Mannigfaltigkeit berechnet. Sie stellen Invarianten der Riemannschen Mannigfaltigkeit dar, also koordinatenunabhängige Größen. Aus ersten Ableitungen der Metrik lassen sich dagegen noch keine Invarianten gewinnen.

Wenn Koordinaten beliebig gewählt werden können, so können sie auch geeignet gewählt werden, d. h. es können Koordinaten konstruiert werden, in denen sich geometrische Beziehungen besonders einfach ausdrücken oder in denen sie besonders klar hervortreten. Riemann macht sich dies zunutze und führt spezielle Koordinaten ein, welche dann später *Riemannsche Normalkoordinaten* genannt und ein sehr nützliches Hilfsmittel in der geometrischen Tensorrechnung geworden sind. In diesen Koordinaten wird ausgehend von einem beliebig gewählten Referenzpunkt P die Lage eines anderen Punktes Q in dessen Nähe durch seinen Abstand von P und die Richtung beschrieben, die die kürzeste Verbindung von P nach Q in P hat. Im euklidischen Raum liefert dies die bekannten Polarkoordinaten, und in erster Näherung stellt sich auch in einem Riemannschen Raum im Referenzpunkt P die Metrik wie die euklidische Metrik dar. Dies gilt zwar im allgemeinen Fall nur für diesen Punkt P selbst, aber da man diese Konstruktion in jedem Punkt vornehmen kann, reicht dies für die beabsichtigten Zwecke aus.

Warum haben nun die von Riemann gewählten Koordinaten so günstige Eigenschaften? Dies liegt zunächst einmal daran, dass sich im Eindimensionalen kein Unterschied zwischen einer euklidischen und einer Riemannschen Geometrie feststellen lässt. Jede mit einer Maßbestimmung versehene Kurve ist in sich selbst, also *intrinsisch,* nicht von einer euklidischen Geraden zu unterscheiden. Durch eine geeignete Koordinatenwahl kann die Kurve in euklidische Form gebracht werden. Dazu wählt man einfach die Koordinaten an die Maßbestimmung angepasst gleichmäßig, d. h. derart, dass gleiche Abstände auf der Kurve gleichen Koordinatenunterschieden entsprechen. Wenn man das Durchlaufen der Koordinatenwerte als Durchlaufen der Kurve auffasst, wird die Kurve auf diese Weise mit konstanter Geschwindigkeit durchlaufen, denn das Verhältnis des Weges, in der Maßbestimmung der Kurve gemessen, zur Zeit, in den Koordinaten bemessen, bleibt konstant. Ein Kurvenstück trägt daher keine geometrischen Invarianten in sich, außer seiner Länge. Kurven unterscheiden sich also nicht durch ihre eigene Geometrie voneinander, sondern es kann nur ein und dasselbe Kurvenstück durch verschiedene Koordinaten oder Parametrisierungen verschieden beschrieben werden. Die Aufgabe der Geometrie im Sinne von Gauß und Riemann liegt aber gerade darin, von der gewählten Beschreibung unabhängige Eigenschaften geometrischer Objekte aufzuweisen.

Da es somit im Eindimensionalen keine inneren Unterschiede zwischen einer Kurve und einem euklidischen Geradenstück gibt, trifft dies auch auf die kürzeste Verbindung von P nach Q, eine sog. geodätische Kurve, in einer Riemannschen Mannigfaltigkeit zu. Als einzige Koordinate steuert diese Kurve daher ihre Länge, also den Abstand zwischen P und Q bei. Nun ist diese Kurve aber keine beliebige Kurve, sondern eine geodätische Kurve, eine kürzeste Verbindung. Daher hat sie auch wie eine Gerade in der euklidischen Ebene keine Seitenabweichungen in der Mannigfaltigkeit, sondern steuert von P aus direkt auf ihr Ziel Q zu. Sie liegt also in der Mannigfaltigkeit so wie eine Gerade in der euklidischen Ebene. Auch hier, wenn wir also die eigene, innere Geometrie der Kurve verlassen und ihre Lage in der umgebenden Mannigfaltigkeit betrachten, lassen sich also in erster Näherung noch keine Unterschiede zur euklidischen Situation feststellen. Um Unterschiede feststellen und dadurch Invarianten gewinnen zu können, müssen wir zu einer zweidimensionalen Situation, einer Fläche, übergehen. Nach den oben dargestellten Erkenntnissen von Gauß, auf die Riemann sich hier bezieht, wissen wir schon, dass eine Fläche unabhängig von ihrer äußeren Lage in einem umgebenden Raum eine innere geometrische Invariante besitzt, ihre Krümmung. Der Gedanke von Riemann besteht nun darin, aus den Krümmungen verschiedener Flächen in einer Mannigfaltigkeit einen vollständigen Satz geometrischer Invarianten zu konstruieren. Diese Flächen können mit Hilfe seiner oben vorgestellten Koordinaten gewonnen werden. Hierzu betrachtet er die Flächen, die sich aus allen geodätischen Kurven zusammensetzen, die von P ausgehen und deren Richtungen in der gleichen Ebene liegen. Jede infinitesimale Ebene in P, also je zwei unabhängige Koordinatenrichtungen in P, liefert also eine Fläche in der Mannigfaltigkeit. Die Krümmungen dieser Flächen im Punkte P bestimmen dann die Geometrie der Mannigfaltigkeit bei diesem Punkt. Nun gibt es $n(n-1)/2$ unabhängige Ebenenrichtungen in einem n-dimensionalen Raum, und daher bekommt Riemann auf diese Weise genau die richtige Anzahl von Invarianten, um die Geometrie einer Mannigfaltigkeit in eindeutiger und nicht redundanter Weise bestimmen zu können.

Dies lässt sich auch folgendermaßen geometrisch vorstellen: Wir betrachten neben P nicht nur einen weiteren Punkt Q, sondern zwei weitere, Q und R, die beide den gleichen Abstand von P haben, und die kürzesten Verbindungen von P nach Q und R. Dann lässt sich auch der Abstand zwischen Q und R untersuchen. Wenn wir den gemeinsamen Abstand zu P variieren, die Punkte Q und R also variabel, aber in festen Richtungen von P aus gesehen halten, so wächst in der euklidischen Geometrie der Abstand zwischen Q und R proportional zu ihrem gemeinsamen Abstand zu P. Auf einer gekrümmten Fläche ist dies nicht mehr so. Bei positiver Krümmung wächst dieser Abstand unterproportional, bei negativer Krümmung überproportional (sogar exponentiell). Bei positiver Krümmung laufen also geodätische Linien nicht wie euklidische Geraden linear auseinander, sondern wie die Großkreise auf der Kugeloberfläche schließlich zusammen, wohingegen sie bei negativer Krümmung exponentiell auseinanderlaufen. Die Krümmung zeigt sich auch im Vergleich des Flächeninhaltes mit euklidischen Referenzobjekten. Betrachtet man in einer Riemannschen Mannigfaltigkeit als Fläche die Kreisscheibe mit Radius r, die von den von P ausgehenden geodätischen Linien mit in einer festen Ebene liegenden Anfangsrichtungen bis zur Entfernung r gebildet wird, so weicht deren Flächeninhalt von demjenigen einer euklidischen Kreisscheibe von gleichem Radius, also πr^2 um einen Korrekturterm vierter Ordnung ab, welcher zur Krümmung dieser Ebenenrichtung in P proportional ist.

Zum besseren Verständnis dieses Sachverhaltes und der geometrischen Bedeutung der Krümmung soll nun an dieser Stelle noch ein Konzept eingeführt werden, welches sich bei Riemann noch nicht findet, sondern erst von Elwin Bruno Christoffel (1829–1900), Gregorio Ricci-Curbastro (1853–1925) und Tullio Levi-Civita (1873–1941) in ihrer Weiterbearbeitung der Riemannschen Theorie entwickelt worden ist, dasjenige der Parallelverschiebung.[12] Im euklidischen Raum lässt sich eine Richtung in einem Punkt A mit der dazu parallelen

[12] Eine historische Darstellung dieser Entwicklung findet sich bei [16].

Richtung in einem anderen Punkt B identifizieren, denn nach dem entsprechenden euklidischen Postulat oder Axiom gibt es zu der Richtung in dem ersten genau eine parallele Richtung in dem zweiten Punkt. Durch das Konzept der Parallelität gewinnen wir also eine natürliche Korrespondenz zwischen den Richtungen in zwei verschiedenen Punkten. Wir können also problemlos die infinitesimale Geometrie in A, wie sie durch die verschiedenen Richtungen in A gegeben ist, mit der infinitesimalen Geometrie in B identifizieren. Und identifizieren wir dann weiter die Geometrie in B mit derjenigen in einem dritten Punkt C, und schließlich diejenige in C wieder mit derjenigen A, so erhalten wir das Ausgangsergebnis zurück, in dem Sinne, dass, wenn wir eine bestimmte Richtung von A nach B, von dort nach C und schließlich wieder zurück nach A transportieren, wir wieder unsere Ausgangsrichtung in A erhalten, statt möglicherweise einer anderen Richtung im Punkte A. Nun gilt in einer Riemannschen Mannigfaltigkeit das euklidische Parallelenpostulat nicht mehr, d. h. zu einer Richtung in einem Punkt P lässt sich nicht mehr in eindeutiger Weise eine parallele Richtung in einem anderen Punkt Q angeben, derart, dass die in den jeweiligen Richtungen loslaufenden geodätischen Linien in einem geeigneten Sinne zueinander parallel sind. (Parallelität mag hier wie in der Diskussion um die nichteuklidische Geometrie bedeuten, dass sich die betreffenden geodätischen Linien nicht treffen; dann kann es aber je nach der spezifischen Riemannschen Struktur überhaupt keine oder unendlich viele derartige Parallelen geben.) In einer Riemannschen Mannigfaltigkeit ist deswegen also kein direkter Vergleich zwischen den geometrischen Verhältnissen in verschiedenen Punkten P und Q möglich. Eigentlich ist dies auch nicht verwunderlich, denn jede Beziehung zwischen P und Q sollte auch irgendwie von den zwischen ihnen liegenden Punkten abhängen, genauso wie in der Physik eine instantane Fernwirkung zwischen zwei Punkten ein zwar in der Newtonschen Physik unglücklicherweise zugrunde gelegtes Konzept ist, aber trotzdem begrifflich nicht zufriedenstellend erklärbar ist und daher auch dann in den Theorien von Faraday, Maxwell und Einstein durch ein Nahwirkungskonzept abgelöst worden ist. Allerdings besteht zunächst ein wesentlicher Unterschied zwischen der physikalischen Wirkungsübertragung durch ein Feld und der zu erläuternden geometrischen Verschiebung längs der – oder einer – kürzesten Verbindungskurve zwischen zwei Punkten. In einem Feld breitet sich nämlich die Wirkung in alle Richtungen von P aus und kann daher auch den Punkt Q auch auf allen möglichen Wegen erreichen, während der Prozess der Parallelverschiebung sich längs eines spezifischen Weges vollziehen soll. In der modernen Physik sind die beiden Konzeptionen dann aber später eine Synthese eingegangen, was besonders einsichtig in dem Ansatz der Feynmanschen Pfadintegrale dargestellt werden kann.

In diesem Sinne hat Hermann Weyl das Konzept der Parallelverschiebung von Levi-Civita aufgegriffen und verallgemeinert,[13] um das für ihn in der Riemannschen Theorie nicht motivierte Konzept des Größenvergleichs in verschiedenen Punkten zu eliminieren oder besser aus einem infinitesimalen Konzept abzuleiten und dadurch eine Riemannsche

---

[13] [215, 216] sowie [219]. S. hierzu auch die historische Abalyse in [192, 193]. Das Konzept des Zusammenhangs wurde dann insbesondere von Elie Cartan und Charles Ehresmann weiterentwickelt, s. [49, 50].

Geometrie zu entwickeln, die konsequent nur auf infinitesimalen Konzepten und Operationen beruht. Mittels eines sog. affinen Zusammenhangs lassen sich geometrische Verhältnisse in verschiedenen Punkten vergleichen, und wenn ein solcher Zusammenhang die Metrik respektiert, können auch Größen selbst miteinander verglichen werden. Es gibt also keinen nicht weiter erklärten Fernvergleich mehr, sondern dieser wird durch die Integration von Infinitesimalvergleichen längs Kurven gewonnen.

Um nun also die Parallelverschiebung in einer Riemannschen Mannigfaltigkeit zu erläutern, betrachten wir noch einmal die euklidische Situation, aber nun unter einem infinitesimalen Gesichtspunkt. Hierzu verbinden wir die Punkte A und B durch eine Gerade g. Längs g haben wir dann eine ausgezeichnete Richtung, nämlich ihre eigene Richtung. Wir können als die Anfangsrichtung in A dieser Geraden mit ihrer Endrichtung in B identifizieren. Dies ist offensichtlich, aber die entscheidende Einsicht ist nun, dass wir diese Richtung als Referenzrichtung benutzen können. Wir können nämlich eine beliebige Richtung (Vektor) v in A längs g in eine Richtung in B verschieben, indem wir verlangen, dass während dieser Verschiebung die Länge von v und der Winkel von v mit der Richtung von g stets konstant bleiben und dass sich v während dieses Verschiebungsprozesses auch nicht um g dreht. Im Prinzip ließe sich dieser Verschiebungsprozess sogar längs jeder Kurve zwischen A und B durchführen, nicht nur längs der Geraden g, aber es ist klar, dass das Ergebnis der Verschiebung ein und desselben Vektors von A nach B dann von (der Endrichtung) der Kurve in B abhängt. Die Gerade ist vor anderen Kurven aber dadurch ausgezeichnet, dass ihre eigene Richtung längs ihres Verlaufes zu sich selbst parallel bleibt, weil sich die Gerade nicht aus ihrer Richtung wegkrümmt.

Dieses infinitesimale Verschiebungsprinzip lässt sich nun in eine Riemannsche Mannigfaltigkeit übertragen. Dazu verbinden wir die betreffenden Punkte P und Q durch die – oder präziser, eine (denn es kann mehrere geben) – kürzeste geodätische Kurve c. Wiederum nehmen wir die eigene Richtung (Tangentialrichtung) dieser Kurve als Referenzrichtung und verschieben dann andere Richtungen (Tangentialvektoren) in P nach Q, indem wir stipulieren, dass deren Länge und deren Winkel mit der Tangentialrichtung von c konstant bleiben sollen und dass sie sich außerdem nicht um c drehen sollen. Eine geodätische Kurve in einer Riemannschen Mannigfaltigkeit ist wie eine euklidische Gerade (deren Verallgemeinerung sie deswegen darstellt) dadurch ausgezeichnet, dass sie sich nicht aus ihrer eigenen Richtung wegkrümmt, denn sonst würde sie einen verlängernden Umweg laufen und ihre Kürzesteneigenschaft verlieren. Auf diese Weise ist also das Konzept der Parallelverschiebung in einer Riemannschen Mannigfaltigkeit gefunden. Allerdings ist das Ergebnis der Parallelverschiebung nun im Allgemeinen von der Wahl der verbindenden Kurve abhängig, denn wie das Beispiel der verschiedenen Großkreisbögen auf der Kugeloberfläche, die den Nordpol mit dem Südpol verbinden, zeigt, kann es mehr als eine solche Verbindung geben.

Der wesentliche Unterschied zum euklidischen Fall besteht nun aber darin, dass, wenn man von P nach Q, dann von Q nach R und schließlich wieder von R nach P verschiebt, sich im Allgemeinen das Endergebnis, wenn man also wieder nach P zurückgekehrt ist, nicht mehr mit der Richtung, von der man in P ausgegangen ist, deckt. Dieses Ergebnis hängt auch von den beiden Punkten Q und R und den gewählten verbindenden geodätischen Kurven ab, also konziser ausgedrückt, von dem Weg, denn man durchlaufen hat, bevor man wieder an den Ausgangspunkt zurückgekehrt ist. Es stellt sich nun heraus, dass diese Wegabhängigkeit der Parallelverschiebung gerade durch die Riemannsche Krümmung gemessen werden kann.

Durch diese Konstruktionen lässt sich auch plausibel machen, warum nur zweite, aber nicht erste Ableitungen der Riemannschen Metrik geometrische Invarianten liefern können (aus den zweiten Ableitungen wird die Krümmung errechnet). Die erste Ableitung bezieht sich auf die Veränderung von Punkt zu Punkt, drückt also aus, wie sich die Metrik ändert, wenn man beispielsweise von P nach Q läuft. Nun ist aber, wie wir analysiert haben, die Beziehung zwischen den geometrischen Verhältnissen in zwei verschiedenen Punkten nichts Invariantes, sondern muss durch zusätzliche Konstruktionen wie die Parallelverschiebung hergestellt werden. Dies drückt sich auch in der Freiheit der Koordinatenwahl aus. Es gibt keine zu berücksichtigende Korrelation oder invariante Beziehung zwischen den Koordinaten in verschiedenen Punkten, sondern die geometrischen Verhältnisse in verschiedenen Punkten können in Koordinaten unabhängig voneinander beschrieben werden. Dagegen können natürlich die geometrischen Verhältnisse in einem Punkt mit sich selbst verglichen werden, so wie wir bei der Parallelverschiebung längs eines geschlossenen Dreiecks das Endergebnis mit dem Anfangszustand vergleichen konnten. Infinitesimal drückt sich aber die Rückkehr zu einem Punkt längs eines geschlossenen Weges durch zweite Ableitungen aus. Auf diese Weise liefern dann die aus zweiten Ableitungen der Metrik berechneten Krümmung geometrische Invarianten, und wie Riemann durch Abzählen der verfügbaren Freiheitsgrade, wie oben erläutert, festgestellt hat, erhält man auf diese Weise schon sämtliche Invarianten einer Riemannschen Metrik.

An dieser Stelle bietet sich natürlicherweise noch die folgende Überlegung an: Bei einer axiomatischen Begründung der Geometrie könnte man auch direkt das Konzept der Parallelverschiebung zugrunde legen, ohne eine Metrik zu benötigen. Eine Parallelverschiebung wäre dann einfach eine Vorschrift, wie längs und abhängig von einer Verbindungskurve Richtungen in zwei verschiedenen Punkten einer Mannigfaltigkeit identifiziert werden sollen, wobei bestimmte Konsistenzforderungen, die dann in die Axiome einmünden, berücksichtigt werden. Ein derartiges Konzept wird auch Zusammenhang genannt, weil es den Zusammenhang zwischen den verschiedenen Punkten einer Mannigfaltigkeit herstellt. Insbesondere erlaubt ein Zusammenhang eine neue, metrikunabhängige Definition geometrischer Kurven, nämlich als solcher Kurven, deren Richtung längs ihrer selbst stets parallel bleibt. Hierdurch erscheint die Kantsche Bemerkung in einem überraschenden neuen Licht, mittels derer er seine Ansicht begründete, dass der Satz, dass die gerade Strecke (im euklidischen Raum) die kürzeste Verbindung ihrer Endpunkte ist, ein Beispiel eines „synthetischen Urteils a priori" sei: „Denn mein Begriff vom Geraden enthält nichts von Größe, sondern nur eine Qualität. Der Begriff des Kürzesten kommt also gänzlich hinzu, und kann durch keine Zergliederung aus dem Begriffe der geraden Linie gezogen werden."[14] Diese Entgegenset-

[14] [117, 2. Aufl., B16]. Kritisiert wird diese Überlegung beispielsweis von G. F. W. Hegel in seiner *Wissenschaft der Logik,* I, s. die Ausgabe [88, S. 239 f.].

zung von Geradheit und Kürzesteneigenschaft ist allerdings schon lange vor Kant diskutiert worden, und zwar seit der Antike, wo diese beiden Definitionsmöglichkeiten einer Geraden durch eine innere Qualität oder durch eine äußere Metrik von Euklid und Archimedes angesetzt wurden. Leibniz hat sich dann sehr ausführlich mit den verschiedenen Bestimmungen einer Geraden auseinandergesetzt und ist zu wesentlichen Einsichten gelangt, welche allerdings, weil nicht systematisch publiziert, die nachfolgende Entwicklung nicht prägen konnten.[15]

Mathematisch stellt sich der Sachverhalt folgendermaßen dar: Wie das axiomatische Konzept des Zusammenhangs zeigt, kann der Begriff der geraden Linie (in der Bedeutung einer geodätischen Kurve) durch ein rein infinitesimales Konzept, die Selbstparallelität ihrer Richtung, ohne Rekurs auf einen Abstandsbegriff und damit auch ohne eine Kürzesteneigenschaft eingeführt werden. Umgekehrt kann man aber auch in einer Riemannschen Mannigfaltigkeit die Bedingung dafür, dass eine Kurve geodätisch im Sinne von selbstparallel ist, auch daraus herleiten, dass sie die kürzeste Verbindung zwischen auf ihr befindlichen Punkten darstellt. Nur gibt es keinen allgemeinen Grund dafür, dass die beiden Konzepte einer geodätischen Kurve, Selbstparallelität, also Geradheit, und Kürzesteneigenschaft, übereinstimmen müssen. Denn das Konzept des Zusammenhangs ist so gestaltet, dass es nicht aus einer Metrik abgeleitet wird und daher in einem konkreten Fall auch nicht aus einer Metrik ableitbar sein muss. Metrik und Zusammenhang sind logisch unabhängige Konzepte. Eine Metrik definiert zwar einen bestimmten Zusammenhang (den sog. Levi-Civita-Zusammenhang), bei der die Parallelverschiebung die metrischen Verhältnisse unverändert lässt, aber auf einer gegebenen Mannigfaltigkeit lassen sich auch andere Zusammenhänge einführen, die allen für dieses Konzept erforderlichen Axiomen genügen, ohne die metrischen Verhältnisse zu respektieren. Die geodätischen Kurven eines solchen Zusammenhangs besitzen dann auch nicht mehr die Kürzesteneigenschaft.

Nach dieser für ein umfassenderes Verständnis hoffentlich hilfreichen Abschweifung kehren wir nun wieder zu den Überlegungen Riemanns zurück.

Riemann bezeichnet diejenigen Mannigfaltigkeiten, deren Krümmung überall Null ist, als eben. Er vermeidet es an dieser Stelle aber, von einer euklidischen Struktur zu sprechen, möglicherweise auch, weil er die Diskussion über die nichteuklidischen Geometrien nicht zur Kenntnis genommen hatte. Stattdessen ordnet er die Mannigfaltigkeiten verschwindender Krümmung in die größere Klasse der Mannigfaltigkeiten konstanter Krümmung ein. (Die nichteuklidischen Geometrien von Gauß, Bolyai und Lobatschewsky sind gerade die Riemannschen Geometrien konstanter negativer Krümmung, während die Geometrien konstanter positiver Krümmung die Kugeloberflächen und die aus diesen durch Identifikation von Antipodenpunkten gewonnenen projektiven Ebenen beschreiben. Insbesondere ist Riemann also, wohl ohne die diesbezügliche Diskussion zu kennen,[16] auf seinem Weg zu den

[15] Für eine detaillierte Darstellung der Leibnizschen Überlegungen s. V. De Risi [36].

[16] s. hierzu E. Scholz [189]; Riemann erwähnt am Anfang seiner Schrift Legendre, was sich wohl auf die von Legendre gewonnenen Aussagen beziehen soll, dass man ohne Verwendung des Parallelenaxioms aus den anderen euklidischen Axiomen folgern kann, dass die Winkelsumme in einem

nichteuklidischen Räumen gelangt. Während diese Räume aber für ihre Schöpfer in sich ruhende Alternativen zum euklidischen Raum darstellen, ergeben sie sich bei Riemann als Spezialfälle einer wesentlich allgemeiner gefassten Theorie, die mit beliebigen Maßbestimmungen und in beliebigen Dimensionen arbeitet.) Riemann folgert dann, dass diese Räume konstanter Krümmung genau diejenigen sind, in denen sich Figuren ohne Dehnung bewegen lassen. Da Flächen verschiedener Krümmung auch in ihren inneren geometrischen Maßverhältnissen verschieden sind, muss die Krümmung in jedem Punkt und in jeder Flächenrichtung in diesem Punkte die gleiche sein, damit sich Figuren in Raum beliebig verschieben und drehen lassen, ohne dabei irgendwelche Verzerrungen zu erleiden. Da andererseits aber nach Riemanns Überlegungen die Krümmung die Geometrie vollständig bestimmt, muss auch die Geometrie eines Raumes konstanter Krümmung in jedem Punkt und in jeder Richtung die gleiche sein, so dass also Figuren in einem solchen Raum keinen durch ihre Lage hervorgerufenen Unterschied spüren und somit beliebig bewegt werden können. (Die freie Beweglichkeit von Figuren war umgekehrt der Ausgangspunkt der zunächst ohne Kenntnis der Riemannschen Theorie entstandenen geometrischen Überlegungen von Hermann von Helmholtz, die ihn dann gerade auf die Räume konstanter Krümmung führten.) Riemann gibt auch die Formel für die Metrik konstanter Krümmung a an, übrigens die einzige wirkliche Formel, die sich in seiner Schrift findet. Schließlich beschreibt Riemann noch durch anschauliche geometrische Modelle die Flächen, also die zweidimensionalen Räume, konstanter Krümmung.

Im dritten und letzten Teil seiner Schrift wendet Riemann seine Überlegungen dann auf den physikalischen Raum an. Ein ebener Raum ist dadurch bestimmt, dass seine Krümmung überall verschwindet, was äquivalent dazu ist, dass die Winkelsumme in jedem Dreieck genau π (180°) ist. Unter der Annahme, dass die Gestalt von Körpern unabhängig von ihrer Lage ist, welche Riemann an dieser Stelle Euklid zuschreibt, ist die Krümmung konstant, und dies bestimmt dann die Winkelsumme in Dreiecken.

Er unterscheidet dann zwischen diskreten Raumstrukturen, bei denen im Prinzip exakte Bestimmungen möglich sind, und kontinuierlichen, bei denen jede Messung notwendigerweise mit einer Ungenauigkeit behaftet ist, so dass prinzipiell keine völlig exakten Bestimmungen der Maßstruktur möglich sind.

Er weist auch auf die wichtige begriffliche Unterscheidung zwischen Unbegrenztheit und Unendlichkeit hin. Ersteres bedeutet einfach, dass der Raum keinen Rand besitzt. Insbesondere ist die Kugeloberfläche ein Beispiel eines zwar endlichen, aber unbegrenzten zweidimensionalen Raumes. Bei der Unbegrenztheit handelt es sich um eine rein topologische, von den Maßverhältnissen unabhängige Eigenschaft, die sich nur auf die Ausdehnungsverhält-

---

Dreieck höchstens 180° beträgt und dass, wenn es ein Dreieck gibt, in welchem diese Winkelsumme genau 180° ist, dies auch für alle anderen Dreiecke gilt. (Letzteres ist genau der euklidische Fall; in der nichteuklidischen Geometrie ist die Winkelsumme in jedem echten Dreieck immer kleiner als 180°.) Diese Legendreschen Aussagen gehören zu den Vorläufern der nichteuklidischen Geometrie, und wie Scholz argumentiert, lässt sich die Erwähnung von Legendre nur dadurch verstehen, dass Riemann eben die eigentlichen Arbeiten zur nichteuklidischen Geometrie nicht kannte.

nisse bezieht. Die Unendlichkeit dagegen ist eine metrische Eigenschaft, denn sie beinhaltet beispielsweise, dass man sich von einem Punkte aus in beliebig große Entfernungen wegbewegen kann.

Der letzte Paragraph enthält Riemanns Gedanken über die physikalischen Ursachen der Maßverhältnisse des Raumes. Er konstatiert in einer Fußnote am Ende seiner Schrift, dass dieser Abschnitt „noch einer Umarbeitung und weitern Ausführung (bedarf)". Obwohl also Riemann seine Gedanken hier nur sehr flüchtig skizziert, hat er doch wesentliche Aspekte der Physik des 20. Jahrhunderts intuitiv erfasst. Ausgehend einerseits von den mathematischen Methoden der Infinitesimalrechnung und andererseits den experimentellen Perspektiven, die das Mikroskop eröffnet hat, stellt Riemann die Frage nach den Maßverhältnissen des Raumes im Unmessbarkleinen, wie er es nennt. Zwar erfordert die Unabhängigkeit der Körper, also der physikalischen Objekte, vom Ort die Konstanz der Raumkrümmung, wie Riemann dargelegt hat, aber die zugrundeliegenden empirischen Begriffe des festen Körpers und des Lichtstrahls scheinen im Unendlichkleinen ihre Gültigkeit zu verlieren, so dass also hier die gemachten geometrischen Voraussetzungen möglicherweise nicht mehr zutreffen. Eine Möglichkeit ist, dass der Raum letztendlich im Kleinen diskret ist. Ob und in welcher Form diese Möglichkeit realisiert ist, ist auch in der modernen Physik noch nicht endgültig geklärt. Dies führt in die Fragestellungen der Quantengravitation, wo es noch nicht entschiedene Debatten zwischen verschiedenen konkurrierenden Theorien gibt. Jedenfalls befinden wir uns bei einer rein diskreten Struktur im Bereich des Zählens und nicht des Messens, so dass sich das Problem einer externen Begründung der Maßstruktur dann für Riemann nicht mehr stellt. Im Falle einer kontinuierlichen Raumstruktur muss dagegen nach Riemann „der Grund der Massverhältnisse ausserhalb, in darauf wirkenden bindenden Kräften gesucht werden." Riemann stellt sich also den Raum als solchen nur als eine Mannigfaltigkeit ohne weitere Struktur vor.[17] Die zusätzliche Struktur einer Riemannschen Metrik ist dem Raum nicht a priori fest vorgegeben, sondern wird ihm durch physikalische Kräfte bestimmt. Wenn sich also diese Kräfte ändern, ändern sich auch die Maßverhältnisse des Raumes. Die Physik spielt sich also nicht in einem vorgegebenen metrischen Raum ab, sondern so wie die Raumstruktur den Ablauf der physikalischen Prozesse beeinflusst, so gestalten umgekehrt auch die physikalischen Kräfte durch ihre Wirkungen den Raum. In der Rückschau führt dies zu dem zentralen Gedanken der Allgemeinen Relativitätstheorie Einsteins, der in seinen Feldgleichungen direkt die Krümmung des Raumes mit den Anziehungskräften der sich in ihm befindlichen Massen verbindet, also Kraft in Beziehung zur Krümmung des Raumes setzt. Es ist natürlich eine schwierige und letztendlich nicht entscheidbare Frage der Interpretation, wieviel Riemann hiervon wirklich schon geahnt hat. Nicht zu bestreiten ist allerdings die geniale Intuition Riemanns des Zusammenhangs zwischen der metrischen Struktur des Raumes und den in ihm oder auf ihn wirkenden physikalischen Kräften, also der notwendige innere Zusammenhang zwischen Geometrie und Physik, auf der Grundlage seiner neuartigen begrifflichen Analyse der Raumstruktur. Auf jeden Fall haben Riemann und

[17] Diese Position wird heute als Mannigfaltigkeitsrealismus bezeichnet, als eine spezielle Variante des Strukturenrealismus, s. z. B. [194].

seine Nachfolger auch das mathematische Fundament für die Allgemeine Relativitätstheorie gelegt.

Wie dargelegt, verzichtet die Riemannsche Schrift auf Formeln. Dass Riemann aber die vorgestellten konzeptionellen Überlegungen auch algorithmisch umsetzen konnte, demonstrierte er in einer 1861 bei der Pariser Akademie eingereichten Preisschrift zur Wärmeausbreitung. Auch dieser Schrift war kein günstiges Schicksal beschieden. Der Preis wurde ihr nicht zuerkannt, weil nicht alle Einzelheiten der Beweise ausgeführt waren. Daher wurde auch diese Arbeit erst posthum in den *Gesammelten Werken* veröffentlicht,[18] nachdem Riemanns Nachfolger wie Christoffel und Lipschitz (1832–1903) schon einen ähnlichen Formalismus entwickelt hatten (s. u.). So konnte diese Riemannsche Schrift keine größere Wirkung mehr entfalten. In der zweiten Auflage der *Werke* ist sie dann von dem Herausgeber Heinrich Weber ausführlich kommentiert worden. Richard Dedekind hatte sogar noch eine wesentlich weiterreichende Ausarbeitung vorgenommen, die auch einige spätere Entwicklungen vorwegnahm, aber ebenfalls nicht veröffentlicht wurde.[19]

4.4 Mathematischer Kommentar

Nach der verbalen und eher informellen Diskussion von Riemanns Argumentation und ihrem Kontext im vorangegangenen Abschnitt wende ich mich nun einer formaleren und strengeren mathematischen Behandlung zu. In einigen Teilen werde ich mich nicht eng an Riemanns Argumentation halten, sondern vielmehr eine systematische mathematische Herleitung präsentieren, die auch auf Erkenntnisse zurückgreift, die von Riemanns Nachfolgern Lipschitz, Christoffel, Ricci, Levi-Civita und Weyl entwickelt wurden, in der Hoffnung, Riemanns bahnbrechende Ideen dadurch für einen modernen Leser klarer und verständlicher zu machen.[20] Natürlich setzt dieser Abschnitt, anders als der vorherige, einige mathematische Kenntnisse voraus. Bei der Zusammenstellung dieses Abschnitts habe ich herangezogen u. a. Heinrich Webers Kommentar zu Riemanns Aufsatz der Pariser Akademie (S. 405–423 der zweiten Auflage von Riemanns gesammelten Werken (S. 437–455 der Narasimhan-Ausgabe)), Hermann Weyls Kommentar, der ebenfalls in Riemanns gesammelten Werken abgedruckt ist (siehe die Bibliographie in Abschn. 6.3 für Einzelheiten) und hier auch wiedergegeben ist, die ausführliche Behandlung von Michael Spivak [197, Bd. 2], sowie mein

[18] Commentatio mathematica, qua respondere tentatur quaestioni ab Illma Academia Parisiensi propositae: „Trouver quel doit être l'état calorifique d'un corps solide homogène indéfini pour qu' un système de courbes isothermes, à un instant donné, restent isothermes après un temps quelconque, de telle sorte que la température d'un point puisse s'exprimer en fonction du temps et de deux autres variables indépendantes", in [175, S. 423–436], mit ausführlichen Anmerkungen der Herausgeber, ebd. S. 437–455. Man vgl. auch die Analysen [33, 35, 75].

[19] Heute verfügbar in [196]; s. auch die Darstellung in [133].

[20] Eine plausible mutmaßliche Rekonstruktion von Riemanns eigenen, wohl auf Gauß' *disquisitiones* [69] aufbauenden Rechnungen findet sich in [35].

eigenes Werk [109], demnächst auch [110] und mein in Zusammenarbeit mit Jost-Hinrich Eschenburg geschriebenes deutsches Lehrbuch [54].

Insbesondere in den ersten beiden Abschnitten ist die Darstellung sehr ausführlich und elementar gehalten, um die nachfolgenden weniger elementaren Überlegungen möglichst gut nachvollziehbar zu machen.

4.4.1 Der Begriff der Mannigfaltigkeit

In einer Mannigfaltigkeit der Dimension n wird die Lage eines Punktes p durch die Werte von n variablen skalaren Größen $x^1, x^2, \dots, x^n$ bestimmt. Die Werte $x^1(p), x^2(p), \dots, x^n(p)$ werden als Koordinaten von p bezeichnet. Unterschiedliche Werte von einem oder mehreren der x^i ergeben einen anderen Punkt. Die Wahl der Koordinaten ist jedoch willkürlich. Für andere Koordinaten $y^1, y^2, \dots, y^n$ werden die Werte $y^1(p), y^2(p), \dots, y^n(p)$ für ein und denselben Punkt p andere. Außerdem gelten die Koordinaten nur lokal, d. h. in hinreichend kleinen Regionen der Mannigfaltigkeit, aber nicht unbedingt global. In verschiedenen Regionen können verschiedene Koordinaten gelten, aber diese Regionen können sich überschneiden. Wichtig ist, dass es in der Nähe jedes Punktes geeignete Koordinaten gibt. Dies ist genau die Situation, die entsteht, wenn wir Teile des Globus (der Erdoberfläche) als Beispiel für eine Mannigfaltigkeit durch Karten in einem Atlas darstellen. Ein und derselbe Teil kann in verschiedenen Karten dargestellt werden, die sich in diesem Teil überschneiden, aber diese Karten können verschiedene Maßstäbe oder Ausrichtungen haben. Insbesondere, wenn wir auf jeder Seite unseres Atlas die gleichen kartesischen Koordinaten verwenden (tatsächlich verwendet man in einem Atlas ein etwas gröberes Hilfsmittel, ein rechteckiges Gitter, und die Positionen von Objekten in einer Karte werden im Index des Atlas nur durch die entsprechenden Gitterwerte angegeben), dann wird ein und derselbe Punkt auf dem Globus in verschiedenen Karten unterschiedliche Koordinatenwerte haben.

Dies erfordert eine gewisse topologische Präzision, und die moderne mathematische Definition einer Mannigfaltigkeit wird Hermann Weyl zugeschrieben [214].[21] Wir gehen hier nicht auf die Einzelheiten ein, müssen aber zumindest auf Folgendes hinweisen. Riemann verlangt Stetigkeit, d. h. die Koordinatenwerte $x^1(p), x^2(p), \dots, x^n(p)$ variieren stetig, wenn der Punkt p stetig variiert.[22] Später nimmt er auch die Differenzierbarkeit an, dass der Übergang von einem Koordinatensystem $x = (x^1, x^2, \dots, x^n)$ zu einem anderen System $y = (y^1, \dots, y^n)$ differenzierbar ist. Daher können Größen, die von einem Punkt p einer Mannigfaltigkeit abhängen, in lokalen Koordinaten differenziert werden. Das heißt, wenn sie in einem Koordinatensatz dargestellt werden, wie z. B. eine Funktion

[21] Für genauere Verweise s. [190, 191].

[22] Es bleibt dann noch zu spezifizieren, was Letzteres bedeutet, eine stetige Variation von p, aber um das zu präzisieren, braucht man die Begriffe der mengentheoretischen Topologie, wie sie von Felix Hausdorff entwickelt wurden (s. [83], wiederabgedruckt in [84]). Riemann arbeitet mit intuitiven Begriffen.

$F(p) = f(x^1(p), x^2(p), \dots, x^n(p))$, und wenn f in Bezug auf $x^1, \dots, x^n$ differenzierbar ist, dann gilt das auch für ihre Darstellung in anderen Koordinaten. Stellt man beispielsweise die gleiche Funktion F in anderen Koordinaten als $F(p) = g(y^1(p), \dots, y^n(p))$ dar, so ist g ebenfalls eine differenzierbare Funktion der Koordinaten $y^1, \dots, y^n$. Wenn nämlich im Überlappungsbereich der beiden Koordinatendiagramme die Beziehung $x = \phi(y)$ (oder mit Indizes $x^i = \phi^i(y^1, \dots, y^n)$, $i = 1, \dots, n$), dann ist $g(y^1(p), \dots, y^n(p)) = f(\phi^1(p), \dots, \phi^n(p))$, und daher nach der Kettenregel

$$\frac{\partial g(y)}{\partial y^j} = \sum_{i=1}^{n} \frac{\partial f(x)}{\partial x^i} \frac{\partial \phi^i(y)}{\partial y^j}. \tag{4.1}$$

Insbesondere sehen wir, dass der Koordinatenwechsel $x = \phi(y)$ differenzierbar sein muss, damit dies gültig ist.

Sowohl $\frac{\partial g}{\partial y^j}$ als auch $\frac{\partial f}{\partial x^i}$ stellen die Ableitungen der Funktion $F(p)$ in lokalen Koordinaten dar. Die Werte dieser Ableitungen sind jedoch nicht gleich, sondern hängen durch die Transformation $\frac{\partial \phi^i}{\partial y^j}$ zusammen. Dies ist ein grundlegendes Prinzip. Wenn wir die Koordinaten (auf differenzierbare Weise) ändern, dann bleiben abstrakte Eigenschaften wie die Differenzierbarkeit einer Funktion erhalten, aber die Werte solcher Objekte ändern sich nach bestimmten Transformationsregeln.

$$\left(\frac{\partial \psi^j}{\partial x^i}\right)_{i,j=1,\dots,n} = \left(\frac{\partial \phi^i}{\partial y^j}\right)^{-1}_{i,j=1,\dots,n} \tag{4.2}$$

für die partiellen Ableitungen einer Abbildung und ihrer Inversen, geschrieben als Matrizen, oder äquivalent

$$\sum_{i=1}^{n} \frac{\partial \psi^j}{\partial x^i} \frac{\partial \phi^i}{\partial y^k} = \delta^j_k := \begin{cases} 1 & \text{für } j = k \\ 0 & \text{sonst.} \end{cases} \tag{4.3}$$

δ^j_k heißt Kroneckersymbol (nach Leopold Kronecker (1823–1891)). Mit dieser Beziehung wird (4.1) zu

$$\frac{\partial f(x)}{\partial x^i} = \sum_{j=1}^{n} \frac{\partial g(y)}{\partial y^j} \frac{\partial \psi^j(x)}{\partial x^i}. \tag{4.4}$$

In kürzerer, aber intuitiverer Schreibweise wird dies

$$\frac{\partial f(x)}{\partial x^i} = \sum_{j=1}^{n} \frac{\partial g(y)}{\partial y^j} \frac{\partial y^j}{\partial x^i}, \tag{4.5}$$

wo sich also einfach ∂y^j im Zähler und im Nenner herausgekürzt hat. Mit dieser Kurzschreibweise wird (4.3) zu

$$\sum_{i=1}^{n} \frac{\partial y^j}{\partial x^i} \frac{\partial x^i}{\partial y^k} = \frac{\partial y^j}{\partial y^k} = \delta^j_k, \tag{4.6}$$

und nun leuchtet die Beziehung ein. Nachfolgend werden wir oft (4.6) verwenden, ohne jedes Mal ausdrücklich darauf hinzuweisen.

Das Modell für eine Mannigfaltigkeit ist $\mathbb{R}^n$ mit seinen cartesischen Koordinaten $x^1, \dots, x^n$. Dort haben wir eine einzige, anscheinend naturgegebene Karte. Trotzdem ist es manchmal nützlich, andere Koordinaten einzuführen, wie die Polarkoordinaten. Auf dem $\mathbb{R}^2$ mit seinen cartesischen Koordinaten x^1, x^2 schreiben wir

$$x^1 = r\cos\varphi, \quad x^2 = r\sin\varphi; \tag{4.7}$$

wobei wir bemerken, dass dieser Koordinatenwechsel im Koordinatenursprung $x^1 = x^2 = 0$ eine *Singularität* aufweist und somit die Bedingung der Umkehrbarkeit verletzt. Daher muss man vorsichtig sein, wenn man Berechnungen im Koordinatenursprung ausführt. Für spätere Zwecke geben wir die Formeln für die Ableitungen an:

$$\frac{\partial x^1}{\partial r} = \cos\varphi, \quad \frac{\partial x^2}{\partial r} = \sin\varphi, \quad \frac{\partial x^1}{\partial\varphi} = -r\sin\varphi, \quad \frac{\partial x^2}{\partial\varphi} = r\cos\varphi. \tag{4.8}$$

Polarkoordinaten können selbstverständlich auch in höheren Dimensionen eingeführt werden, mit etwas umständlicheren Formeln.

Ein weiteres Beispiel: Die Sphäre $S^n := \{(z^1, \dots, z^{n+1}) \in \mathbb{R}^{n+1} : \sum_{\alpha=1}^{n+1} (z^\alpha)^2 = 1\}$ ist eine Mannigfaltigkeit der Dimension n. Karten können durch stereographische Projektionen vom Nord- und Südpol auf die Tangentialebene des Gegenpols, also auf die Ebenen $\{z^{n+1} = -1\}$ bzw. $\{z^{n+1} = 1\}$ erzeugt werden. Zu diesem Zweck setzen wir auf $U_1 := S^n \backslash \{(0, \dots, 0, 1)\}$

$$\begin{aligned} x(z^1, \dots, z^{n+1}) &:= (x^1(z^1, \dots, z^{n+1}), \dots, x^n(z^1, \dots, z^{n+1})) \\ &:= \left(\frac{2z^1}{1 - z^{n+1}}, \dots, \frac{2z^n}{1 - z^{n+1}}\right) \end{aligned} \tag{4.9}$$

wie in der folgenden Abbildung gezeigt (wobei $N = (0, \dots, 0, 1)$ der Nordpol ist).[23]

[23] Wir sehen auch, dass wir genauso gut auf die Äquatorebene $\mathbb{E}^n$ hätten projizieren können, in diesem Fall hätten wir einfach den Faktor 2 in den Formeln für die x^i weggelassen. Wir projizieren hier auf die Tangentialebene des Südpols, um mit den Formeln übereinzustimmen, die wir weiter unten für Räume mit konstanter Krümmung erhalten.

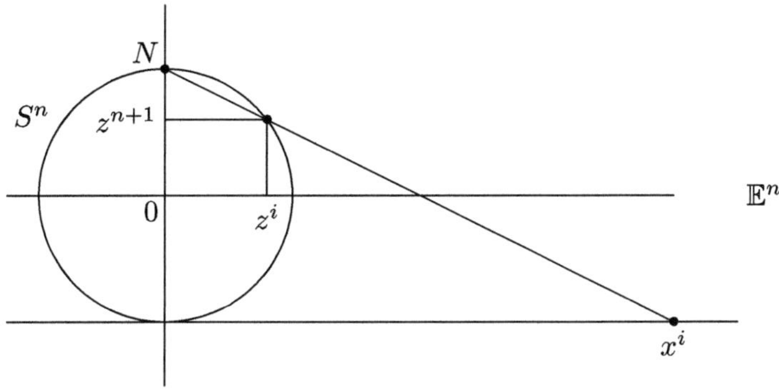

Auf $U_2 := S^n \backslash \{(0, \ldots, 0, -1)\}$ haben wir entsprechend

$$\begin{aligned} y(z^1, \ldots, z^{n+1}) &:= (y^1(z^1, \ldots, z^{n+1}), \ldots, y^n(z^1, \ldots, z^{n+1})) \\ &:= \left(\frac{2z^1}{1 + z^{n+1}}, \ldots, \frac{2z^n}{1 + z^{n+1}} \right). \end{aligned} \tag{4.10}$$

Wir haben also zwei Karten, die sich in der Region $S^n \backslash \{(0, \ldots, 0, 1), (0, \ldots, 0, -1)\}$ überschneiden. Die $z^1, \ldots, z^{n+1}$ mit der Nebenbedingung $\sum_{\alpha=1}^{n+1} (z^\alpha)^2 = 1$ parametrisieren ebenfalls die Sphäre, sind aber keine Koordinaten im technischen Sinne, da es $n + 1$ von ihnen gibt, während die Dimension von S^n nur n ist. Dennoch ist es oft offensichtlich nützlich, die Berechnungen in diesen z^α durchzuführen. Für spätere Zwecke berechnen wir

$$1 = \sum_{\alpha=1}^{n+1} z^\alpha z^\alpha = \sum_{i=1}^{n} \frac{1}{4} x^i x^i (1 - z^{n+1})^2 + z^{n+1} z^{n+1}$$

und daher

$$z^{n+1} = \frac{\frac{1}{4} \sum_{i=1}^n x^i x^i - 1}{\frac{1}{4} \sum_{i=1}^n x^i x^i + 1}$$

und dann

$$z^i = \frac{x^i}{1 + \frac{1}{4} \sum_{i=1}^n x^i x^i} \quad (i = 1, \ldots, n),$$

und dann

$$\begin{aligned} \frac{\partial z^j}{\partial x^k} &= \frac{\delta_{jk}}{1 + \frac{1}{4} \sum_{i=1}^n x^i x^i} - \frac{\frac{1}{2} x^j x^k}{(1 + \frac{1}{4} \sum_{i=1}^n x^i x^i)^2} \quad \text{for } j = 1, \ldots, n, \ k = 1, \ldots, n \\ \frac{\partial z^{n+1}}{\partial x^k} &= \frac{x^k}{(1 + \frac{1}{4} \sum_{i=1}^n x^i x^i)^2}, \end{aligned} \tag{4.11}$$

und mit der Kettenregel könnten wir auch schreiben

$$\frac{\partial y^\ell}{\partial x^k} = \sum_\alpha \frac{\partial y^\ell}{\partial z^\alpha}\frac{\partial z^\alpha}{\partial x^k}.$$

Aus (4.9), (4.10) erhalten wir auch direkt die Formel für den Koordinatenwechsel

$$y^k = \frac{4x^k}{\sum_{i=1}^n x^i x^i},$$

und daher

$$\frac{\partial y^k}{\partial x^j} = \frac{4\delta_{jk}}{\sum_{i=1}^n x^i x^i} - \frac{8x^j x^k}{\left(\sum_{i=1}^n x^i x^i\right)^2}. \tag{4.12}$$

Bevor wir fortfahren, sollten wir die folgende allgemeine Bemerkung machen. Während Riemann sich der globalen Aspekte klar bewusst ist, befasst sich seine Habilitationsschrift im Wesentlichen mit rein lokalen Fragen. So ist zum Beispiel die Geometrie auf der Oberfläche eines Zylinders lokal die gleiche wie die in der Ebene, weil letztere ohne Dehnung oder andere Verformungen auf einen Zylinder gerollt werden kann. Global, oder wie man auch sagt, topologisch, sind diese beiden Flächen verschieden. In der Ebene kann jede geschlossene Kurve kontinuierlich zu einem Punkt zusammengezogen werden, aber das ist für eine Kurve, die um einen Zylinder herumgeht, nicht möglich. Ein Raum, in dem alle geschlossenen Kurven zu Punkten kontrahiert werden können, heißt einfach zusammenhängend. Der Zylinder selbst ist also nicht einfach zusammenhängend, aber wir können hinreichend kleine Regionen auf ihm finden, die es sind. Lokal ist er also einfach zusammenhängend, wie jede Mannigfaltigkeit, und die folgenden Überlegungen können auf solche Regionen beschränkt werden. In diesem Sinne werden wir auch immer davon ausgehen, dass die betrachteten Mannigfaltigkeiten zusammenhängend sind, dass also je zwei Punkte immer durch eine Kurve miteinander verbunden werden können.

Es gibt eine Bemerkung zu globalen Aspekten, die Riemann macht. Sie betrifft die Unterscheidung zwischen Unbegrenztheit und unendlicher Ausdehnung. Der euklidische Raum ist unendlich ausgedehnt und hat keine Begrenzung. Die Sphäre hingegen hat nur eine endliche Ausdehnung, aber immer noch keine Grenze. Unbegrenztheit setzt also keine unendliche Ausdehnung voraus.

4.4.2 Tensorrechnung

Der Tensorkalkül behandelt Beziehungen wie (4.6) in systematischer Weise. Er hat seine Ursprünge in der Arbeit von Riemann selbst und denjenigen von Lipschitz und Christoffel und wurde von Ricci vollständig entwickelt. Er erwies sich für Einstein bei der Ausarbeitung seiner allgemeinen Relativitätstheorie als ein äußerst praktisches Hilfsmittel. Obwohl er in seiner voll entwickelten Form in Riemanns eigenem Werk noch nicht vorkommt, werde ich ihn hier aus systematischen Gründen dennoch verwenden.[24]

[24] Es gibt auch eine Alternative zu Riccis Tensorkalkül, die Methode der bewegten Koordinatenkreuze von Élie Cartan, aber die werde ich hier nicht erläutern.

Die Konventionen der Tensorrechnung sind an die Transformationseigenschaften der betreffenden Objekte angepasst und ermöglichen daher schnelle und automatische Berechnungen. In diesem Sinne könnte man sie mit der ausgeklügelten Notation vergleichen, die Leibniz entwickelt hatte, bei der die Kettenregeln für Ableitung und Integration algorithmisch in die Infinitesimalrechnung implementiert sind (was wir übrigens in (4.6) schon ausgenutzt hatten).

Wie später deutlich wird, ist es in der Tensorrechnung wichtig, zwischen oberen und unteren Indizes zu unterscheiden, da sie ein entgegengesetztes Transformationsverhalten anzeigen. Die Koordinaten tragen obere Indizes, wie x^i, und ebenso ihre infinitesimalen Versionen, die Differentiale oder Kovektoren dx^i. Im Gegensatz dazu wird der Index i des Vektors $\frac{\partial}{\partial x^i}$ als unterer Index betrachtet, da er im Nenner unterhalb des Bruchstriches steht.

Eine grundlegende Konvention besagt, dass derselbe Index, wenn er sowohl an einer oberen als auch an einer unteren Position in einem Produkt erscheint, kontrahiert werden muss, und da dies eine allgemeine Regel ist, wird die Summation, die diese Kontraktion anzeigt, normalerweise weggelassen. Dies wird als Einsteinsche Summenregel bezeichnet. Es ist also

$$a^i b_i := \sum_{i=1}^{n} a^i b_i, \tag{4.13}$$

und diese Regel gilt auch, wenn noch weitere Indices auftreten. Zum Beispiel

$$c_{ik}a^i = \sum_{i=1}^{n} c_{ik}a^i \quad \text{or } c_{ij}d^{ijk} = \sum_{i,j=1}^{n} c_{ij}d^{ijk}.$$

Im ersten Beispiel kommt nur der Index i zweimal im Produkt vor, während im zweiten Beispiel sowohl i als auch j und damit beide zu addieren sind.

Im Prinzip könnte man dann auch die Summenindizes ganz weglassen und einfach ab oder $c_k a$, cd^k schreiben. Aber die Positionen der Indizes können uns an die Typen der beteiligten Tensoren erinnern und sind daher nicht völlig überflüssig.

Das in (4.3) eingeführte Kroneckersymbol ist besonders zweckmäßig; wir haben zum Beispiel

$$\delta^i_k v^k = v^i. \tag{4.14}$$

Außerdem können wir den Namen eines Summationsindexes beliebig ändern, z. B.

$$a^i b_i = a^k b_k. \tag{4.15}$$

Ein Tangentialvektor ist dann eine Linearkombination der $\frac{\partial}{\partial x^i}$, während ein Kovektor eine Linearkombination der Differentiale dx^i ist. Es sind also Objekte der Form

$$V = v^i \frac{\partial}{\partial x^i} \quad \text{und } \omega = \omega_i dx^i, \tag{4.16}$$

unter Anwendung der Summationskonvention (man beachte die Positionen der Indizes der Koeffizienten v^i und ω_i).

Ein Tangentialvektor V wie in (4.16) ist an einem Punkt x gegeben und wirkt dort auf Funktionen f via

$$V(f)(x) = v^i \frac{\partial f}{\partial x^i}(x).$$

Wir sollten also eigentlich $V(x)$ schreiben. Wenn der Punkt x dabei variiert, handelt es sich um ein Vektorfeld. Die Tangentialvektoren in einem festen Punkt x einer differenzierbaren Mannigfaltigkeit M bilden den *Tangentialraum* an M im Punkte x. Dieser wird mit $T_x M$ bezeichnet.

Es sei nun $x = \phi(y)$, $y = \psi(x)$ wie oben, d. h. wir betrachten eine Koordinatentransformation. Dann ist

$$\frac{\partial}{\partial x^i} = \frac{\partial}{\partial y^j} \frac{\partial y^j}{\partial x^i} \tag{4.17}$$

wie in (4.5) oder (4.6), und in ähnlicher Weise

$$dx^i = \frac{\partial x^i}{\partial y^j} dy^j. \tag{4.18}$$

Wir stellen fest, dass in (4.17) der Index i immer in einer unteren Position erscheint. Da wir y^j auch an einer unteren Stelle haben wollen, müssen wir ihn auch an einer oberen Stelle haben, um eine Summe zu bilden, und deshalb müssen wir die Ableitung von y nach x nehmen. In (4.18) ist es umgekehrt, und wir nehmen die Ableitung von x nach y. Mit anderen Worten: Vektoren und Kovektoren haben ein entgegengesetztes Transformationsverhalten. Für den Vektor V in (4.16) bedeutet dies dann

$$V = v^i \frac{\partial y^j}{\partial x^i} \frac{\partial}{\partial y^j} =: w^j \frac{\partial}{\partial y^j}, \tag{4.19}$$

d. h. die Koeffizienten erfüllen eine sogenannte kontravariante Transformationsregel,

$$w^j = v^i \frac{\partial y^j}{\partial x^i}. \tag{4.20}$$

Für den Kovektor ω in (4.16) haben wir die entgegengesetzte, kovariante Transformationsregel,

$$\omega = \omega_i \frac{\partial x^i}{\partial y^j} dy^j = \eta_j dy^j \tag{4.21}$$

mit

$$\eta_j = \omega_i \frac{\partial x^i}{\partial y^j}. \tag{4.22}$$

Kovektoren und Vektoren sind in dem Sinne dual zueinander, dass man sie paaren kann, um eine skalare Größe zu erhalten,

$$\omega(V) := v^i \omega_k \left(\frac{\partial}{\partial x^i}, dx^k\right) = v^i \omega_i \quad \text{mit} \quad \left(\frac{\partial}{\partial x^i}, dx^k\right) = \delta_i^k, \tag{4.23}$$

das Kronecker-Symbol von (4.3). Der entscheidende Punkt ist, dass dies von Koordinatenwechseln nicht beeinflusst wird. Tatsächlich haben wir nach (4.19)–(4.22)

$$\begin{aligned} w^j \eta_j &= v^i \frac{\partial y^j}{\partial x^i} \omega_i \frac{\partial x^i}{\partial y^\ell} \left(\frac{\partial}{\partial y^j}, dy^\ell\right) \\ &= v^i \omega_i \delta_\ell^j \left(\frac{\partial}{\partial y^j}, dy^\ell\right) \\ &= v^i \omega_i \delta_\ell^j \delta_j^\ell \\ &= v^i \omega_i \\ &= \omega(V). \end{aligned}$$

Das entgegengesetzte Transformationsverhalten von Vektoren und Kovektoren gewährleistet also, dass das Ergebnis ihrer Paarung, das eine skalare Größe ist, bei Koordinatenwechseln invariant bleibt.

Wir sehen nun das allgemeine Prinzip. Objekte wie Vektoren oder Kovektoren sind Operatoren. Vektoren können auf Funktionen operieren, indem sie Ableitungen bilden,

$$V(f) = v^i \frac{\partial f}{\partial x^i}, \tag{4.24}$$

oder Vektoren und Kovektoren können durch duale Paarbildung miteinander operieren.

Es gibt einen wichtigen Unterschied zwischen (4.23) und (4.24). (4.23) hängt nur von den Werten der beteiligten Objekte ab, in diesem Beispiel dem Vektor V und dem Kovektor ω, nicht aber von deren Ableitungen. Im Gegensatz dazu nehmen wir in (4.24) die Ableitung der Funktion f (aber nicht des Vektors V). Daher ist die Operation (4.24) nicht tensoriell bezüglich f, sondern nurbezüglich V. Später, in Abschn. 4.4.7, wird ein entscheidender Schritt die Konstruktion von Tensoren aus solchen nichttensoriellen Größen durch geeignete Differenzen sein.

Das Ergebnis einer Operation wie in (4.23) oder (4.24) ist eine skalare Größe, d. h. eine Zahl. Die Wirkungen von V oder ω sind nicht von bestimmten Koordinaten abhängig, wohl aber ihre Darstellungen (4.16) in diesen Koordinaten. Damit die Ergebnisse der Operationen invariant bleiben – Zahlen sind Zahlen und sollten nicht von der Darstellung abhängen –, müssen die Darstellungen daher bei Koordinatenänderungen entsprechend transformiert werden, und zwar nach den spezifischen Regeln (4.20) und (4.22). Ein und dasselbe geometrische Objekt sieht also in verschiedenen Koordinatendarstellungen unterschiedlich aus, und umgekehrt gewährleisten die Transformationsregeln zwischen verschiedenen Koordinatendarstellungen den invarianten Charakter des Objekts. Dies ist eine der grundlegenden

Einsichten, die aus Riemanns Konzept einer Mannigfaltigkeit hervorgingen, auch wenn die Details des Kalküls erst von seinen Nachfolgern ausgearbeitet wurden. Es ist ein grundlegendes Prinzip in Einsteins allgemeiner Relativitätstheorie, das so genannte *Kovarianzprinzip*. Es wird deswegen nicht als *Invarianzprinzip* bezeichnet, weil es die Tatsache zum Ausdruck bringt, dass die Darstellungen nicht invariant bleiben, sondern sich nach allgemeinen Transformationsregeln verändern.

Wir wenden uns nun Tensoren mit mehreren Indizes zu. Insbesondere werden wir gleich, wenn wir Riemannsche Metriken, einführen, Tensoren der Form

$$A = a_{ij} dx^i dx^j. \tag{4.25}$$

benötigen. Ein solches Objekt wirkt auf Paaren von Vektoren $V = v^k \frac{\partial}{\partial x^k}$, $W = w^\ell \frac{\partial}{\partial x^\ell}$ und liefert einen Skalar

$$\begin{aligned} A(V, W) &= a_{ij} dx^i dx^j \left(v^k \frac{\partial}{\partial x^k}, w^\ell \frac{\partial}{\partial x^\ell} \right) \\ &= a_{ij} v^k w^\ell dx^i \left(\frac{\partial}{\partial x^k} \right) dx^j \left(\frac{\partial}{\partial x^\ell} \right) \\ &= a_{ij} v^k w^\ell \delta^i_k \delta^j_\ell \\ &= a_{ij} v^i w^j. \end{aligned} \tag{4.26}$$

Wie wir auch bei dieser Berechnung gesehen haben, reflektieren die Positionen der Indizes die algorithmischen Regeln. Sie zeigen auch das Transformationsverhalten an,

$$a_{ij} dx^i dx^j = a_{ij} \frac{\partial x^i}{\partial y^k} \frac{\partial x^j}{\partial y^\ell} dy^k dy^\ell. \tag{4.27}$$

Da die Indizes also den Typ eines Tensors bestimmen, werden wir oft nur die Koeffizienten schreiben, um einen Tensor auszudrücken; zum Beispiel werden wir einfach von a_{ij} als einem Tensor sprechen, anstatt $a_{ij} dx^i dx^j$ zu schreiben.

Wir wenden uns nun den Symmetrien von Tensoren zu. Ein Tensor mit zwei Indices kann symmetrisch oder antisymmetrisch sein, also

$$a_{ji} = a_{ij} \quad \text{oder } b_{ji} = -b_{ij} \text{ for all } i, j. \tag{4.28}$$

Allgemeiner können wir aus einem beliebigen Tensor d_{ij} einen symmetrischen oder einen antisymmetrischen bilden,

$$\frac{1}{2}(d_{ij} + d_{ji}) \quad \text{oder } \frac{1}{2}(d_{ij} - d_{ji}). \tag{4.29}$$

Ein Tensor mit drei oder mehr Indizes kann weitere Symmetrien aufweisen, zum Beispiel

$$c_{ijk} + c_{jki} + c_{kij} = 0 \text{ für alle } i, j, k. \tag{4.30}$$

Wichtig und für Rechnungen sehr nützlich ist, dass Produkte von Tensoren mit entgegengesetzten Symmetrien verschwinden. Ist zum Beispiel $a_{ji} = a_{ij}$, $b^{ji} = -b^{ij}$, so ist

$$a_{ij}b^{ij} = a_{ji}b^{ij} = -a_{ji}b^{ji} = -a_{ij}b^{ij}, \tag{4.31}$$

wobei wir im letzten Schritt einfach die Indizes in den Summen umbenannt haben, siehe (4.15). Daher muss der Ausdruck in (4.31) verschwinden. Wir können diese Beobachtung auch auf folgende Weise umformulieren. Wenn a_{ij} ein symmetrischer Tensor ist, d. h. $a_{ji} = a_{ij}$, dann gilt für jeden Tensor c^{ij}

$$c^{ij}a_{ij} = \frac{1}{2}(c^{ij} + c^{ji})a_{ij}, \tag{4.32}$$

das heißt, wir können annehmen, dass c^{ij} ebenfalls symmetrisch ist. Wenn b_{ij} antisymmetrisch ist, d. h. $b_{ji} = -b_{ij}$, haben wir außerdem

$$c^{ij}b_{ij} = \frac{1}{2}(c^{ij} - c^{ji})b_{ij}, \tag{4.33}$$

das heißt, wir können nun annehmen, dass c^{ij} antisymmetrisch ist.

Analoges gilt, wenn der Tensor c_{ijk} die Bedingung (4.30) erfüllt, und wenn wir ein Produkt bilden

$$d^{ijk}c_{ijk}, \tag{4.34}$$

dann können wir annehmen, dass d^{ijk} auch (4.30) erfüllt, d. h. unter zyklischen Permutationen der Indizes 0 wird. Wir haben nämlich, indem wir die Indizes wieder umbenennen,

$$(d_{ijk} + d_{jki} + d_{kij})c^{ijk} = d_{ijk}(c^{ijk} + c^{jki} + c^{kij}) = 0.$$

Der einfache Trick der Umbenennung von Indizes ermöglicht es uns also, eine Symmetrie von einem Faktor auf den anderen in einem Produkt zu übertragen. Wir werden dies im folgenden Abschn. 4.4.5 häufig verwenden.

4.4.3 Metrische Strukturen

Als nächsten Schritt führen wir nun eine metrische Struktur ein. Das Konzept einer Mannigfaltigkeit enthält noch keine quantitativen Begriffe, und man könnte daher meinen, dass keine quantitativen Begriffe möglich sind, weil sich alle Objekte bei Koordinatenwechseln verändern. Glücklicherweise sind Größen jedoch Zahlen, und wie wir im Vorangegangenen herausgearbeitet haben, sollten Zahlen invariant bleiben. Insbesondere Abstände oder Längen von Kurven sind solche numerischen Größen.

Nach Riemann sollten Messungen nun unabhängig von der Stelle sein, an der sie vorgenommen werden. Dies ist ein allgemeines Prinzip, und Riemann macht einige zusätzliche

Annahmen, um es zu konkretisieren. Erstens sollten die Längen von Kurven an verschiedenen Stellen vergleichbar sein, d. h. wir sollten in der Lage sein, die Länge einer Kurve durch eine andere zu messen. Er setzt also voraus, dass Kurvenelemente, d. h. eindimensionale Objekte, als Messgeräte frei in der Mannigfaltigkeit herumgetragen werden können. Für höherdimensionale Objekte nimmt er dies nicht an. Vielmehr ist die freie Beweglichkeit starrer Körper im Raum eine zusätzliche Bedingung, die nur für Riemannsche Mannigfaltigkeiten mit konstanter Krümmung erfüllt ist, wie wir weiter unten sehen werden.

Er betrachtet dann differenzierbare Kurven, das heißt, er lässt die Koordinaten $x^1(t), \ldots, x^n(t)$ differenzierbar von einem skalaren Parameter t abhängen. Er sucht dann ein Bogenelement ds zur infinitesimalen Längenmessung, d. h. in moderner Terminologie, er möchte die Länge des Tangentialvektors $\dot{x}(t) = \frac{dx}{dt}$ an einem Punkt p auf der Kurve messen. Das Bogenelement sollte dann eine Funktion der Position p und der Richtungen an diesem Punkt sein. Da wir eine skalare Größe aus den Richtungen erhalten wollen, muss das Längenelement die Kovektoren $dx^1, \ldots, dx^n$ an p enthalten, gemäß den in Abschn. 4.4.2 dargelegten Prinzipien. Wenn wir ein Bogenelement skalieren, sollte auch seine Länge um denselben Faktor skalieren, und daher sollte das Längenelement eine homogene Funktion ersten Grades dieser dx^i sein.

Als nächstes beruft er sich auf die $(n-1)$-dimensionalen Mannigfaltigkeiten, die einen konstanten Abstand von p in der betrachteten n-dimensionalen Mannigfaltigkeit haben. Da Abstände als Längen gemessen werden, sucht er nach einer Funktion, die diesen Abstand ausdrückt. Wenn man verlangt, dass diese Funktion im Punkte p verschwindet und anderswo positiv und außerdem differenzierbar ist, dann verschwinden ihre ersten Ableitungen an p und ihre zweiten Ableitungen sind nicht negativ, und er nimmt an, dass sie positiv sind. Die natürliche solche Funktion ist das Quadrat $f(x) = \mathrm{dist}^2(p, q)$, wobei x für die Koordinaten des variablen Punktes q steht, dessen Abstand von p $\mathrm{dist}(p, q)$ beträgt. Die Koordinaten von p setzen wir als x_0. Die zweiten Ableitungen ergeben dann den Tensor

$$g_{ij}(x_0)dx^i dx^j := \frac{1}{2}\frac{\partial^2}{\partial x^i \partial x^j} f(x)dx^i dx^j \text{ bei } x = x_0, \text{ d. h. im Punkte } p. \tag{4.35}$$

Ein solcher Ausdruck $g_{ij}(x)dx^i dx^j$ wird als *Riemannsche Metrik* bezeichnet. Dies ist das grundlegende Objekt der Riemannschen Geometrie.

Wir halten die Grundvoraussetzungen fest:

1. Der metrische Tensor ist symmetrisch, d. h. $g_{ji} = g_{ij}$.
2. Er ist positiv definit, d. h. $g_{ij}v^i v^j > 0$, wenn $(v^1, \ldots, v^n) \neq 0$.
3. $g_{ij}(x)$ hängt zweimal differenzierbar von der Koordinate x ab (diese Eigenschaft wird unten zur Definition der Krümmung benötigt).

Das Bogenelement ist dann

$$ds = \sqrt{g_{ij}(x_0)dx^i dx^j}, \tag{4.36}$$

und für den Spezialfall des euklidischen Raumes reduziert sich dies auf

$$ds = \sqrt{\sum (dx^i)^2}. \tag{4.37}$$

Riemann zieht kurz andere Möglichkeiten in Betracht, wie z. B. die vierte Wurzel eines quartischen Ausdrucks anstelle der Quadratwurzel eines quadratischen Ausdrucks wie in (4.36), aber er fährt dann mit (4.36) als der einfachsten fort.

Da die zweiten Ableitungen für eine glatte Funktion kommutieren, ist der Tensor g_{ij} in (4.35) symmetrisch, $g_{ji} = g_{ij}$, wie bereits oben festgelegt. Er hat also $\frac{n(n+1)}{2}$ unabhängige Komponenten. Da wir aber n Koordinatenfreiheitsgrade haben, um diesen Tensor zu transformieren, haben nur $\frac{n(n+1)}{2} - n = \frac{n(n-1)}{2}$ Freiheitsgrade unabhängigen geometrischen Gehalt. Diese geometrischen Freiheitsgrade werden später als Schnittkrümmungen ausgewiesen.

Insbesondere gibt es im Allgemeinen keine Koordinatentransformation, die einen gegebenen metrischen Tensor $g_{ij}(x)$ an allen Punkten x gleichzeitig auf die euklidische Form (4.37) reduziert. Riemann nennt einen metrischen Tensor, dessen Bogenelement von der Form (4.37) ist, *eben*. Heute hat sich allerdings stattdessen als Rückübersetzung aus dem Englischen die Bezeichnung *flach* durchgesetzt. Die ebenen oder flachen Metriken sind also spezielle Riemannsche Metriken. Sie zeichnen sich dadurch aus, dass alle ihre Schnittkrümmungen verschwinden, wie wir unten noch genauer darlegen werden.

Es sei

$$g_{ij}dx^i dx^j \quad \text{mit } g_{ji} = g_{ij} \tag{4.38}$$

ein metrischer Tensor. Wir können nun weitere Konventionen für den Tensorkalkül einführen. Zunächst bezeichnen wir die Inverse von g_{ij} als Matrix mit g^{ij}. Dass g_{ij} und g^{ij} invers zueinander sind, wird durch die Beziehung

$$g^{ij} g_{jk} = \delta^i_k \tag{4.39}$$

ausgedrückt. (Die Notation würde systematischer, wenn man g^i_k anstelle von δ^i_k schreiben würde, aber das hat sich nicht durchgesetzt.)

Wir führen dann die folgenden Konventionen für das Heben oder Senken der Indizes von Tensoren ein.

$$v^i = g^{ij} v_j \quad \text{und} \quad v_i = g_{ij} v^j. \tag{4.40}$$

Wie in (4.26) können wir auch einen abstrakteren Begriff für das metrische Produkt von zwei Vektoren verwenden und schreiben

$$g(V, W) = g_{ij} v^i w^j. \tag{4.41}$$

Das Verhalten des metrischen Tensors unter Koordinatentransformationen wird der Hauptgegenstand der folgenden Betrachtungen sein. Als Beispiel wollen wir die euklidische Metrik $dx^1 dx^1 + dx^2 dx^2$ von $\mathbb{R}^2$ in Polarkoordinaten r, φ (4.7) darstellen. Wir erhalten, unter Verwendung von (4.8),

$$
\begin{aligned}
&(dx^1)^2 + (dx^2)^2 \\
&= \left(\left(\frac{\partial x^1}{\partial r}\right)^2 + (\left(\frac{\partial x^2}{\partial r}\right)^2\right) dr^2 + 2\left(\frac{\partial x^1}{\partial r}\frac{\partial x^1}{\partial \varphi} + \frac{\partial x^2}{\partial r}\frac{\partial x^2}{\partial \varphi}\right) dr d\varphi \\
&+ \left(\left(\frac{\partial x^1}{\partial \varphi}\right)^2 + (\left(\frac{\partial x^2}{\partial \varphi}\right)^2\right) d\varphi^2 \\
&= dr^2 + r^2 d\varphi^2. \qquad (4.42)
\end{aligned}
$$

Aus (4.11) können wir auch die Metrik auf der Sphäre S^n in unseren Koordinaten $x^1, \ldots, x^n$ berechnen als

$$
\sum_{\alpha=1}^{n+1} dz^\alpha dz^\alpha = \left(\delta_{k\ell}\frac{\partial z^k}{\partial x^i}\frac{\partial z^\ell}{\partial x^j} + \frac{\partial z^{n+1}}{\partial x^i}\frac{\partial z^{n+1}}{\partial x^j}\right) dx^i dx^j = \frac{\delta_{ij}}{(1+\frac{1}{4}\sum(x^i)^2)^2} dx^i dx^j \qquad (4.43)
$$

wobei die Indizes k, ℓ von 1 bis n laufen. In den y-Koordinaten von (4.10) sieht die Metrik genauso aus.

4.4.4 Geodätische Kurven

Während wir uns im vorangegangenen Abschnitt eng an Riemanns Text gehalten haben, wenden wir uns nun wieder einer systematischen Behandlung zu, um den Kontext zu entwickeln, in dem Riemanns Ideen formal analysiert werden können. Die folgenden Konstruktionen sind jedenfalls seit den Arbeiten von Euler, Lagrange und Jacobi bekannt und waren somit auch Riemann vertraut.

Sei $[a, b]$ ein geschlossenes Intervall in $\mathbb{R}$, $c : [a, b] \to M$ eine differenzierbare Kurve. Wir kürzen die Koordinatendarstellung $(x^1(c(t)), \ldots, x^n(c(t)))$ als $(x^1(t), \ldots, x^n(t))$ ab, wie im vorigen Abschnitt, und setzen

$$
\dot{x}^i(t) := \frac{d}{dt}(x^i(t)).
$$

Die *Länge* von c ist dann definiert als

$$
L(c) = \int_a^b \sqrt{g_{ij}(x(t))\dot{x}^i(t)\dot{x}^j(t)}\, dt. \qquad (4.44)
$$

Nach der Kettenregel bleibt die Länge von c unter Umparametrisierungen erhalten. Wenn also $\kappa : [\alpha, \beta] \to [a, b]$ differenzierbar ist und die Ableitung nicht verschwindet, dann ist

$$
L(c \circ \kappa) = L(c). \qquad (4.45)
$$

Wir wollen kürzeste Kurven untersuchen, zum Beispiel kürzeste Verbindungen zwischen zwei Punkten p und q in M. Das bedeutet, dass die Kurve $c : [a, b] \to M$ mit $c(a) = p, c(b) = q$ die Bedingungen

$$L(c) \leq L(\gamma) \text{ für alle } \gamma[a, b] \to M \text{ mit } \gamma(a) = p, \gamma(b) = q \tag{4.46}$$

erfüllt. Insbesondere können wir die Länge von c mit der von anderen Kurven in ihrer Umgebung vergleichen, also mit Kurven γ_ϵ der Form

$$x(t) + \epsilon\xi(t) \text{ mit } \xi(a) = 0 = \xi(b) \tag{4.47}$$

in unseren lokalen Koordinaten, für ϵ mit kleinem Absolutbetrag $|\epsilon|$. Insbesondere stellen die Kurven γ_ϵ eine Variation von c dar, da $\gamma_0 = c$, und $\gamma_\epsilon(a) = p, \gamma_\epsilon(b) = q$ für alle ϵ. Da c als die kürzeste solche Kurve die Länge L minimiert, haben wir also

$$L(\gamma_0) \leq L(\gamma_\epsilon) \text{ für alle } \epsilon. \tag{4.48}$$

Daher ist bei einem solchen Minimum

$$\frac{d}{d\epsilon} L(\gamma_\epsilon)_{|\epsilon=0} = 0. \tag{4.49}$$

Definition 4.1 Eine Kurve c, die (4.49) für alle solchen Variationen (4.47) erfüllt, heißt eine *Geodäte*.

Insbesondere sind kürzeste, d. h. längenminimierende Kurven Geodäten, denn wir haben (4.49) aus der Längenminimierungseigenschaft abgeleitet.

Wir wollen nun die Differentialgleichung, die eine Geodäte erfüllen muss, aus der Beziehung (4.49) ableiten. Die Argumentationsstruktur wird klarer, wenn wir eine allgemeinere Situation betrachten, ein Integral der Form

$$I(c) = \int_a^b f(\dot{x}(t), x(t))dt \text{ , wieder mit der Abkürzung } x(t) = x(c(t)). \tag{4.50}$$

Für unser Beispiel ist nach (4.44)

$$f(\dot{x}(t), x(t)) = \sqrt{g_{ij}(x(t))\dot{x}^i(t)\dot{x}^j(t)}. \tag{4.51}$$

Wie in (4.49), nehmen wir

$$0 = \frac{d}{d\epsilon} I(\gamma_\epsilon)_{|\epsilon=0} = \frac{d}{d\epsilon} \int_a^b f(\dot{x}(t) + \epsilon\dot{\xi}(t), x(t) + \epsilon\xi(t))dt_{|\epsilon=0} \tag{4.52}$$

für alle Variationen wie in (4.47) an. Dies impliziert

$$0 = \int_a^b \Big(f_{\dot{x}^i}(\dot{x}(t), x(t))\dot{\xi}^i(t) + f_{x^i}(\dot{x}(t), x(t))\xi^i(t) \Big) dt, \tag{4.53}$$

wobei ein Subskript wie $\dot{x}^i$ das Argument von f angibt, nach dem eine partielle Ableitung genommen wird. Integriert man (4.53) partiell und verwendet $\xi(a) = 0 = \xi(b)$, so erhält man

$$0 = \int_a^b \left(-\frac{d}{dt} f_{\dot{x}^i}(\dot{x}(t), x(t)) + f_{x^i}(\dot{x}(t), x(t)) \right) \xi^i(t) dt. \tag{4.54}$$

Da dies für alle Variationen $\xi(t)$ gilt, folgern wir, dass

$$-\frac{d}{dt} f_{\dot{x}^i}(\dot{x}(t), x(t)) + f_{x^i}(\dot{x}(t), x(t)) = 0 \text{ für alle } i, \tag{4.55}$$

oder wenn wir die Ableitung nach t ausschreiben,

$$f_{\dot{x}^i \dot{x}^k}(\dot{x}(t), x(t))\ddot{x}^k(t) + f_{\dot{x}^i x^k}(\dot{x}(t), x(t))\dot{x}^k(t) = f_{x^i}(\dot{x}(t), x(t)) \text{ für alle } i. \tag{4.56}$$

Die Gl. (4.56) heißen Euler-Lagrange-Gleichungen für das Variationsproblem, das durch das Variationsintegral I aus (4.50) gegeben ist. Sie sind benannt nach Leonhard Euler, der sie zuerst mit einer anderen Methode hergeleitet hat, und Joseph Louis Lagrange (1736–1813), der die elegante Herleitung gefunden hat, die wir hier vorgestellt haben.

Wenn man zu unserem geodätischen Problem zurückkehrt und (4.51) in (4.55) einsetzt, erhält man

$$\begin{aligned} &\frac{1}{f}\left(g_{ij}(x(t))\ddot{x}^j(t) + \frac{\partial}{\partial x^k} g_{ij}(x(t))\dot{x}^k(t)\dot{x}^j(t) \right) - \frac{1}{f^2}\frac{df}{dt} g_{ij}(x(t))\dot{x}^j(t) \\ &\quad = \frac{1}{2f}\frac{\partial}{\partial x^i} g_{kj}(x(t))\dot{x}^k(t)\dot{x}^j(t) \end{aligned} \tag{4.57}$$

für $i = 1, \ldots, n$.

Um dieses Gleichungssystem zu vereinfachen, nehmen wir an, dass

$$f(\dot{x}(t), x(t)) = \sqrt{g_{ij}(x(t))\dot{x}^i(t)\dot{x}^j(t)} \equiv \text{const.} \tag{4.58}$$

Das bedeutet einfach, dass die Länge des Tangentenvektors $\dot{x}(t)$ konstant ist, d. h. die Kurve $x(t)$ wird mit konstanter Geschwindigkeit durchlaufen. Dies können wir immer durch eine Umparametrisierung wie in (4.45) erreichen, d. h. wir können $\kappa(\tau)$ so wählen, dass $\sqrt{g_{ij}(x(\kappa(\tau)))\frac{dx^i(\kappa(\tau))}{d\tau}\frac{dx^j(\kappa(\tau))}{d\tau}} \equiv \text{const}$, solange $\frac{dx(t)}{dt} \neq 0$. Wenn $\frac{dx(t)}{dt} \equiv 0$, ist die Kurve konstant und ihre Länge beträgt 0. Wenn diese Ableitung nur an einigen Punkten oder in einigen Intervallen verschwindet, muss man etwas genauer argumentieren, aber wir übergehen dieses technische Problem hier.[25] Wir nehmen also an, dass (4.58) gültig ist. Dann ist

[25] Für eine ausführliche Behandlung der Variationsrechnung im Allgemeinen und der geodätischen Gleichungen im Besonderen siehe zum Beispiel [111].

$\frac{df}{dt} \equiv 0$ und (4.57) vereinfacht sich:

$$g_{ij}(x(t))\ddot{x}^j(t) + \frac{\partial}{\partial x^k} g_{ij}(x(t))\dot{x}^k(t)\dot{x}^j(t) - \frac{1}{2}\frac{\partial}{\partial x^i} g_{kj}(x(t))\dot{x}^k(t)\dot{x}^j(t) = 0. \tag{4.59}$$

Wir schreiben

$$\frac{\partial}{\partial x^k} g_{ij}(x(t))\dot{x}^k(t)\dot{x}^j(t) = \frac{1}{2}\left(\frac{\partial}{\partial x^k} g_{ij}(x(t))\dot{x}^k(t)\dot{x}^j(t) + \frac{\partial}{\partial x^j} g_{ik}(x(t))\dot{x}^j(t)\dot{x}^k(t)\right)$$

unter Anwendung der in Abschn. 4.4.2 erläuterten Regeln, siehe (4.32). Wir setzen dies in (4.59) ein und verwenden die Abkürzung

$$g_{j\ell,k} = \frac{\partial}{\partial x^k} g_{j\ell}$$

um

$$g_{ij}(x(t))\ddot{x}^j(t) + \frac{1}{2}\big(g_{ij,k} + g_{ik,j} - g_{kj,i}\big)\dot{x}^k(t)\dot{x}^j(t) = 0$$

zu erhalten. Wir multiplizieren dann mit $g^{\ell i}$ und bekommen

$$\ddot{x}^\ell(t) + \Gamma^\ell_{jk}(x(t))\dot{x}^j(t)\dot{x}^k(t) = 0, \quad \ell = 1, \ldots, n \tag{4.60}$$

mit

$$\Gamma^\ell_{jk} = \frac{1}{2} g^{\ell i}(g_{ji,k} + g_{ik,j} - g_{kj,i}). \tag{4.61}$$

Die Ausdrücke Γ^ℓ_{jk} werden als *Christoffelsymbole* bezeichnet, nach Elwin Bruno Christoffel, und so heißen auch die Größen, die man erhält, wenn man den oberen Index nach unten zieht,

$$\Gamma_{ijk} = \frac{1}{2}(g_{ji,k} + g_{ik,j} - g_{kj,i}). \tag{4.62}$$

Später werden wir brauchen

Lemma 4.1 *Für jedes p in M und jeden Tangentenvektor V an p gibt es eine eindeutige Geodäte $c : [0, \epsilon) \to M$ für ein $\epsilon > 0$, d. h. eine Lösung von (4.60), mit*

$$c(0) = p, \dot{c}(0) = v. \tag{4.63}$$

Dies folgt aus dem bekannten Satz von Picard-Lindelöf über Lösungen von Systemen gewöhnlicher Differentialgleichungen zweiter Ordnung wie (4.60).[26].

Aus Gründen der Konsistenz berechnen wir auch

[26] Siehe z. B. [107].

$$\begin{aligned}\frac{d}{dt}(g_{ij}(x(t))\dot{x}^i\dot{x}^j) &= g_{ij}\ddot{x}^i\dot{x}^j + g_{ij}\dot{x}^i\ddot{x}^j + g_{ij,k}\dot{x}^i\dot{x}^j\dot{x}^k \\ &= -(g_{jk,\ell} + g_{\ell j,k} - g_{\ell k,j})\dot{x}^\ell\dot{x}^k\dot{x}^j + g_{\ell j,k}\dot{x}^k\dot{x}^\ell\dot{x}^j \text{ by (4.60)} \\ &= 0\end{aligned}$$

und daher

$$g_{ij}(x(t))\dot{x}^i(t)\dot{x}^j(t) \equiv \text{const}, \tag{4.64}$$

das heißt, (4.58) gilt. (4.64) bedeutet einfach, dass die Länge des Tangentialvektors einer Geodäte konstant ist.

4.4.5 Normalkoordinaten

Riemann nutzte dann die Freiheit der Wahl der Koordinaten, um spezielle Koordinaten um einen gegebenen Punkt p einzuführen. Diese Koordinaten sind analog zu den Polarkoordinaten im euklidischen Raum (siehe (4.7)). In diesen euklidischen Polarkoordinaten wird die Lage eines Punktes A durch seinen Abstand t vom Ursprung 0 und die Richtung ξ der Geraden vom Ursprung 0 nach A beschrieben. Das heißt, wir zentrieren alles auf 0 und beschreiben dann jeden anderen Punkt dadurch, wie weit und in welche Richtung wir von 0 gehen müssen, um diesen Punkt zu erreichen. Die Richtung ξ kann durch einen Vektor mit Komponenten $\xi^1, \dots, \xi^n$ beschrieben werden mit

$$\sum_{i=1}^n \xi^i\xi^i = 1, \tag{4.65}$$

das heißt, eine Richtung wird durch einen Punkt auf der Einheitskugel bestimmt. Wir können also A durch eine Richtung ξ und ihren Abstand t vom Ursprung darstellen. (Am Ursprung selbst, d. h. für $A = 0$, ist die Richtung ξ unbestimmt, aber das wird im Folgenden keine Probleme bereiten.)

Riemann überträgt dann dieses Schema auf eine Riemannsche Mannigfaltigkeit M. Es sei $p \in M$. Ein erster Schritt besteht darin, Koordinaten zu wählen, für die p dem Ursprung $0 \in \mathbb{R}^n$ entspricht und für die der metrische Tensor bei p, d. h. in den Koordinaten bei 0, durch die Einheitsmatrix gegeben ist,

$$g_{ij}(0) = \delta_{ij} := \begin{cases} 1 \text{ if } i = j \\ 0 \text{ else.} \end{cases} \tag{4.66}$$

Dies kann durch eine lineare Transformation erreicht werden, die den metrischen Tensor bei 0 diagonalisiert.

Jedenfalls ist die metrische Struktur im Tangentialraum T_pM bei Identifikation mit $\mathbb{R}^n$ durch unsere Koordinaten, in denen (4.66) gilt, die euklidische. Wir wählen also die Einheitsrichtungen $\xi = (\xi^1, \ldots, \xi^n)$, die (4.65) erfüllen. Für jedes solche ξ betrachten wir die geodätische Kurve $c_\xi(s)$, die bei 0 mit der durch ξ gegebenen Richtung beginnt, d. h.,

$$c_\xi(0) = p, \quad \dot{c}_\xi(0) = \xi. \tag{4.67}$$

Nach Lemma 4.1 existiert eine solche Geodäte $c_\xi(s)$ für hinreichend kleine $s > 0$. Und umgekehrt kann jeder Punkt $q \in M$, der hinreichend nahe an p liegt, von p aus durch eine einzige solche kurze Geodäte erreicht werden, d. h. $q = c_\xi(t)$ für ein ξ mit (4.65) und ein kleines $t \geq 0$. Daher können wir einen solchen Punkt q durch eine Richtung ξ und seinen Abstand $t \geq 0$ von p charakterisieren. Wir können also ξ und t als Koordinaten für q verwenden. Dies sind die Riemannschen Normalkoordinaten, die (nach Lösung einiger kleinerer technischer Probleme, die Riemann nicht anspricht, die aber nicht schwer sind) in der Nähe eines beliebigen Punktes p in M eingeführt werden können. p spielt in diesem speziellen Koordinatensystem eine besondere Rolle, da das Koordinatensystem auf p zentriert ist (natürlich können wir solche Koordinaten um jeden beliebigen Punkt in unserer Mannigfaltigkeit einführen), denn er entspricht $0 \in \mathbb{R}^n$ in unseren Koordinaten, und bei p gilt (4.66). Das heißt, die Koordinaten eines Punktes in der Nähe von p sind gegeben durch

$$x^i = t\xi^i, \quad i = 1, \ldots, d. \tag{4.68}$$

Für das Verständnis der weiteren Ausführungen wird es nun entscheidend sein, sorgfältig zu unterscheiden, was nur bei 0 (also bei p) gilt und was für das gesamte Koordinatengebiet, das wir konstruieren werden, gültig ist. Wenn die Metrik nicht euklidisch ist, können wir beispielsweise (4.66) nur an einem einzigen Punkt p erreichen, der hier mit dem Ursprung 0 identifiziert wird, aber nicht gleichzeitig an allen anderen Punkten des Gebietes.

Der entscheidende Punkt ist, dass in diesen Koordinaten jede Geodäte, die von 0 ausgeht, zu einer Geraden wird, d. h.,

$$c_\xi(s) = s\xi. \tag{4.69}$$

Mit (4.66), (4.64) ergibt sich dann

$$g_{ij}(x)x^i x^j = g_{ij}(0)x^i x^j = \sum_i x^i x^i. \tag{4.70}$$

Wir weisen nochmals darauf hin, dass Formeln wie (4.69), (4.70) nur für Geodäten gelten, die bei 0 beginnen, aber nicht notwendigerweise für andere Geodäten, die verschiedene Punkte in unserem Koordinatendiagramm verbinden, es sei denn, die Metrik ist euklidisch.

(4.69) impliziert

$$\dot{c}_\xi(s) = \xi, \quad \ddot{c}_\xi(s) = 0, \tag{4.71}$$

und somit die geodätische Gl. (4.60) impliziert

$$\Gamma^\ell_{jk}(t\xi)\xi^j\xi^k = 0 \text{ für alle } \ell = 1, \ldots, n \tag{4.72}$$

und alle ξ, t in unserem Koordinatendiagramm, oder durch Herunterziehen des Index i,

$$0 = \Gamma_{ijk}(t\xi)\xi^j\xi^k \text{ für alle } i \text{ und alle } xi. \tag{4.73}$$

Wir untersuchen zunächst (4.73) für $t = 0$ und erhalten

$$\Gamma_{ijk}(0) = 0 \text{ für alle } i, j, k \tag{4.74}$$

denn Γ_{ijk} ist symmetrisch in den Indizes j, k. Also

$$g_{ji,k}(0) + g_{ki,j}(0) - g_{jk,i}(0) = 0 \tag{4.75}$$

und durch die Addition der Beziehung

$$g_{kj,i}(0) + g_{ij,k}(0) - g_{ki,j}(0) = 0 \tag{4.76}$$

was durch eine zyklische Permutation der Indizes folgt, erhalten wir

$$g_{ij,k}(0) = 0 \text{ für alle Indizes.} \tag{4.77}$$

und damit natürlich auch

$$\Gamma^i_{jk}(0) = 0 \text{ für alle } i, j, k \tag{4.78}$$

was aber schon aus (4.74) oder direkt aus (4.72) folgt.

Im Zentrum 0 unserer Koordinaten ist also nicht nur der metrische Tensor diagonal (4.66), sondern auch alle seine ersten Ableitungen verschwinden. Da wir also durch eine geeignete Wahl der Koordinaten die ersten Ableitungen des metrischen Tensors an jedem beliebigen Punkt zum Verschwinden bringen können, können diese ersten Ableitungen keine geometrischen Invarianten enthalten, die eine riemannsche Metrik von einer euklidischen unterscheiden können.

Wir untersuchen nun (4.73) an anderen Punkten in unserem Koordinatensystem, um schließlich zu Invarianten in Form der zweiten Ableitungen des metrischen Tensors bei 0 zu gelangen. Um unsere Schreibweise zu vereinfachen, lassen wir in der Regel das Argument in unseren Ausdrücken weg, d. h. wir schreiben z. B. g_{ij} statt $g_{ij}(x)$ oder $g_{ij}(t\xi)$.

Weitere Eigenschaften der Riemannschen Normalkoordinaten lassen sich am besten erkennen, wenn man *Polarkoordinaten* anstelle der euklidischen verwenden. Wir führen daher für $\mathbb{R}^n$ die üblichen Polarkoordinaten

$$(r, \varphi^1, \dots, \varphi^{n-1})$$

ein, wobei $\varphi = (\varphi^1, \dots, \varphi^{n-1})$ die Einheitskugel S^{n-1} parametrisiert. Im zweidimensionalen Fall haben wir Polarkoordinaten bereits in (4.7) eingeführt, und der allgemeine Fall ist nicht wesentlich anders, und wir hatten das geometrische Verfahren, dass man nämlich in den Koordinaten die Lage eines Punktes durch den Abstand zum Koordinatenzentrum r und eine Einheitsrichtung φ, eigentlich im Vorstehenden schon erläutert.

Für unsere Zwecke ist die genaue Formel für φ irrelevant, und wir betrachten sie einfach als eine nicht redundante Version der Richtungen $\xi^1, \dots, \xi^n$, die die Bedingung $\sum(\xi^i)^2 = 1$ erfüllen müssen, um ihre Anzahl an Freiheitsgraden von n auf $n-1$ zu reduzieren, so dass wir zusammen mit der radialen Variablen r die korrekte Gesamtzahl n an Freiheitsgraden haben. Wir drücken die Metrik in Polarkoordinaten aus und schreiben g_{rr} anstelle von g_{11}, wegen der besonderen Rolle von r. Wir schreiben auch $g_{r\varphi}$ anstelle von $g_{1\ell}$, $\ell \in \{2, \dots, n\}$, und $g_{\varphi\varphi}$ als Abkürzung für $(g_{k\ell})_{k,\ell=2,\dots,n}$. Insbesondere ist in diesen Koordinaten bei 0 (das entspricht dem gewählten Punkt $p \in M$)

$$g_{rr}(0) = 1, \quad g_{r\varphi}(0) = 0 \tag{4.79}$$

durch (4.66) und da dies für euklidische Polarkoordinaten gilt.

Wir verwenden nun die geodätische Gl. (4.60) auf ähnliche Weise wie zuvor. In Polarkoordinaten wird die Geometrie dieser Gleichung transparenter. In der Tat sind die radialen Kurven $\varphi \equiv$ const. geodätisch, und ihre Formel (4.68) wird nun zu $x(t) = (t, \varphi_0)$, mit festem φ_0. Aus (4.72), indem man Γ^i_{rr} anstelle von Γ^i_{11} schreibt (d. h. r nun auch als Index verwendet),

$$\Gamma^i_{rr} = 0 \text{ für alle } i,$$

was bedeutet

$$g^{ik}(2g_{rk,r} - g_{rr,k}) = 0 \text{ für alle } i,$$

also

$$2g_{rk,r} - g_{rr,k} = 0 \text{ für alle } k. \tag{4.80}$$

Daraus erhalten wir zunächst für $k = r$

$$g_{rr,r} = 0,$$

und mit (4.79) dann

$$g_{rr} \equiv 1. \tag{4.81}$$

Setzt man dies nun in (4.80) ein, erhält man

$$g_{r\varphi,r} = 0,$$

und dann wieder mit (4.79)

$$g_{r\varphi} \equiv 0. \tag{4.82}$$

Daher können wir die Metrik in Polarkoordinaten in der abgekürzten Form schreiben

$$dr^2 + g_{\varphi\varphi}(r, \varphi)d\varphi^2. \tag{4.83}$$

mit

$$g_{\varphi\varphi}(0,\varphi) = 0 \text{ und } g_{\varphi\varphi,r}(0,\varphi) = 0, \tag{4.84}$$

durch (4.77).

Nach dieser allgemeinen Beobachtung, die im folgenden Abschn. 4.4.10 nützlich sein wird, beginnen wir nun mit einer Berechnung, die wichtige Identitäten offenbart, die von den *zweiten* Ableitungen des metrischen Tensors erfüllt werden. Unter

$$y_i = g_{ij}x^j, \tag{4.85}$$

erhalten wir

$$g_{ij,k}x^j = \frac{\partial y_i}{\partial x^k} - g_{ik}, \tag{4.86}$$

also mit (4.73)

$$\begin{aligned}
0 &= \frac{\partial y_i}{\partial x^k}x^k - g_{ik}x^k - \frac{1}{2}\left(\frac{\partial y_k}{\partial x^i}x^k - g_{ki}x^k\right)\\
&= \frac{\partial y_i}{\partial x^k}x^k - \frac{1}{2}\left(\frac{\partial y_k}{\partial x^i}x^k + y_i\right) \text{ mittels (4.85)}\\
&= \frac{\partial y_i}{\partial x^k}x^k - \frac{1}{2}\frac{\partial y_k x^k}{\partial x^i}\\
&= \frac{\partial y_i}{\partial x^k}x^k - x^i \text{ weil } y_k x^k = g_{ik}x^i x^k = \sum x^i x^i \text{ durch (4.70)}\\
&= \frac{\partial (y_i - x^i)x^k}{\partial x^k}.
\end{aligned}$$

Ist nun $x^i = t\xi^i$ durch (4.68), so ergibt sich

$$\frac{d}{dt}(y_i - x^i) = 0,$$

und da $y_i - x^i = 0$ für $t = 0$ ist, muss es für alle t verschwinden, und wir erhalten

$$y_i = g_{ik}x^k = x^i. \tag{4.87}$$

Dies impliziert wiederum

$$\frac{\partial g_{ik}}{\partial x^j}x^k = \delta_{ij} - g_{ij}, \tag{4.88}$$

und da die rechte Seite symmetrisch in i und j ist, ist es auch die linke Seite, und wir erhalten

$$\frac{\partial g_{ik}}{\partial x^j}x^k = \frac{\partial g_{jk}}{\partial x^i}x^k. \tag{4.89}$$

Wenn wir dies in (4.73) verwenden, können wir diese Beziehung in zwei Gleichungen aufteilen und durch t^2 dividieren, um zu erhalten

$$\frac{\partial g_{ik}(t\xi)}{\partial x^j}\xi^j\xi^k = 0 \quad \text{und} \tag{4.90}$$

$$\frac{\partial g_{jk}(t\xi)}{\partial x^i}\xi^j\xi^k = 0. \tag{4.91}$$

Wir betrachten nun die zweiten Ableitungen des metrischen Tensors am Ursprung 0.

$$g_{ij,k\ell} := \frac{\partial^2 g_{ij}}{\partial x^k \partial x^\ell}(0). \tag{4.92}$$

Dieser Ausdruck ist symmetrisch in i und j (weil g_{ij} symmetrisch ist), und in k und ℓ (weil die Ableitungen nach x^k und x^ℓ vertauschen), und wir werden ihn in der Folge frei verwenden. Wir differenzieren (4.90) nach t und erhalten bei $t = 0$

$$g_{ik,j\ell}\xi^j\xi^k\xi^\ell = 0 \tag{4.93}$$

und durch Ableitung nach ξ^m erhalten wir

$$g_{im,k\ell}\xi^k\xi^\ell + g_{ij,m\ell}\xi^j\xi^\ell + g_{ij,km}\xi^j\xi^k = 0, \tag{4.94}$$

das heißt, unter Verwendung von Symmetrien,

$$g_{im,k\ell} + g_{ik,\ell m} + g_{i\ell,mk} = 0 \tag{4.95}$$

für alle Indizes i, m, k, ℓ. In ähnlicher Weise erhalten wir aus (4.91)

$$g_{im,k\ell} + g_{mk,i\ell} + g_{ki,m\ell} = 0. \tag{4.96}$$

(4.95) und (4.96) ergeben dann auch die Symmetrie

$$g_{im,k\ell} = g_{k\ell,im}. \tag{4.97}$$

Wir betrachten nun die Taylorentwicklung zur zweiten Ordnung von g_{ij} bei 0.[27] In Anlehnung an Weyl schreiben wir hier δx statt x, wie Riemann es tut, für die Variable, bezüglich der wir in der Nähe von 0 entwickeln, denn später werden dx und δx beide geometrisch als infinitesimale Vektoren interpretiert werden. Mit den Formeln (4.66), (4.77) und der Definition (4.92) haben wir also

[27] Taylorentwicklung bedeutet, dass wir eine Funktion f, die in irgendeiner Umgebung von 0 in $\mathbb{R}^n$ definiert und hinreichend oft differenzierbar ist, schreiben als

$$f(\delta x) = f(0) + \frac{\partial f}{\partial x^m}(0)\delta x^m + \frac{1}{2}\frac{\partial^2 f}{\partial x^k \partial x^\ell}(0)\delta x^k \delta x^\ell + o(|\delta x|^2)$$

wobei $o(|\delta x|^2)$ für eine Größe mit $\lim_{\delta x \to 0} \frac{o(|\delta x|^2}{|\delta x|^2} = 0$ steht, ansonsten aber nicht spezifiziert ist.

$$g_{ij}(\delta x) = \delta_{ij} + \frac{1}{2} g_{ij,k\ell}\delta x^k \delta x^\ell + o(|\delta x|^2) \text{ für kleine } |\delta x|. \tag{4.98}$$

Wir haben also die Taylorentwicklung des metrischen Tensors

$$g_{ij}(\delta x) dx^i dx^j = \delta_{ij} dx^i dx^j + \frac{1}{2} g_{ij,k\ell}\delta x^k \delta x^\ell dx^i dx^j + o(|\delta x|^2). \tag{4.99}$$

Wir setzen nun

$$R_{jik\ell} := \frac{1}{2}\big(g_{j\ell,ik} + g_{ik,j\ell} - g_{jk,i\ell} - g_{i\ell,jk}\big). \tag{4.100}$$

(Wir werden im Folgenden die $R_{ijk\ell}$ als die Komponenten des Riemannschen Krümmungstensors identifizieren). Diese Größen besitzen die folgenden Symmetrien

$$R_{ijk\ell} = -R_{jik\ell} \tag{4.101}$$

$$R_{ji\ell k} = -R_{jik\ell} \tag{4.102}$$

$$R_{jik\ell} + R_{ikj\ell} + R_{kji\ell} = 0 \tag{4.103}$$

$$R_{k\ell ji} = R_{jik\ell} \tag{4.104}$$

Wir stellen nun fest

Theorem 4.1 *Wir können (4.99) als*

$$g_{ij}(\delta x) dx^i dx^j = \delta_{ij} dx^i dx^j - \frac{1}{3} R_{jik\ell} \Delta x^{ij} \Delta x^{k\ell} + o(|\delta x|^2) \tag{4.105}$$

schreiben, mit

$$\Delta x^{rs} := \frac{1}{2}(\delta x^r dx^s - \delta x^s dx^r). \tag{4.106}$$

Die Δx^{rs} sind die Komponenten des Flächenelements, das das Dreieck mit den Eckpunkten $0, \delta x, dx$ darstellt. Das Quadrat der Fläche dieses Dreiecks ist

$$\frac{1}{16}(g_{ik}g_{j\ell} - g_{i\ell}g_{jk})\Delta x^{ij}\Delta x^{k\ell} \tag{4.107}$$

Die Produkte $\Delta x^{ij}\Delta x^{k\ell}$ erfüllen die gleichen Symmetrien (4.101)–(4.104) wie die $R_{jik\ell}$. Dies stimmt mit den allgemeinen Überlegungen in Abschn. 4.4.2 überein, und wenn wir stattdessen mit der Entwicklung (4.105) beginnen und diese Symmetrien den Koeffizienten $R_{jik\ell}$ auferlegen, dann sind sie eindeutig bestimmt.

Beweis Mit (4.95), (4.97) können wir schreiben

$$g_{ij,k\ell} = \frac{2}{3} g_{ij,k\ell} + \frac{1}{3} g_{ij,k\ell} = \frac{1}{3}(g_{ij,k\ell} + g_{k\ell,ij}) - \frac{1}{3}(g_{ik,\ell j} + g_{i\ell,jk}) \tag{4.108}$$

und somit

$$g_{ij,k\ell}\delta x^k \delta x^\ell dx^i dx^j = \left(\frac{1}{3}(g_{ij,k\ell} + g_{k\ell,ij}) - \frac{1}{3}(g_{jk,\ell i} + g_{i\ell,jk})\right) \delta x^k \delta x^\ell dx^i dx^j$$

Vertauschung von i, j im dritten Term

$$= \left(\frac{1}{3}(g_{ik,j\ell} + g_{j\ell,ik}) - \frac{1}{3}(g_{kj,\ell i} + g_{i\ell,kj})\right) dx^i \delta x^j dx^k \delta x^\ell$$

Vertauschung von j, k. (4.109)

□

4.4.6 Riemanns abstrakte Argumente

Bevor wir mit unseren Tensorberechnungen fortfahren, und um sie in den allgemeinen Kontext zu stellen, wollen wir uns den abstrakteren Argumenten zuwenden, die Riemann in seinem Text präsentiert. In (4.105) haben wir den Term zweiter Ordnung in der Entwicklung (4.99) des metrischen Tensors identifiziert. Im Gegensatz zu den ersten Ableitungen des metrischen Tensors, die in geeigneten Koordinaten, z. B. in Normalkoordinaten, zum Verschwinden gebracht werden können und daher keinen invarianten geometrischen Inhalt haben, hat dieser Term zweiter Ordnung eine invariante geometrische Interpretation und wird daher für eine allgemeine Riemannsche Metrik nicht verschwinden. Wir werden weiter unten auch sehen, dass er für eine zweidimensionale Mannigfaltigkeit, d. h. eine Fläche im euklidischen 3-Raum, mit der Gaußkrümmung dieser Fläche übereinstimmt, einer geometrischen Invariante, die von Gauß identifiziert wurde. Für eine n-dimensionale Mannigfaltigkeit liefert sie eine Invariante, die später als Schnittkrümmung bezeichnet wird, für jede Flächenrichtung an einem Punkt. Da die Anzahl der linear unabhängigen zweidimensionalen Unterräume eines n-dimensionalen Vektorraums (als Tangentialraum am betrachteten Punkt genommen) $\frac{n(n-1)}{2}$ ist, haben wir also so viele Invarianten gefunden, die an jedem Punkt der Mannigfaltigkeit aus dem metrischen Tensor gewonnen werden können. Und wenn wir umgekehrt diese Krümmung auf $\frac{n(n-1)}{2}$ allgemeinen, unabhängigen Flächenrichtungen an einem Punkt auswerten, wird der gesamte Krümmungstensor an diesem Punkt bestimmt. Das aber ist nach Riemanns Rechnung genau die richtige Anzahl von Invarianten, die der metrische Tensor enthalten kann. Wie bereits erläutert, hat der metrische Tensor g_{ij}, da er symmetrisch ist, also $g_{ji} = g_{ij}$, $\frac{n(n+1)}{2}$ unabhängige Komponenten, aber da wir die Freiheit haben, die n Koordinatenfunktionen zu wählen, können wir n Freiheitsgrade eliminieren, und so bleiben $\frac{n(n-1)}{2}$ übrig. Und wie wir gerade argumentiert haben, ist dies die Anzahl der Freiheitsgrade, die von den Flächenkrümmungen bereitgestellt werden. Insbesondere enthalten die Terme höherer Ordnung ($o(|\delta x|^2)$) keine weiteren geometrischen Invarianten über die hinaus, die bereits im Krümmungstensor enthalten sind. (Wir müssen hier allerdings etwas vorsichtig sein. Eine quadratische Form $(h_{ij})_{i,j=1,\ldots,n}$ ist nicht bestimmt, wenn wir sie auf n linear unabhängigen Vektoren auswerten. Zum Beispiel ergibt die quadratische Form in zwei Dimensionen

$$(h_{ij}) = \begin{pmatrix} 1 & 0 \\ 0 & -1 \end{pmatrix}$$

ausgewertet auf einem Vektor (v^1, v^2)

$$v^i h_{ij} v^j$$

den Wert 0 für die beiden Vektoren (1, 1) und (1, −1), ist aber natürlich von der quadratischen Form $\begin{pmatrix} 0 & 0 \\ 0 & 0 \end{pmatrix}$ verschieden. Etwas Analoges gilt für Krümmungstensoren, wie sie in Abschn. 4.4.7 konstruiert werden. Wir können das Produkt aus einer Fläche S_1 mit konstanter Krümmung 1 und einer anderen Fläche S_{-1} mit konstanter Krümmung −1 nehmen (siehe Abschn. 4.4.10). Das Ergebnis ist eine 4-dimensionale Riemannsche Mannigfaltigkeit M. In jedem Punkt $p \in M$ ist für alle 6 Flächenrichtungen, die von zwei Tangentenvektoren $V_1 \pm V_{-1}$ aufgespannt werden, wobei V_α tangential zu S_α ist, die Krümmung in dieser Richtung 0. Dennoch ist die Mannigfaltigkeit nicht eben.[28] Dies war Riemann natürlich klar – sicherlich kannte er die Theorie der Invarianten quadratischer Formen, wie sie von Gauß entwickelt wurde – und er wollte es durch seine Berufung auf allgemeine Situationen und unabhängige Messungen an verschiedenen Punkten ausschließen. Der wichtige Punkt ist, dass die an verschiedenen Punkten gemessenen Richtungen nicht voneinander abhängig sein sollten).

Für eine euklidische Metrik müssen alle diese Invarianten verschwinden, denn in diesem Fall haben wir $g_{ij}(\delta x)dx^i dx^j = \delta_{ij} dx^i dx^j$ in (4.105). Riemann nennt eine solche Metrik *eben*. Da die Krümmungen geometrische Größen und damit unabhängig von den gewählten Koordinaten sind, müssen sie bei KoordinatenWechseln invariant bleiben. Wenn also eine Metrik in Koordinaten geschrieben ist und wir prüfen wollen, ob wir sie in die euklidische Form $g_{ij}(x) = \delta_{ij}$ bringen können, d. h. wenn wir herausfinden wollen, ob unsere Metrik einfach die euklidische Metrik ist, ist es notwendig und ausreichend zu prüfen, ob alle ihre Schnittkrümmungen oder gleichwertig, ob ihre Schnittkrümmungen in $\frac{n(n-1)}{2}$ allgemeinen, unabhängigen Flächenrichtungen verschwinden. Allgemeiner ausgedrückt: Wenn wir prüfen wollen, ob zwei Metriken $g_{ij}(x)dx^i dx^j$ und $h_{k\ell}(y)dy^k dy^\ell$ in verschiedenen Koordinaten gleich sind, prüfen wir einfach, ob ihre Krümmungen übereinstimmen.

Etwas abstrakter ausgedrückt, um herauszufinden, ob es eine derartige Koordinatentransformation $x = x(y)$ gibt, dass $g_{ij}(x)dx^i dx^j = g_{ij}(x(y)) \frac{\partial x^i}{\partial y^k} \frac{\partial x^j}{\partial y^\ell} dy^k dy^\ell = h_{k\ell}(y)dy^k dy^\ell$, d. h. ob ein Tensor in den anderen transformiert werden kann, ist es notwendig und hinreichend zu prüfen, ob ein anderer Tensor, der Krümmungstensor, für die beiden Metriken gleich ist. In Formeln, in denen wir den Krümmungstensor in den y-Koordinaten mit $S_{k\ell rs}$ bezeichnen, lautet die Bedingung

$$R_{ijpq}(x)dx^i dx^j dx^p dx^q = S_{k\ell rs}(x(y))dy^k dy^\ell dy^r dy^s. \tag{4.110}$$

[28] Siehe [40], wo behauptet wird, dass die entsprechende Aussage Riemanns falsch war.

Natürlich muss überprüft werden, dass dieses R_{ijpq} das richtige Transformationsverhalten für einen Tensor besitzt, aber aus abstrakten Prinzipien ist dies plausibel, wenn auch nicht offensichtlich.

Das Riemannsche Parameterzählungsargument, auf dem die vorangegangene Argumentation beruht, ist eher heuristisch, und bisher hat es niemand wirklich mathematisch präzise gemacht. Die detaillierte mathematische Argumentation von Riemann selbst in seinem unveröffentlichten Aufsatz für die Pariser Akademie und von seinen Nachfolgern (die diesen Aufsatz nicht kannten) verlief daher etwas anders. Man leitet die notwendigen und hinreichenden Bedingungen dafür, dass eine Metrik in lokalen Koordinaten eben ist, oder allgemeiner, dass zwei Metriken gleich sind, aus einer Analyse der Transformationsformel für eine Metrik unter Koordinatenänderungen ab und findet einen Tensor, der sich aus bestimmten zweiten und ersten Ableitungen der Metrik zusammensetzt und diese Bedingungen enthält. In Normalkoordinaten reduziert sich dieser Tensor auf (4.100). Auf diese Weise wird die kovariante Form des Krümmungstensors gefunden, und es wird gezeigt, dass sie die notwendigen und hinreichenden Bedingungen für die Äquivalenz zweier Metriken liefert. Wir werden uns nun dieser mathematischen Argumentation zuwenden.

4.4.7 Ebenheit und Krümmung

In diesem Abschnitt wollen wir Riemanns Behauptung verifizieren, dass die Krümmung die Metrik bestimmt. Riemann selbst hat eine entsprechende Rechnung in seinem Aufsatz für die Pariser Akademie für den Fall einer ebenen Metrik durchgeführt. Genauer zeigte er, dass eine Metrik $g_{ij}(x)dx^i dx^j$ durch eine Koordinatentransformation $y = y(x)$ nur dann in die ebene Metrik $\delta_{k\ell}dy^k dy^\ell$ transformiert werden kann, wenn ihr Krümmungstensor verschwindet. Wir werden hier zunächst die Argumentation in Riemanns Pariser Aufsatz vorstellen, die die abstrakten Argumente der Habilitationsschrift durch konkrete Tensorrechnungen ersetzt. Obwohl einige der Konventionen und Regeln der Tensorrechnung erst von Riemanns Nachfolgern aufgestellt wurden, werden wir sie hier verwenden. Dies wird den Kern der Argumentation nicht beeinträchtigen. Ebenso werden wir einige der Einzelheiten etwas anders anordnen als bei Riemann.

Gegeben eine Riemannsche Metrik $g_{ij}(x)dx^i dx^j$ in den Koordinaten $x^1, \ldots, x^n$, fragen wir, ob es eine solche Koordinatentransformation $x = x(y)$ gibt, dass in den Koordinaten $y^1, \ldots, y^n$ die Metrik die euklidische Form $\sum_k dy^k dy^k$ hat, die wir auch als $\delta_{k\ell}dy^k dy^\ell$ mit einem Kroneckersymbol $\delta_{k\ell}$ schreiben können, um uns die Summationskonvention der Tensorrechnung zunutze zu machen. Wir können dies nicht direkt aus den Koeffizienten $g_{ij}(x)$ ablesen. Vielmehr müssen wir Differentialbedingungen ableiten und prüfen, ob wir sie lösen können. Die Frage ist, ob es eine Lösung für die Transformation gibt

$$g_{pq}(x(y))\frac{\partial x^p}{\partial y^k}\frac{\partial x^q}{\partial y^\ell}dy^k dy^\ell = \delta_{k\ell}dy^k dy^\ell. \tag{4.111}$$

Gleichsetzung der Koeffizienten in (4.111) und Multiplikation mit $\frac{\partial y^\ell}{\partial x^j}$ ergibt

$$g_{pq}(x(y))\frac{\partial x^p}{\partial y^k}\frac{\partial x^q}{\partial y^\ell}\frac{\partial y^\ell}{\partial x^j} = \delta_{k\ell}\frac{\partial y^\ell}{\partial x^j},$$

d. h.,

$$g_{pj}(x(y))\frac{\partial x^p}{\partial y^k} = \frac{\partial y^k}{\partial x^j}, \tag{4.112}$$

und multipliziert mit $\frac{\partial y^k}{\partial x^i}$ ergibt sich dann

$$g_{ij} = \sum_k \frac{\partial y^k}{\partial x^i}\frac{\partial y^k}{\partial x^j}. \tag{4.113}$$

Alternativ hätte diese Formel auch aus dem Analogon von (4.111) für die inverse Transformation $y = y(x)$ abgeleitet werden können, d. h.,

$$g_{ij}dx^i dx^j = \delta_{k\ell}\frac{\partial y^k}{\partial x^i}\frac{\partial y^\ell}{\partial x^j}dy^k dy^\ell. \tag{4.114}$$

Aus (4.112) erhalten wir auch durch Multiplikation mit g^{mj}

$$\frac{\partial x^m}{\partial y^k} = g^{mj}\frac{\partial y^k}{\partial x^j}$$

und durch weitere Multiplikation mit $\frac{\partial x^i}{\partial y^k}$ und Umbenennung des Index m in j dann

$$g^{ij} = \delta^{k\ell}\frac{\partial x^i}{\partial y^\ell}\frac{\partial x^j}{\partial y^k}, \tag{4.115}$$

und aus (4.115) wiederum nach demselben Verfahren

$$g^{ij}\frac{\partial y^\ell}{\partial x^i}\frac{\partial y^k}{\partial x^j} = \delta^{k\ell}. \tag{4.116}$$

Die Beziehungen, die wir bisher hergeleitet haben, sind eigentlich mehr oder weniger offensichtlich und stellen einfache Anwendungen der Tensorrechnung dar, aber wir müssen sie nun interpretieren und lösen. (4.113) ist ein System von Differentialgleichungen für die Koordinaten $y^1, \ldots, y^n$ als Funktionen von $x^1, \ldots, x^n$. Um es zu lösen, differenzieren wir es nach x^m und erhalten

$$\sum_k \frac{\partial^2 y^k}{\partial x^i \partial x^m}\frac{\partial y^k}{\partial x^j} + \sum_k \frac{\partial^2 y^k}{\partial x^j \partial x^m}\frac{\partial y^k}{\partial x^i} = g_{ij,m}. \tag{4.117}$$

Da die gleichen Gleichungen für $g_{im,j}$ und $g_{mj,i}$ gelten, erhalten wir

$$\sum_k \frac{\partial^2 y^k}{\partial x^i \partial x^j} \frac{\partial y^k}{\partial x^m} = \frac{1}{2}\big(g_{im,j} + g_{jm,i} - g_{ij,m}\big). \tag{4.118}$$

Wir multiplizieren dies mit $\frac{\partial y^\ell}{\partial x^p} g^{pm}$, verwenden (4.116) und erhalten

$$\frac{\partial^2 y^\ell}{\partial x^i \partial x^j} = \frac{1}{2} g^{pm}\big(g_{im,j} + g_{jm,i} - g_{ij,m}\big)\frac{\partial y^\ell}{\partial x^p} = \Gamma^p_{ij} \frac{\partial y^\ell}{\partial x^p}. \tag{4.119}$$

Als Nebenbemerkung, die später noch benötigt wird, weisen wir darauf hin, dass wir mit dem aufgestellten Rechenschema auch die allgemeine Transformationsformel für die Christoffelsymbole einer beliebigen Metrik unter einer Koordinatenänderung $y = y(x)$ berechnen können. Bezeichnet man die Christoffelsymbole für die y-Koordinaten mit $H^q_{\ell m}$, so lautet das Ergebnis

$$\Gamma^k_{ij} = \frac{\partial y^\ell}{\partial x^i} \frac{\partial y^m}{\partial x^j} \frac{\partial x^k}{\partial y^q} H^q_{\ell m} + \frac{\partial^2 y^q}{\partial x^i \partial x^j} \frac{\partial x^k}{\partial y^q}, \tag{4.120}$$

oder, äquivalent, in der anderen Richtung,

$$H^q_{\ell m} = \frac{\partial x^i}{\partial y^\ell} \frac{\partial x^j}{\partial y^m} \frac{\partial y^q}{\partial x^k} \Gamma^k_{ij} + \frac{\partial^2 x^k}{\partial y^m \partial y^\ell} \frac{\partial y^q}{\partial x^k}. \tag{4.121}$$

Diese Formel zeigt, dass die Christoffelsymbole sich *nicht als Tensoren transformieren,* denn die Transformationsregel enthält auch die zweiten Ableitungen des Koordinatenwechsels.

Wir wollen nun prüfen, unter welchen Bedingungen die Gl. (4.119) gelöst werden können. Notwendige Bedingungen ergeben sich aus der Kommutativität der Ableitungen. Zunächst sehen wir, dass die Bedingung $\frac{\partial^2 y^\ell}{\partial x^i \partial x^j} = \frac{\partial^2 y^\ell}{\partial x^j \partial x^i}$ erfüllt ist, weil die Christoffelsymbole symmetrisch sind, $\Gamma^p_{ij} = \Gamma^p_{ji}$. Nun prüfen wir die Vertauschbarkeit der dritten Ableitungen, $\frac{\partial^3 y^\ell}{\partial x^i \partial x^j \partial x^k} = \frac{\partial^3 y^\ell}{\partial x^i \partial x^k \partial x^j}$. Wir müssen also die rechte Seite von (4.119) nach x^k differenzieren und dann die analogen Gleichungen für $\frac{\partial^2 y^\ell}{\partial x^i \partial x^k}$ nehmen und sie nach x^j differenzieren. Für die Lösbarkeit müssen die Ergebnisse dann übereinstimmen, was uns zu der Bedingung führt

$$\begin{aligned} 0 &= \left(\frac{\partial \Gamma^p_{ij}}{\partial x^k} - \frac{\partial \Gamma^p_{ik}}{\partial x^j}\right) \frac{\partial y^\ell}{\partial x^p} + \Gamma^p_{ij} \frac{\partial^2 y^\ell}{\partial x^p \partial x^k} - \Gamma^p_{ik} \frac{\partial^2 y^\ell}{\partial x^p \partial x^j} \\ &= \left(\frac{\partial \Gamma^q_{ij}}{\partial x^k} - \frac{\partial \Gamma^q_{ik}}{\partial x^j}\right) \frac{\partial y^\ell}{\partial x^q} + \left(\Gamma^p_{ij}\Gamma^q_{pk} - \Gamma^p_{ik}\Gamma^q_{pj}\right) \frac{\partial y^\ell}{\partial x^q} \end{aligned} \tag{4.122}$$

indem man im letzten Schritt noch einmal (4.119) verwendet und einen Index von p nach q umbenennt. Diese Beziehungen müssen für alle ℓ gelten, und da es für jedes q mindestens ein ℓ mit $\frac{\partial y^\ell}{\partial x^q} \neq 0$ gibt, da die Transformation $y = y(x)$ invertierbar ist, erhalten wir die notwendige Bedingung

$$\frac{\partial \Gamma^q_{ij}}{\partial x^k} - \frac{\partial \Gamma^q_{ik}}{\partial x^j} + \Gamma^p_{ij}\Gamma^q_{pk} - \Gamma^p_{ik}\Gamma^q_{pj} = 0 \text{ für alle } i, j, k, q. \tag{4.123}$$

Dies ist das zentrale Ergebnis. Wir haben gesehen, dass diese Bedingung notwendig ist, um (4.119) zu lösen und damit eine Transformation mit (4.111) zu finden, d. h. um die gegebene Riemannsche Metrik $g_{ij}(x)$ in eine ebene Metrik zu transformieren. Tatsächlich sind die Bedingungen (4.123) dafür auch im folgenden Sinne hinreichend. Im Allgemeinen kann man ein Gleichungssystem der Form

$$\frac{\partial g}{\partial x^j} = \phi_j \tag{4.124}$$

für gegebene Funktionen ϕ_j und eine unbekannte Funktion g in einem einfach zusammenhängenden Gebiet dann und nur dann lösen, wenn die Bedingungen für die Vertauschbarkeit der zweiten partiellen Ableitungen von g, $\frac{\partial^2 g}{\partial x^j \partial x^k} = \frac{\partial^2 g}{\partial x^k \partial x^j}$, das heißt,

$$\frac{\partial \phi_j}{\partial x^k} = \frac{\partial \phi_k}{\partial x^j} \text{ für alle } j, k \tag{4.125}$$

erfüllt sind. Dieses allgemeine Ergebnis ist als Satz von Frobenius bekannt, aber offensichtlich war es in der hier erforderlichen Form bereits Riemann und seinen Zeitgenossen bekannt.[29] (4.123) liefert genau die Integrierbarkeitsbedingungen (4.125) für die Differentialgleichungen (4.119) für die Funktionen $\frac{\partial y^\ell}{\partial x^i}$. Somit ist (4.123) die notwendige und hinreichende lokale Bedingung dafür, dass $g_{ij}(x)$ tatsächlich euklidisch ist.

Wenn wir außerdem definieren

Definition 4.2 Die Komponenten der *Riemannschen Krümmung*

$$\begin{aligned} R^q_{ikj} &:= \frac{\partial \Gamma^q_{ij}}{\partial x^k} - \frac{\partial \Gamma^q_{ik}}{\partial x^j} + \Gamma^p_{ij}\Gamma^q_{pk} - \Gamma^p_{ik}\Gamma^q_{pj} \\ \text{und } R_{\ell ijk} &:= g_{\ell q} R^q_{ijk}, \end{aligned} \tag{4.126}$$

dann haben wir in Normalkoordinaten

$$R_{\ell ijk} = \frac{1}{2}\big(g_{k\ell,ij} + g_{ij,k\ell} - g_{ik,j\ell} - g_{j\ell,ik}\big), \tag{4.127}$$

was dasselbe ist wie (4.100). Wenn wir also nachweisen können, dass (4.126) einen Tensor definiert, ist der Riemannsche Krümmungstensor

$$R_{\ell ijk} dx^\ell dx^i dx^j dx^k, \tag{4.128}$$

[29] Georg Frobenius [65] beweist ein allgemeines Resultat, das mehrere frühere Ergebnisse in eine systematische Perspektive stellt.

und dann passt alles zusammen. (4.126) liefert also die Formel für den Krümmungstensor (4.105) in beliebigen Koordinaten, und im Gegenzug liefern uns der Satz 4.1 und die diesbezügliche Diskussion eine geometrische Erklärung der Krümmung. Um zu sehen, dass (4.126) einen Tensor definiert, müssen wir prüfen, ob er sich bei Koordinatenwechseln korrekt transformiert. Dies kann entweder direkt aus der gegebenen Formel erfolgen, was jedoch eine recht mühsame Rechnung ist, oder es kann aus allgemeineren Argumenten abgeleitet werden. Eine natürliche Möglichkeit ist die Verallgemeinerung der von uns behandelten Frage nach einem Kriterium, ob eine gegebene Metrik $g_{ij}dx^i dx^j$ euklidisch ist, und die Frage nach einem Kriterium, wenn zwei Metriken

$$g_{ij}(x)dx^i dx^j \quad \text{und} \quad h_{rs}(y)dy^r dy^s \tag{4.129}$$

lokal ineinander transformiert werden können. Dies kann natürlich auf die soeben vorgestellte Weise geschehen. Im Laufe der daraus resultierenden Rechnungen sieht man, dass die notwendige und hinreichende Bedingung ist, dass ihre Krümmungen übereinstimmen, und diese Rechnungen werden auch das tensorielle Transformationsverhalten der Krümmung aufdecken.[30]

Anstatt auf diese Weise fortzufahren, werde ich nun die allgemeine Rechnung in einem abstrakteren Rahmen darstellen. Leserinnen und Leser, die nur an den historischen Aspekten interessiert sind, können daher den Rest dieses Abschnitts auslassen. Er dient dazu, den geometrischen Inhalt zu verdeutlichen. Das grundlegende Konzept ist das der kovarianten Ableitung. Dieses Konzept war in Riemanns Werk noch nicht vorhanden, sondern tauchte erst in den Arbeiten von Riemanns Nachfolgern Lipschitz, Christoffel, Ricci, Levi-Civita und Weyl auf. In diesem Sinne ist der Ansatz etwas anachronistisch, da er noch nicht in Riemanns eigenem Werk enthalten ist, sondern nur eine Weiterentwicklung seiner bahnbrechenden Ideen darstellt. Man kann ihn aber auch einfach als einen systematischen und effizienten Weg betrachten, um die Rechnungen zu organisieren, die notwendig sind, um zu zeigen, dass sich die Krümmung bei Koordinatenwechseln als Tensor transformiert und dass zwei Metriken bei einem Koordinatenwechsel nur dann äquivalent sind, wenn ihre Krümmungstensoren gleich sind. Die letztgenannte Tatsache ist der Schlüssel zu Riemanns Überlegungen.

Das Konzept der kovarianten Ableitung von Levi-Civita, das wir jetzt einführen werden, wird den Christoffelsymbolen eine geometrische Interpretation geben.[31]

Definition 4.3 Sei $V(x) = v(x)^i \frac{\partial}{\partial x^i}$ ein Vektorfeld, d. h. eine Familie von Tangentenvektoren, die differenzierbar von dem Punkt x abhängen. Die *kovariante Ableitung* von V in der Richtung $\frac{\partial}{\partial x^j}$ ist dann

[30] Diese Berechnungen wurden zuerst von Elwin Bruno Christoffel [29] und Rudolf Lipschitz [139] in zwei Artikeln in derselben Zeitschriftenausgabe vorgelegt.

[31] Das Konzept einer solchen Ableitung war im Wesentlichen bereits in der Arbeit von Christoffel enthalten. Sie ist nach Levi-Civita benannt, weil dieser aus einer solchen kovarianten Ableitung einen Begriff der Parallelverschiebung entwickelt hat [136].

$$\nabla_{\frac{\partial}{\partial x^j}} V := \frac{\partial v^i}{\partial x^j}\frac{\partial}{\partial x^i} + v^i \Gamma^k_{ij}\frac{\partial}{\partial x^k}. \tag{4.130}$$

(4.130) wird auch die *Levi-Civita-Ableitung* genannt.

An dieser Stelle sollten wir warnen, dass dies eine Definition der Γ^k_{ij} ist, die nichts mit unserer früheren Definition (4.61) zu tun haben muss oder damit kompatibel ist. Aber wir werden gleich sehen, dass die Γ^k_{ij}, wie sie in (4.130) definiert sind, nach der gleichen Regel (4.119) transformiert werden wie die in (4.61) definierten. Daher können wir in der Definition (4.130) tatsächlich unsere alten Christoffelsymbole verwenden. Um dies zu sehen, gewinnen wir aus (4.130)

$$\nabla_{\frac{\partial}{\partial x^j}} \frac{\partial}{\partial x^i} = \Gamma^k_{ij}\frac{\partial}{\partial x^k}. \tag{4.131}$$

Für neue Koordinaten $y = y(x)$ bezeichnen wir ihre Christoffelsymbole mit $H^q_{\ell m}$, und sie erfüllen somit

$$\nabla_{\frac{\partial}{\partial y^\ell}} \frac{\partial}{\partial y^m} = H^q_{\ell m}\frac{\partial}{\partial y^q}. \tag{4.132}$$

Schreibt man dagegen (4.132) in die alten Koordinaten um und schreibt $\frac{\partial}{\partial x^j} = \frac{\partial y^q}{\partial x^j}\frac{\partial}{\partial y^q}$ usw., so erhält man

$$\begin{aligned} H^q_{\ell m}\frac{\partial}{\partial y^q} &= \nabla_{\frac{\partial x^i}{\partial y^\ell}\frac{\partial}{\partial x^i}}\left(\frac{\partial x^j}{\partial y^m}\frac{\partial}{\partial x^j}\right) \\ &= \frac{\partial x^i}{\partial y^\ell}\frac{\partial x^j}{\partial y^m}\frac{\partial y^q}{\partial x^k}\Gamma^k_{ij}\frac{\partial}{\partial y^q} + \frac{\partial^2 x^j}{\partial y^m \partial y^\ell}\frac{\partial y^q}{\partial x^j}\frac{\partial}{\partial y^q}, \end{aligned}$$

d. h.,

$$H^q_{\ell m} = \frac{\partial x^i}{\partial y^\ell}\frac{\partial x^j}{\partial y^m}\frac{\partial y^q}{\partial x^k}\Gamma^k_{ij} + \frac{\partial^2 x^j}{\partial y^m \partial y^\ell}\frac{\partial y^q}{\partial x^j}, \tag{4.133}$$

was dasselbe ist wie (4.121), aber einfacher zu erhalten.

Wenn die Christoffelsymbole verschwinden, reduziert sich die kovariante Ableitung auf die gewöhnliche Ableitung. Die kovariante Ableitung ist also eine Regel für die Ableitung eines Vektorfeldes im Kontext einer Riemannschen Metrik, wie wir nun näher erläutern werden.

Zunächst einmal können wir anstelle von $\frac{\partial}{\partial x^j}$ einen allgemeinen Vektor $W = w^j\frac{\partial}{\partial x^j}$ verwenden und setzen

$$\nabla_{w^j\frac{\partial}{\partial x^j}} V := w^j\frac{\partial v^i}{\partial x^j}\frac{\partial}{\partial x^i} + v^i w^j \Gamma^k_{ij}\frac{\partial}{\partial x^k}. \tag{4.134}$$

Auf diese Weise wird die Ableitung tensoriell bezüglich der Richtung W, in der sie genommen wird. Sie ist jedoch nicht tensoriell in Bezug auf V, da es sich um Ableitungen der Koeffizienten von V handelt. Vielmehr erfüllt sie, wie jede Ableitung, die Leibnizsche Produktregel.

$$\nabla_{\frac{\partial}{\partial x^j}} f(x)V(x) = \frac{\partial f(x)}{\partial x^j} V(x) + f(x)\nabla_{\frac{\partial}{\partial x^j}} V(x)\,, \tag{4.135}$$

wenn $f(x)$ eine differenzierbare Funktion ist. Natürlich ist die kovariante Ableitung als solche korrekt transformiert. Das heißt, wenn wir von den Koordinaten x zu y übergehen und entsprechend die Vektoren W und V transformieren, dann wird die kovariante Ableitung $\nabla_W V$ in die kovariante Ableitung der transformierten Vektoren transformiert, die mit den Christoffelsymbolen in den neuen Koordinaten konstruiert wird. Es folgt daraus, dass sich die Christoffelsymbole nicht als Tensoren transformieren, was wir oben schon gesehen haben, allerdings mit einer anderen Definition der Christoffelsymbole. Ihre Transformationsregel (4.133) beinhaltet auch Ableitungen des Koordinatenwechsels. Dies passt zu den Ergebnissen des Abschn. 4.4.5, wo wir gesehen haben, dass wir sie an einem bestimmten Punkt immer zu 0 transformieren können und dass sie daher keine geometrischen Invarianten konstituieren können.

Wie die gewöhnliche Ableitung erfüllt auch die kovariante Ableitung (4.130) eine Vertauschungsregel:

$$\nabla_{\frac{\partial}{\partial x^j}} \frac{\partial}{\partial x^i} = \Gamma^k_{ij} \frac{\partial}{\partial x^k} = \Gamma^k_{ji} \frac{\partial}{\partial x^k} = \nabla_{\frac{\partial}{\partial x^i}} \frac{\partial}{\partial x^j}, \tag{4.136}$$

weil die Christoffelsymbole in den unteren Indizes symmetrisch sind. Wenn aber die Christoffelsymbole nicht symmetrisch wären, so könnten wir die Differenz

$$T_{ij} := \nabla_{\frac{\partial}{\partial x^j}} \frac{\partial}{\partial x^i} - \nabla_{\frac{\partial}{\partial x^i}} \frac{\partial}{\partial x^j}, \tag{4.137}$$

betrachten, die dann nicht mehr verschwindet. Dadurch ist aber noch kein Tensor definiert, denn die Ableitungen der Koeffizienten fallen noch nicht weg, auch wenn wir die Differenz nehmen. Aber wir können dem abhelfen. Für Vektorfelder $W(x) = w^j(x)\frac{\partial}{\partial x^j}$, $Z(x) = z^k(x)\frac{\partial}{\partial x^k}$, definieren wir die *Lieklammer*

$$[Z, W] := z^k \frac{\partial w^j}{\partial x^k} \frac{\partial}{\partial x^j} - w^j \frac{\partial z^k}{\partial x^j} \frac{\partial}{\partial x^k}. \tag{4.138}$$

Wir setzen dann

$$\begin{aligned} T(Z, W) &:= \nabla_Z W - \nabla_W Z - [Z, W] \qquad (4.139)\\ &= z^k w^j \nabla_{\frac{\partial}{\partial x^k}} \frac{\partial}{\partial x^j} + z^k \frac{\partial w^j}{\partial x^k} \frac{\partial}{\partial x^j} - w^j z^k \nabla_{\frac{\partial}{\partial x^j}} \frac{\partial}{\partial x^k} - w^j \frac{\partial z^k}{\partial x^j} \frac{\partial}{\partial x^k}\\ &\quad - z^k \frac{\partial w^j}{\partial x^k} \frac{\partial}{\partial x^j} + w^j \frac{\partial z^k}{\partial x^j} \frac{\partial}{\partial x^k}\\ &= z^k w^j \left(\nabla_{\frac{\partial}{\partial x^k}} \frac{\partial}{\partial x^j} - \nabla_{\frac{\partial}{\partial x^j}} \frac{\partial}{\partial x^k} \right). \end{aligned}$$

Durch Subtraktion der Lieklammer von der Differenz der kovarianten Ableitungen können wir also alle Ableitungen der Koeffizienten verschwinden lassen, und folglich definiert

T einen Tensor, den *Torsionstensor*.[32] Diese Beobachtung, dass wir ein tensorielles Transformationsverhalten durch Differenzenbildung wiederherstellen können, wird gleich noch wichtig sein. Da $[\frac{\partial}{\partial x^k}, \frac{\partial}{\partial x^j}] = 0$, sind die Koeffizienten des Tensors T aus (4.139) durch (4.137) gegeben. Natürlich verschwindet für unsere kovariante Ableitung ∇ der Torsionstensor T identisch. Wir haben ihn hier nur eingeführt, um einen allgemeinen Punkt zu erklären, der für den Krümmungstensor R relevant wird, der im Allgemeinen nicht verschwindet.

Der Grund für die Definition (4.130), die die Christoffelsymbole einer Metrik $g = (g_{ij})$ einbezieht, ist, dass auf diese Weise die kovariante Ableitung eine Produktregel für diese Metrik erfüllt (unter Verwendung der Notation (4.41)):

$$\frac{\partial}{\partial x^j} g(V, W) = g\left(\nabla_{\frac{\partial}{\partial x^j}} V, W\right) + g\left(V, \nabla_{\frac{\partial}{\partial x^j}} W\right), \tag{4.140}$$

wie man leicht überprüfen kann. Wir können die Beziehung (4.140) auch so interpretieren, dass, wenn wir eine Ableitung von $g(V, W)$ nehmen, drei Objekte beteiligt sind, die Vektoren V, W und die Metrik g, aber die Regel besagt, dass wir nur V und W differenzieren müssen, aber nicht g. Die Ableitung von g verschwindet also. Man sagt daher auch, dass g kovariant konstant ist.

Dies erlaubt uns auch, die Vertäglichkeit mit der früheren Definition (4.61) zu überprüfen. In lokalen Koordinaten, wenn man $V = \frac{\partial}{\partial x^i}$, $W = \frac{\partial}{\partial x^k}$ einsetzt, sagt (4.140)

$$g_{ik,j} = g_{\ell k}\Gamma^{\ell}_{ij} + g_{i\ell}\Gamma^{\ell}_{jk}, \tag{4.141}$$

was der Definition (4.61) der Christoffelsymbole entspricht. (Konzeptionell ist das Problem etwas anders gelagert. Wir könnten eine kovariante Ableitung (4.130) mit beliebigen Symbolen Γ^k_{ij} definieren, die weder etwas mit einer Metrik zu tun haben noch (4.136) erfüllen müssen. Nur wenn wir die Christoffelsymbole über (4.61) mit dem metrischen Tensor in Beziehung setzen, erhalten wir die beiden Beziehungen (4.136) und (4.140). Die von Weyl eingeführte Theorie allgemeiner solcher kovarianter Ableitungen, auch affine Zusammenhänge genannt, geht jedoch über den Inhalt von Riemanns Text hinaus und soll daher hier nicht weiter untersucht werden.[33])

Wir kehren zurück zu (4.131). Diese Formel zeigt, dass die Christoffelsymbole die Koeffizienten der kovarianten Ableitung sind, oder andersherum ausgedrückt, die Christoffelsymbole definieren eine Ableitung. Wir können die nichttensorielle Transformationsformel (4.133) als eine Gleichung interpretieren, die die zweiten Ableitungen einer Koordinatentransformation erfüllen müssen,

---

[32] In der allgemeinen Theorie der Zusammenhänge, wie sie von Hermann Weyl und anderen entwickelt wurde, definiert man eine Operation der Form (4.130) mit abstrakten Symbolen Γ^k_{ij}, die nicht von einer Metrik stammen und nicht symmetrisch sein müssen. Der Tensor T_{ij} heißt dann der Torsionstensor des Zusammenhangs.

[33] Siehe z. B. [109].

$$\frac{\partial^2 x^j}{\partial y^m \partial y^\ell} = H^q_{\ell m} \frac{\partial x^j}{\partial y^q} - \frac{\partial x^i}{\partial y^\ell} \frac{\partial x^h}{\partial y^m} \Gamma^j_{ih}. \tag{4.142}$$

Diese Gleichung wird gleich wichtig werden, und es kann daher nützlich sein, ein wenig über ihren begrifflichen Status nachzudenken. Natürlich kann eine Koordinatentransformation als solche willkürlich sein und muss keiner Beschränkung genügen. Hier haben wir jedoch einen metrischen Tensor g_{ij} mit Christoffelsymbolen Γ^h_{ij}, und wir haben einen anderen, $h_{k\ell}$ mit Christoffelsymbolen $H^q_{k\ell}$, und wir verlangen, dass die Transformation $x = x(y)$ den letzteren in den ersteren transformiert. Das heißt, wir verlangen, dass die beiden Metriken g_{ij} und $h_{k\ell}$ dieselben sind, nur in unterschiedlichen Koordinaten geschrieben. Und in diesem Fall muss die Koordinatentransformation die Bedingung (4.142) erfüllen. Umgekehrt können wir dann fragen, unter welchen Bedingungen für die beiden Mengen von Christoffelsymbolen wir (4.142) lösen können.

Zu diesem Zweck beginnen wir mit der folgenden Beobachtung. Wir haben in (4.136) gesehen, dass die ersten kovarianten Ableitungen vertauschen. Dies ist bei den zweiten Ableitungen nicht mehr der Fall. Wir wollen nun ihre Differenz berechnen. Wir setzen $\Gamma^k_{ij,\ell} := \frac{\partial \Gamma^k_{ij}}{\partial x^\ell}$. Dann ist

$$\begin{aligned} \nabla_{\frac{\partial}{\partial x^k}} \nabla_{\frac{\partial}{\partial x^j}} \left(v^i \frac{\partial}{\partial x^i} \right) &= \frac{\partial^2 v^i}{\partial x^k \partial x^j} \frac{\partial}{\partial x^i} + v^i \Gamma^\ell_{km} \Gamma^m_{ij} \frac{\partial}{\partial x^\ell} + v^i \Gamma^m_{ij,k} \frac{\partial}{\partial x^m} \\ &\quad + \Gamma^m_{ij} \frac{\partial v^i}{\partial x^k} \frac{\partial}{\partial x^m} + \Gamma^\ell_{ki} \frac{\partial v^i}{\partial x^j} \frac{\partial}{\partial x^\ell}, \end{aligned}$$

und daher

$$\begin{aligned} &\nabla_{\frac{\partial}{\partial x^k}} \nabla_{\frac{\partial}{\partial x^j}} \left(v^i \frac{\partial}{\partial x^i} \right) - \nabla_{\frac{\partial}{\partial x^j}} \nabla_{\frac{\partial}{\partial x^k}} \left(v^i \frac{\partial}{\partial x^i} \right) \\ &= v^i \left(\Gamma^\ell_{ij,k} - \Gamma^\ell_{ik,j} + \Gamma^\ell_{km} \Gamma^m_{ij} - \Gamma^\ell_{jm} \Gamma^m_{ik} \right) \frac{\partial}{\partial x^\ell} \\ &=: v^i R^\ell_{ikj} \frac{\partial}{\partial x^\ell}, \end{aligned} \tag{4.143}$$

d. h. die Krümmungskoeffizienten R^ℓ_{ikj} werden als die Kommutatoren der zweiten kovarianten Ableitungen definiert. Dies ist tensoriell in V, und um das tensorielle Transformationsverhalten auch in Bezug auf die anderen Argumente zu erhalten, verfahren wir wie beim Tensor T oben.

Definition 4.4 Der *Riemannsche Krümmungstensor* ist

$$R(Z, W)V := \nabla_Z \nabla_W V - \nabla_W \nabla_Z V - \nabla_{[Z,W]} V. \tag{4.144}$$

und

$$R(Z, W, V, Y) := g(R(Z, W)V, Y) \tag{4.145}$$

mit der Riemannschen Metrik g.

Wir schreiben die Formeln auch wieder in lokalen Indizes, wie in Definition 4.2,

$$R^{\ell}_{ikj} = \Gamma^{\ell}_{ij,k} - \Gamma^{\ell}_{ik,j} + \Gamma^{\ell}_{km}\Gamma^{m}_{ij} - \Gamma^{\ell}_{jm}\Gamma^{m}_{ik} \tag{4.146}$$

$$R_{mikj} = g_{m\ell}R^{\ell}_{ikj}. \tag{4.147}$$

In Normalkoordinaten, wie sie in Abschn. 4.4.5 konstruiert wurden, verschwinden alle Christoffelsymbole am betrachteten Punkt, und da der metrische Tensor dort durch die Einheitsmatrix gegeben ist, gilt auch

$$\Gamma^{k}_{ij,\ell} = \frac{1}{2}(g_{ik,j\ell} + g_{jk,i\ell} - g_{ij,k\ell}), \tag{4.148}$$

und wir erhalten daher

$$R_{mikj} = \frac{1}{2}(g_{jm,ik} + g_{ik,jm} - g_{ij,km} - g_{km,ij}), \tag{4.149}$$

was mit (4.100) übereinstimmt. Die $R_{jik\ell}$, die in der Entwicklung (4.105) erscheinen, sind also die Koeffizienten des Krümmungstensors in Normalkoordinaten. Theorem 4.1 liefert uns also eine geometrische Interpretation des Krümmungstensors.

Wir kehren nun zu (4.142) zurück und fragen, unter welchen Bedingungen wir dieses Gleichungssystem lösen können. Zur Erinnerung: Wir haben zwei Riemannsche Metriken $g_{ij}dx^i dx^j$ und $h_{k\ell}dy^k dy^\ell$ mit ihren entsprechenden Christoffelsymbolen, und wir fragen, wann wir eine Koordinatentransformation $x = x(y)$ finden können, die die eine in die andere transformiert. Wir haben (4.142) als eine notwendige Bedingung identifiziert. (4.142) schreibt alle zweiten Ableitungen der Koordinatentransformation vor. Für jede glatte Funktion vertauschen nun ihre Ableitungen. Wir stellen zunächst fest, dass (4.142) impliziert, dass die zweiten Ableitungen kommutieren,

$$\frac{\partial^2 x^j}{\partial y^\ell \partial y^m} = \frac{\partial^2 x^j}{\partial y^m \partial y^\ell}. \tag{4.150}$$

Dies folgt aus der Symmetrie der Christoffelsymbole bei ihren unteren Indizes, siehe (4.136). Wir prüfen nun, unter welchen Bedingungen auch die dritten Ableitungen kommutieren, d. h. wann wir

$$\frac{\partial^3 x^j}{\partial y^m \partial y^\ell \partial y^r} = \frac{\partial^3 x^j}{\partial y^m \partial y^r \partial y^\ell} \tag{4.151}$$

bekommen. Zu diesem Zweck differenzieren wir (4.142) und erhalten

$$
\begin{aligned}
\frac{\partial^3 x^j}{\partial y^m \partial y^\ell \partial y^r} &= H^q_{\ell m,r}\frac{\partial x^j}{\partial y^q} + H^q_{\ell m}\frac{\partial^2 x^j}{\partial y^q \partial y^r} \\
&\quad - \frac{\partial x^i}{\partial y^\ell}\frac{\partial x^h}{\partial y^m}\Gamma^j_{ih,f}\frac{\partial x^f}{\partial y^r} - \frac{\partial^2 x^i}{\partial y^\ell \partial y^r}\frac{\partial x^h}{\partial y^m}\Gamma^j_{ih} - \frac{\partial x^i}{\partial y^\ell}\frac{\partial^2 x^h}{\partial y^m \partial y^r}\Gamma^j_{ih} \\
&= H^q_{\ell m,r}\frac{\partial x^j}{\partial y^q} + H^q_{\ell m}H^p_{qr}\frac{\partial x^j}{\partial y^p} \\
&\quad - H^q_{\ell m}\frac{\partial x^i}{\partial y^q}\frac{\partial x^h}{\partial y^r}\Gamma^j_{ih} \\
&\quad - \frac{\partial x^i}{\partial y^\ell}\frac{\partial x^h}{\partial y^m}\Gamma^j_{ih,f}\frac{\partial x^f}{\partial y^r} \\
&\quad - H^q_{\ell r}\frac{\partial x^i}{\partial y^q}\frac{\partial x^k}{\partial y^m}\Gamma^j_{ih} - H^q_{rm}\frac{\partial x^h}{\partial y^q}\frac{\partial x^i}{\partial y^\ell}\Gamma^j_{ih} \\
&\quad + \frac{\partial x^h}{\partial y^m}\Gamma^j_{ih}\frac{\partial x^f}{\partial y^\ell}\frac{\partial x^h}{\partial y^r}\Gamma^i_{fh} + \frac{\partial x^i}{\partial y^\ell}\Gamma^j_{ih}\frac{\partial x^k}{\partial y^r}\frac{\partial x^f}{\partial y^m}\Gamma^h_{kf},
\end{aligned}
$$

wobei wir die Gl. 4.142 für die zweiten Ableitungen eingefügt haben. Ebenso,

$$
\begin{aligned}
\frac{\partial^3 x^j}{\partial y^m \partial y^r \partial y^\ell} &= H^q_{rm,\ell}\frac{\partial x^j}{\partial y^q} + H^q_{rm}H^p_{q\ell}\frac{\partial x^j}{\partial y^p} \\
&\quad - H^q_{rm}\frac{\partial x^i}{\partial y^q}\frac{\partial x^h}{\partial y^\ell}\Gamma^j_{ih} \\
&\quad - \frac{\partial x^i}{\partial y^r}\frac{\partial x^h}{\partial y^m}\Gamma^j_{ih,f}\frac{\partial x^f}{\partial y^\ell} \\
&\quad - H^q_{r\ell}\frac{\partial x^i}{\partial y^q}\frac{\partial x^k}{\partial y^m}\Gamma^j_{ih} - H^q_{\ell m}\frac{\partial x^h}{\partial y^q}\frac{\partial x^i}{\partial y^r}\Gamma^j_{ih} \\
&\quad + \frac{\partial x^h}{\partial y^m}\Gamma^j_{ih}\frac{\partial x^f}{\partial y^r}\frac{\partial x^h}{\partial y^\ell}\Gamma^i_{fh} + \frac{\partial x^i}{\partial y^r}\Gamma^j_{ih}\frac{\partial x^k}{\partial y^\ell}\frac{\partial x^f}{\partial y^m}\Gamma^h_{kf},
\end{aligned}
$$

Wir stellen fest, dass die gemischten Terme mit den Produkten von Christoffelsymbolen Γ und H in beiden Ausdrücken gleich sind, wiederum wegen der Symmetrie $\Gamma^j_{ih} = \Gamma^j_{hi}$. Daher fallen sie weg, wenn wir die Differenz bilden. Aus demselben Grund stimmen auch die ersten Terme in den letzten Zeilen überein. Durch Umbenennung einiger Summationsindizes können wir die Differenz daher schreiben als

$$\begin{aligned}
&\frac{\partial^3 x^j}{\partial y^m \partial y^\ell \partial y^r} - \frac{\partial^3 x^j}{\partial y^m \partial y^r \partial y^\ell} \\
&= H^q_{\ell m,r}\frac{\partial x^j}{\partial y^q} - H^q_{rm,\ell}\frac{\partial x^j}{\partial y^q} + H^p_{rm}H^q_{p\ell}\frac{\partial x^j}{\partial y^q} - H^p_{rm}H^q_{p\ell}\frac{\partial x^j}{\partial y^q} \\
&- \Big(\Gamma^j_{ih,k}\frac{\partial x^i}{\partial y^\ell}\frac{\partial x^h}{\partial y^m}\frac{\partial x^k}{\partial y^r} - \Gamma^j_{kh,i}\frac{\partial x^i}{\partial y^\ell}\frac{\partial x^h}{\partial y^m}\frac{\partial x^k}{\partial y^r} \\
&+ \Gamma^j_{kf}\Gamma^f_{ih}\frac{\partial x^k}{\partial y^r}\frac{\partial x^i}{\partial y^\ell}\frac{\partial x^h}{\partial y^m} - \Gamma^j_{if}\Gamma^f_{kh}\frac{\partial x^i}{\partial y^\ell}\frac{\partial x^k}{\partial y^r}\frac{\partial x^h}{\partial y^m}\Big).
\end{aligned}$$

Wenn wir den Krümmungstensor in den y-Koordinaten mit $S^q_{\ell rm}$ bezeichnen und uns an (4.146) erinnern, können wir dies schreiben als

$$\frac{\partial^3 x^j}{\partial y^m \partial y^\ell \partial y^r} - \frac{\partial^3 x^j}{\partial y^m \partial y^r \partial y^\ell} = S^q_{\ell rm}\frac{\partial x^j}{\partial y^q} - R^j_{ikh}\frac{\partial x^i}{\partial y^\ell}\frac{\partial x^h}{\partial y^m}\frac{\partial x^k}{\partial y^r}. \tag{4.152}$$

Die Bedingung, dass die dritten Ableitungen kommutieren, lautet also

$$S^q_{\ell rm} = R^j_{ikh}\frac{\partial x^i}{\partial y^\ell}\frac{\partial x^k}{\partial y^r}\frac{\partial x^h}{\partial y^m}\frac{\partial y^q}{\partial x^j}, \tag{4.153}$$

das heißt, der Krümmungstensor in den y-Koordinaten ist die Transformation des Krümmungstensors in den x-Koordinaten. Diese Bedingung ist äquivalent zu der oben gegebenen Bedingung (4.110) (siehe (4.18)), und sie ist somit eine notwendige Bedingung für die Transformation der Metrik $h_{k\ell}dy^k dy^\ell$ in die Metrik $g_{ij}dx^i dx^j$. Tatsčhlich sind die Bedingungen (4.153) auch im folgenden Sinne hinreichend dafür. Wie wir bereits oben erläutert haben, kann man nach dem Satz von Frobenius [65] ein Gleichungssystem der Form (4.124)

$$\frac{\partial g}{\partial x^j} = \phi_j \tag{4.154}$$

für gegebene Funktionen ϕ_j und eine unbekannte Funktion g in einem einfach zusammenhängenden Gebiet genau dann lösen, wenn die Bedingungen für die Vertauschbarkeit der zweiten partiellen Ableitungen von g, $\frac{\partial^2 g}{\partial x^j \partial x^k} = \frac{\partial^2 g}{\partial x^k \partial x^j}$, also

$$\frac{\partial \phi_j}{\partial x^k} = \frac{\partial \phi_k}{\partial x^j} \text{ für alle } j, k \tag{4.155}$$

erfüllt sind. Und wie zuvor liefert (4.153) gerade die Integrierbarkeitsbedingungen (4.155) für die Differentialgleichungen (4.142) für die Funktionen $\frac{\partial y^\ell}{\partial x^i}$. Somit ist (4.153) tatsächlich die notwendige und hinreichende lokale Bedingung für die Existenz der gewünschten Transformation.

Wir erhalten also Riemanns grundlegendes Ergebnis

Theorem 4.2 *Zwei Riemannsche Metriken $g_{ij}dx^i dx^j$ und $h_{k\ell}dy^k dy^\ell$ können genau dann durch einen Koordinatenwechsel ineinander transformiert werden, wenn ihre Krümmungstensoren ineinander transformiert werden können. Eine Riemannsche Metrik ist also vollständig durch ihren Krümmungstensor bestimmt.*

Wir weisen nochmals darauf hin, dass dies ein lokales Ergebnis ist, das für Transformationen lokaler Koordinaten gilt. Es wird hier keine Aussage über die globale Topologie einer Mannigfaltigkeit gemacht. Die globale Topologie hat zwar auch in Riemanns Werk einen wichtigen Ursprung (in seiner Arbeit über die Riemannschen Flächen), aber in der Habilitationsschrift werden diese Fragen nicht behandelt.

In Anlehnung an Riemann definieren wir nun

Definition 4.5 Eine Riemannsche Metrik $g_{ij}dx^i dx^j$ heißt *eben,* wenn sie in die euklidische Metrik $\delta_{k\ell}dy^k dy^\ell$ transformiert werden kann.

Wir haben dann den folgenden wichtigen Spezialfall des Satzes 4.2.

Corollary 4.1 *Eine Metrik ist dann und nur dann eben, wenn ihr Krümmungstensor verschwindet.*

Wie zu Beginn dieses Abschnitts erwähnt, hat Riemann in seinem Pariser Aufsatz die Rechnung, die wir zunächst in Anlehnung an Riemanns Habilitationsschrift beschrieben und dann hier in allgemeiner Form für den Beweis des Satzes 4.2 ausgearbeitet haben, nur für ebene Metriken vorgestellt, d. h. für die Situation, die von Korollar 4.1 abgedeckt wird. Dieses Korollar ist der interessanteste Fall des Satzes. Während der allgemeine Satz nur die Frage nach der Äquivalenz zweier metrischer Tensoren auf die Frage nach zwei anderen Tensoren, ihren Krümmungstensoren, reduziert, macht das Korollar Gebrauch von den invarianten Eigenschaften des letzteren, nämlich dass er für eine ebene Metrik in beliebigen Koordinaten Null ist, während die Form des metrischen Tensors von diesen Koordinaten abhängt.

Etwas anders ausgedrückt: Aus dem Krümmungstensor können wir Invarianten ableiten, wie die in Abschn. 4.4.9 einzuführenden Schnittkrümmungen, die sich nicht ändern, wenn wir die Koordinaten ändern. Der metrische Tensor selbst ist dagegen bei Koordinatenänderungen nicht invariant. Es ist diese Invarianzeigenschaft, die den Krümmungstensor so nützlich macht.

4.4.8 Untermannigfaltigkeiten des Euklidischen Raumes

Die Riemannsche Geometrie beseitigt eine konzeptionelle Inkonsistenz der klassischen Differentialgeometrie, die Kurven auf Flächen im euklidischen Raum betrachtete. Im Kontext der Riemannschen Geometrie kann man Flächen als zweidimensionale Riemannsche Mannigfaltigkeiten in allgemeinen drei-(oder höher-)dimensionalen Riemannschen Mannigfaltigkeiten betrachten, nicht nur in euklidischen Räumen. Die Untermannigfaltigkeit gehört jetzt also zur gleichen Kategorie wie die Mannigfaltigkeit, in der sie enthalten ist. Wir können also systematisch untersuchen, welche Geometrie die umgebende Mannigfaltigkeit auf einer Untermannigfaltigkeit induziert, und umgekehrt, was die Geometrie der Untermannigfaltigkeiten uns über die Geometrie des umgebenden Raums sagt. Wie wir sehen werden, bestimmen insbesondere die Krümmungen bestimmter Flächen in einer allgemeinen Riemannschen Mannigfaltigkeit die Geometrie der letzteren. Dies ist eine der herausragenden Erkenntnisse von Riemann.

Die Geometrie der Flächen im dreidimensionalen euklidischen Raum ist also ein Spezialfall der Riemannschen Geometrie. Wir werden nun die allgemeinen Konzepte und Konstruktionen der Riemannschen Geometrie auf diesen Spezialfall anwenden. Dies wird uns insbesondere zu einer begrifflichen Erläuterung des Satzes von Gauß über die Geometrie von Flächen führen, den er als Theorema egregium bezeichnete und der besagt, dass die Gaußkrümmung einer Fläche, auch wenn sie durch ihre Einbettung in den euklidischen Raum definiert ist, nicht von dieser Einbettung abhängt, sondern nur von der inneren Geometrie dieser Fläche. Dieser Satz begründete die moderne Differentialgeometrie und war wohl die wichtigste Inspiration für die Entwicklung der Riemannschen Geometrie.

Wir bezeichnen den dreidimensionalen euklidischen Raum mit $\mathbb{E}^3$. Er wird parametrisiert durch die globalen Koordinaten $\mathbb{R}^3 = \{(z^1, z^2, z^3)\}$, und er trägt die euklidische Metrik $\delta_{\alpha\beta}$,

$$\langle V, W\rangle = \delta_{\alpha\beta} v^\alpha w^\beta = v^1 w^1 + v^2 w^2 + v^3 w^3 \text{ für } V = v^\alpha \frac{\partial}{\partial z^\alpha}, W = w^\alpha \frac{\partial}{\partial z^\alpha}. \tag{4.156}$$

Wir wollen nun die lokale Geometrie der in den $\mathbb{E}^3$ eingebetteten Flächen untersuchen. Wir betrachten also eine injektive glatte Abbildung $f = (f^1, f^2, f^3)$ von einem zweidimensionalen Gebiet U mit Koordinaten x^1, x^2 in $\mathbb{E}^3$. Die Vektoren $X_1(x) := \frac{\partial f(x)}{\partial x^1}$, $X_2(x) := \frac{\partial f(x)}{\partial x^2}$ sind dann Tangentenvektoren der lokalen Fläche $f(U)$ am Punkt $f(x)$ in $\mathbb{E}^3$. Wir setzen

$$g_{ij}(x) := \langle X_i(x), X_j(x)\rangle. \tag{4.157}$$

Dies ist die Einschränkung der euklidischen Metrik des $\mathbb{E}^3$ auf die Fläche $f(U)$. Es ist also die Metrik auf der Fläche, die durch die umgebende euklidische Metrik induziert wird. Sie definiert daher eine Riemannsche Metrik g auf U, mit

$$g_{ij} =: g\left(\frac{\partial}{\partial x^i}, \frac{\partial}{\partial x^j}\right). \tag{4.158}$$

Wir weisen darauf hin, dass die euklidischen Tangentenvektoren $\frac{\partial}{\partial z^\alpha}$ zwar orthonormal sind, also $\langle \frac{\partial}{\partial z^\alpha}, \frac{\partial}{\partial z^\beta}\rangle = \delta_{\alpha\beta}$, dies aber nicht für die intrinsischen Tangentenvektoren $\frac{\partial}{\partial x^i}$ der Fläche gilt, und daher ist g_{ij} im Allgemeinen nicht die Einheitsmatrix.

Man beachte, dass die Definition dieser Metrik nur die Tangentialvektoren der Fläche $f(U)$ einbezieht, nicht aber ihren Normalenvektor, der die zu diesen Tangentialvektoren orthogonale Richtung im $\mathbb{E}^3$ angibt.

Die durch (4.157) definierte Metrik wird auf der Fläche $f(U)$ in $\mathbb{E}^3$ ausgewertet, während (4.158) auf U definiert ist. Wir können einfach zwischen diesen beiden Perspektiven hin- und herwechseln, indem wir $\frac{\partial}{\partial x^i}$ mit $X_i(x) = \frac{\partial f(x)}{\partial x^i}$, d. h. den intrinsischen Tangentialvektor auf dem zweidimensionalen Gebiet U mit seinem Bild im $\mathbb{E}^3$ identifizieren. Die konkrete Metrik auf $f(U)$, die durch die euklidische Metrik induziert wird, wird also mit einer abstrakten Metrik auf dem Koordinatengebiet U identifiziert.

Der Vektor X_i ist ein Vektor in $\mathbb{E}^3$ und hat daher drei Komponenten,

$$X_i = X_i^\alpha \frac{\partial}{\partial z^\alpha} = \frac{\partial f^\alpha(x)}{\partial x^i} \frac{\partial}{\partial z^\alpha}, \tag{4.159}$$

wobei α die Werte 1,2,3 durchläuft. Daraus ergibt sich auch die klassische Formel für die sogenannte *erste Fundamentalform* der Fläche in $\mathbb{E}^3$,

$$g_{ij} = \sum_\alpha \frac{\partial f^\alpha(x)}{\partial x^i} \frac{\partial f^\alpha(x)}{\partial x^j}, \tag{4.160}$$

was wiederum die Beobachtung bestätigt, dass g_{ij} im Allgemeinen nicht die Einheitsmatrix ist.

Außerdem haben wir in $\mathbb{E}^3$ die Standardableitung

$$D_{\frac{\partial}{\partial z^\alpha}} \left(v^\beta(z) \frac{\partial}{\partial z^\beta} \right) = \frac{\partial v^\beta(z)}{\partial z^\alpha} \frac{\partial}{\partial z^\beta}, \tag{4.161}$$

was natürlich die Regeln der Definition 4.3 erfüllt. Dies induziert dann auch eine Ableitung auf unserer Fläche (so wie die euklidische Metrik auf $\mathbb{E}^3$ eine Metrik auf U induziert hat), und zwar über

$$D_{\frac{\partial}{\partial x^i}} \left(v^\beta((f(x)) \frac{\partial}{\partial z^\beta} \right) := D_{X_i} \left(v^\beta((f(x)) \frac{\partial}{\partial z^\beta} \right) = \frac{\partial v^\beta(f(x))}{\partial x^i} \frac{\partial}{\partial z^\beta}. \tag{4.162}$$

Das Problem ist jedoch, dass selbst wenn $V = v^\beta((f(x)) \frac{\partial}{\partial z^\beta}$ ein Tangentialvektor an die Fläche $f(U)$ ist, d. h. eine Linearkombination von X_1 und X_2, $D_{\frac{\partial}{\partial x^i}} V$ nicht tangential an $f(U)$ sein muss. Es könnte eine nichtverschwindende Komponente in der dritten Richtung haben, der Richtung, die normal zur Fläche ist. Insbesondere muss $D_{X_i} X_j$ nicht tangential sein. Aber es gibt eine einfache Lösung für dieses Problem: Wir projizieren $D_{\frac{\partial}{\partial x^i}} V(f(x))$ auf die Tangentialebene von $f(U)$ bei $f(x)$. Diese Tangentialebene wird von X_1 und X_2 aufgespannt, und wir setzen also

$$\nabla_{\frac{\partial}{\partial x^i}} V = \nabla_{X_i} V := g^{k\ell} \langle D_{X_i} V, X_\ell \rangle X_k. \tag{4.163}$$

Theorem 4.3

$$\nabla_{X_i} X_j = \Gamma_{ij}^k X_k. \tag{4.164}$$

Die Projektion der euklidischen Ableitung auf die Fläche $f(U)$ stimmt also mit der kovarianten Ableitung auf dieser Fläche überein, die durch die Metrik g_{ij} induziert wird.

Proof Wir haben

$$\frac{\partial}{\partial x^i} g_{j\ell} = \frac{\partial}{\partial x^i} \langle X_j, X_\ell \rangle = \langle D_{X_i} X_j, X_\ell \rangle + \langle X_j, D_{X_i} X_\ell \rangle$$

und daher

$$\frac{\partial}{\partial x^i} g_{j\ell} + \frac{\partial}{\partial x^j} g_{i\ell} - \frac{\partial}{\partial x^\ell} g_{ij} = 2\langle D_{X_i} X_j, X_\ell \rangle$$

und so

$$\nabla_{X_i} X_j = g^{k\ell} \langle D_{X_i} X_j, X_\ell \rangle X_k = \Gamma_{ij}^k X_k \text{ von (4.61).}$$

□

Die hier gegebene Darstellung kehrt die historische Reihenfolge der Entdeckungen um. Riemanns Nachfolger wie Christoffel und Levi-Civita fanden zuerst heraus, dass man einen intrinsischen Begriff der Ableitung durch (4.164) für Untermannigfaltigkeiten des euklidischen Raums definieren kann. Eine abstrakte Definition wie 4.3 wurde aber erst später formuliert.

Wir kehren nun zur euklidischen Ableitung (4.161) zurück und vergleichen sie mit ihrer Projektion (4.163) auf die Fläche. Diese Projektion ignoriert einfach die zur Fläche normale Richtung. Wenn wir also ν als Einheitsnormalenvektor zur Fläche im gegebenen Punkt betrachten, so ist

$$\langle \nu(f(x)), X_i(f(x)) \rangle = 0 \text{ für } i = 1, 2, \quad \text{und } \langle \nu(f(x)), \nu(f(x)) \rangle = 1, \tag{4.165}$$

und wir können

$$D_{X_i} X_j = \nabla_{X_i} X_j + h_{ij} \nu \tag{4.166}$$

schreiben. Dies definiert also die Koeffizienten h_{ij} der *zweiten Fundamentalform,*

$$\langle D_{X_i} X_j, \nu \rangle = -\langle X_j, D_{X_i} \nu \rangle, \tag{4.167}$$

durch Differenzieren der Identität $\langle X_j, \nu \rangle = 0$ von (4.165). Traditionell wurden die Krümmungen einer Fläche im dreidimensionalen euklidischen Raum mit Hilfe dieser zweiten Fundamentalform definiert. Sie hängen also davon ab, wie die Fläche im dreidimensionalen Raum liegt, und nicht nur von ihrer inneren Geometrie, die in der ersten Fundamentalform, der Metrik g_{ij}, kodiert ist. Es war eine fundamentale Einsicht von Gauß, dass eine dieser Krümmungsgrößen allein mit Hilfe der ersten Fundamentalform berechnet werden kann, dass sie also nicht davon abhängt, wie die Fläche im dreidimensionalen Raum gegeben ist. Wir werden dieses Ergebnis nun herleiten.

Da X_ℓ tangential zur Fläche ist, haben wir $\langle D_{X_i} \nabla_{X_j} X_k, X_\ell \rangle = \langle \nabla_{X_i} \nabla_{X_j} X_k, X_\ell \rangle$, und daher ergibt die Ableitung von (4.167)

$$\langle D_{X_i} D_{X_j} X_k, X_\ell \rangle = \langle D_{X_i} \nabla_{X_j} X_k + D_{X_i}(h_{jk}\nu), X_\ell \rangle = \langle \nabla_{X_i} \nabla_{X_j} X_k, X_\ell \rangle - h_{jk} h_{i\ell}. \tag{4.168}$$

Da $D_{X_i} D_{X_j} = D_{X_j} D_{X_i}$ (kovariante Ableitungen vertauschen im ebenen euklidischen Raum), erhalten wir das

Theorem 4.4 (Theorem egregium von Gauß) *Die Gaußkrümmung der Fläche $f(U)$ in $\mathbb{E}^3$ erfüllt*

$$\frac{R_{1212}}{g_{11}g_{22} - g_{12}^2} = \frac{\langle (D_{X_1} D_{X_2} - D_{X_2} D_{X_1}) X_2, X_1 \rangle}{g_{11}g_{22} - g_{12}^2} = \frac{h_{11}h_{22} - h_{12}^2}{g_{11}g_{22} - g_{12}^2} =: K \tag{4.169}$$

Natürlich ist die erste Gleichung einfach die Definition der Schnittkrümmung, die wir gleich in Abschn. 4.4.9 vorstellen werden, und die letzte Gleichung ist die klassische Definition der Gaußkrümmung K durch die zweite Fundamentalform. Diese Definition scheint also nicht nur von der inneren Geometrie der Fläche abzuhängen, wie sie durch die erste Fundamentalform, ihre Riemannsche Metrik, kodiert wird, sondern auch von der zweiten Fundamentalform, wie also die Fläche in $\mathbb{E}^3$ liegt. Gauß' fundamentale Entdeckung war also, dass K ausschließlich durch intrinsische Terme ausgedrückt werden kann, nämlich durch Ableitungen von g_{ij}. Riemann greift dieses Ergebnis wieder auf und stellt es in den allgemeinen Kontext seines Krümmungsbegriffs. Entsprechende Konstruktionen gelten für Untermannigfaltigkeiten euklidischer Räume beliebiger Dimension. Darüber hinaus kann die Gaußkrümmung auf diese Weise als die linke Seite von (4.169) für jede Fläche in einer beliebigen Riemannschen Mannigfaltigkeit definiert werden. Dies wird Riemann eine wichtige Interpretation der in Abschn. 4.4.9 eingeführten Schnittkrümmung liefern.

4.4.9 Schnittkrümmung

Wir wollen nun eine weitere grundlegende Erkenntnis von Riemann erläutern. In Abschn. 4.4.6 haben wir Riemanns Argument vorgestellt, dass $\frac{n(n-1)}{2}$ skalare Größen ausreichen sollten, um eine Riemannsche Metrik bis auf Koordinatentransformationen eindeutig zu bestimmen. In Theorem 4.2 haben wir gesehen, dass der Krümmungstensor die Metrik bis auf Koordinatentransformationen bestimmt. Betrachtet man (4.146) oder (4.147), so scheint der Krümmungstensor jedoch mehr als $\frac{n(n-1)}{2}$ unabhängige Komponenten zu besitzen. Wie wir in diesem Abschnitt diskutieren werden, ist dies nicht der Fall. Die algebraischen Symmetrien, die der Krümmungstensor besitzt, reduzieren die Anzahl der unabhängigen Komponenten auf $\frac{n(n-1)}{2}$. Außerdem können diese unabhängigen Komponenten mit den Krümmungen im Sinne des Satzes 4.4 bestimmter Flächen in der Mannigfaltigkeit identifiziert werden. Da es genau $\frac{n(n-1)}{2}$ unabhängige Flächenrichtungen in einer n-dimensionalen Mannigfaltigkeit gibt, erhalten wir die vorhergesagte Anzahl von Parametern, und außerdem passt dies dann zu der Interpretation der Krümmung, die in Theorem 4.1 gegeben wird.

Wir leiten nun die Symmetrien des Krümmungstensors her. Dies sind genau die Symmetrien, die wir bereits oben in (4.101)–(4.104) des Abschn. 4.4.5 gefunden haben. Wir werden nun die Klammern $\langle ., . \rangle$ verwenden, um die Metrik zu bezeichnen, d. h. statt (4.41) schreiben wir nun

$$\langle V, W \rangle = g_{ij} v^i w^j . \tag{4.170}$$

Lemma 4.2 *Für die Vektorfelder X, Y, Z, W, gilt*

$$R(X, Y)Z = -R(Y, X)Z, \quad also \quad R_{k\ell ij} = -R_{k\ell ji}, \tag{4.171}$$

$$R(X, Y)Z + R(Y, Z)X + R(Z, X)Y = 0, \quad also \quad R_{k\ell ij} + R_{kij\ell} + R_{kj\ell i} = 0, \tag{4.172}$$

$$\langle R(X, Y)Z, W \rangle = -\langle R(X, Y)W, Z \rangle, \quad also \quad R_{k\ell ij} = -R_{\ell kij}, \tag{4.173}$$

$$\langle R(X, Y)Z, W \rangle = \langle R(Z, W)X, Y \rangle, \quad also \quad R_{k\ell ij} = R_{ijk\ell}. \tag{4.174}$$

(4.172) heißt *erste Bianchigleichung*.

Proof Da wir es mit einem Tensor zu tun haben, genügt es, alle Aussagen für Koordinatenvektorfelder $\frac{\partial}{\partial x^i}$ zu überprüfen. Weil Koordinatenvektorfelder vertauschen, verschwinden ihre Lieklammern. Wir können also annehmen, dass alle Lieklammern (4.138) von X, Y, Z und W verschwinden. (4.171) folgt dann direkt aus (4.146). Für (4.172) beobachten wir

$$\begin{aligned} &R(X, Y)Z + R(Y, Z)X + R(Z, X)Y \\ &= \nabla_X \nabla_Y Z - \nabla_Y \nabla_X Z + \nabla_Y \nabla_Z X \\ &\quad - \nabla_Z \nabla_Y X + \nabla_Z \nabla_X Y - \nabla_X \nabla_Z Y \\ &= 0, \end{aligned}$$

da $\nabla_Y Z = \nabla_Z Y$ usw. durch (4.136).

Für (4.173) werden wir $\langle R(X, Y)Z, Z \rangle = 0$ für alle X, Y, Z zeigen, also $R_{kkij} = 0$.

$$\begin{aligned} \langle \nabla_X \nabla_Y Z, Z \rangle &= X\langle \nabla_Y Z, Z \rangle - \langle \nabla_Y Z, \nabla_X Z \rangle, \text{ da } \nabla \text{ metrisch ist} \\ &= \frac{1}{2} XY\langle Z, Z \rangle - \langle \nabla_Y Z, \nabla_X Z \rangle \text{ aus demselben Grund} \\ &= \frac{1}{2} YX\langle Z, Z \rangle - \langle \nabla_Y Z, \nabla_X Z \rangle \text{ unter der Annahme, dass wiederum oBdA} \\ &\quad [X, Y] = 0 \\ &= \langle \nabla_Y \nabla_X Z, Z \rangle + \langle \nabla_Y Z, \nabla_X Z \rangle - \langle \nabla_Y Z, \nabla_X Z \rangle \text{ in umgekehrter Richtung} \\ &= \langle \nabla_Y \nabla_X Z, Z \rangle. \end{aligned}$$

Da wir $[X, Y] = 0$ annehmen, impliziert dies, dass $\langle R(Y, X)Z, Z\rangle$ wie gewünscht verschwindet.

Es bleibt übrig, (4.174) zu beweisen. Wir werden sehen werden, dass dies eine Folge der anderen Symmetrien ist. Aus (4.171), (4.172)

$$\begin{aligned}\langle R(X, Y)Z, W\rangle &= -\langle R(Y, X)Z, W\rangle \\ &= \langle R(X, Z)Y, W\rangle + \langle R(Z, Y)X, W\rangle,\end{aligned} \tag{4.175}$$

und aus (4.172), (4.173)

$$\begin{aligned}\langle R(X, Y)Z, W\rangle &= -\langle R(X, Y)W, Z\rangle \\ &= \langle R(Y, W)X, Z\rangle + \langle R(W, X)Y, Z\rangle.\end{aligned} \tag{4.176}$$

Aus (4.175), (4.176)

$$\begin{aligned}2\langle R(X, Y)Z, W\rangle = &\langle R(X, Z)Y, W\rangle + \langle R(Z, Y)X, W\rangle \\ &+ \langle R(Y, W)X, Z\rangle + \langle R(W, X)Y, Z\rangle.\end{aligned} \tag{4.177}$$

Analog dazu,

$$\begin{aligned}2\langle R(Z, W)X, Y\rangle &= \langle R(Z, X)W, Y\rangle + \langle R(X, W)Z, Y\rangle \\ &= \quad +\langle R(W, Y)Z, X\rangle + \langle R(Y, Z)W, X\rangle \quad = 2\langle R(X, Y)Z, W\rangle\,,\end{aligned}$$

durch Anwendung von (4.171) und (4.173) auf alle Terme. □

Alternativ hätten wir diese Symmetrien auch direkt aus der Formel für die Krümmung in Normalkoordinaten ableiten können, d. h. aus (4.149) oder (4.100). Da die Symmetrien, die wir in Lemma 4.2 erhalten haben, dieselben sind, die wir bereits in Abschn. 4.4.5 gefunden hatten, legt dies nahe, dass wir zu der dort gegebenen Interpretation des Krümmungstensors zurückkehren. Diese Interpretation beinhaltete Flächenelemente, und wir formulieren nun das abstrakte Konzept.

Definition 4.6 Die Schnittkrümmung der Ebene, die durch die (linear unabhängigen) Tangentialvektoren $V = v^i \frac{\partial}{\partial x^i}$, $W = w^i \frac{\partial}{\partial x^i} \in T_x M$ der Riemannschen Mannigfaltigkeit M aufgespannt wird, ist

$$\begin{aligned}K(V \wedge W) :&= \langle R(V, W)W, V\rangle \frac{1}{|V \wedge W|^2} \\ &= \frac{R_{ijk\ell} v^i w^j v^k w^\ell}{g_{ik} g_{j\ell}(v^i v^k w^j w^\ell - v^i v^j w^k w^\ell)} \\ &= \frac{R_{ijk\ell} v^i w^j v^k w^\ell}{(g_{ik} g_{j\ell} - g_{ij} g_{k\ell}) v^i w^j v^k w^\ell}\end{aligned} \tag{4.178}$$

$(|V \wedge W|^2 = \langle V, V\rangle\langle W, W\rangle - \langle V, W\rangle^2)$.

Bemerkung

1. Die Schnittkrümmung der Ebene $V \wedge W$ ist eine skalare Größe, der Quotient aus zwei Tensoren, dem Krümmungstensor und dem Quadrat des metrischen Tensors. Der Zähler und der Nenner werden beide zweimal auf den Vektoren V und W ausgewertet, so dass sich die Transformationsfaktoren im Zähler und im Nenner aufheben. Somit sind die Schnittkrümmungen bei Koordinatenwechseln invariant. Nur skalare Größen können Invarianten liefern, da (andere) Tensoren bei Koordinatenwechseln nicht trivial transformieren. Wir können also weder aus der Metrik noch aus dem Krümmungstensor allein Invarianten erhalten, sondern müssen einen geeigneten Quotienten bilden, um skalare Invarianten zu erhalten.
2. Es gibt jedoch eine wichtige Ausnahme: Wenn der Krümmungstensor verschwindet, dann ist er einfach Null, unabhängig davon, wie der metrische Tensor in den gewählten Koordinaten aussieht. Dies ist der Fall bei einer ebenen Metrik, und so können wir die Ebenheit in beliebigen Koordinaten feststellen, indem wir einfach den Krümmungstensor auswerten.
3. Der Krümmungstensor enthält im Wesentlichen die geometrische Information, die in den zweiten Ableitungen des metrischen Tensors enthalten ist, siehe Abschn. 4.4.5. Somit sind die Schnittkrümmungen im Wesentlichen ein Quotient aus den zweiten Ableitungen der Metrik durch einen quadratischen Ausdruck des metrischen Tensors selbst.
4. Der Nenner in (4.178) ist die Fläche des von V und W aufgespannten Parallelogramms im betrachteten Tangentialraum. Er ist damit auch das Doppelte der Fläche des Dreiecks mit den Eckpunkten $0, V, W$. Wie bereits in Abschn. 4.4.5 gesehen, drückt die Schnittkrümmung die Abweichung des Flächeninhalts eines infinitesimalen Dreiecks in der Mannigfaltigkeit von demjenigen im Tangentialraum aus.

Wir können nun leicht das grundlegende Ergebnis von Riemann verifizieren, dass die Schnittkrümmungen den gesamten Krümmungstensor bestimmen, genauer gesagt, alle Größen $\langle R(V, W)Z, Y\rangle$ (man beachte, dass diese Größen den metrischen Tensor einschließen).

Lemma 4.3 *Mit*

$$K(V, W) := K(V \wedge W)|V \wedge W|^2 = \langle R(V, W)W, V\rangle, \tag{4.179}$$

haben wir

$$\begin{aligned}\langle R(V,W)Z,Y\rangle =&\frac{1}{6}\Big(K(V+Y,W+Z)-K(V+Y,W)-K(V+Y,Z)\\&-K(V,W+Z)-K(Y,W+Z)+K(V,Z)+K(Y,W)\\&-K(W+Y,V+Z)+K(W+Y,V)+K(W+Y,Z)\\&+K(W,V+Z)+K(Y,V+Z)-K(W,Z)-K(Y,V)\Big).\end{aligned}\tag{4.180}$$

Proof Dies folgt durch eine direkte Rechnung aus Lemma 4.2, indem (4.179) systematisch in (4.180) eingesetzt wird. □

Aus (4.149) geht auch hervor, dass wir in Normalkoordinaten den einfachen Ausdruck

$$K\left(\frac{\partial}{\partial x^i},\frac{\partial}{\partial x^j}\right)=\left\langle R\left(\frac{\partial}{\partial x^i},\frac{\partial}{\partial x^j}\right)\frac{\partial}{\partial x^j},\frac{\partial}{\partial x^i}\right\rangle=R_{jiji}=\frac{1}{2}(2g_{ij,ij}-g_{ii,jj}-g_{jj,ii})\tag{4.181}$$

erhalten. Eine Version dieser Formel findet sich im Pariser Aufsatz von Riemann.

Riemann liefert die folgende geometrische Interpretation der Schnittkrümmungen. Am Punkt p der betrachteten Riemannschen Mannigfaltigkeit M nimmt man eine Tangentialebene, die von zwei unabhängigen Vektoren V und W aufgespannt wird, und betrachtet die Fläche in M, die von allen Geodäten gebildet wird, die in p beginnen und deren Anfangsrichtungen in dieser Tangentialebene liegen, d. h. deren Anfangsrichtungen Linearkombinationen von V und W sind. Die Gaußkrümmung dieser Fläche bei p ist dann die Schnittkrümmung der Tangentialebene, die von V und W aufgespannt wird.

Wir können also die Eigenschaften der Gaußkrümmung nutzen, um die geometrische Interpretation der Schnittkrümmung zu erhalten. Wir werden dies nun tun. Wir beginnen mit der Metrik in geodätischen Polarkoordinaten. (4.83), die wir schreiben als

$$dr^2+m^2d\varphi^2.\tag{4.182}$$

Da die Metrik in Normalkoordinaten im Ursprung diagonal ist und alle ersten Ableitungen verschwinden, ergibt sich aus der Formel für die Umwandlung dieser Koordinaten in Polarkoordinaten

$$m(0)=0,\quad \frac{\partial m}{\partial r}(0)=1.\tag{4.183}$$

Wenn wir den Index 1 für r und 2 für φ stehen lassen, haben wir

$$g_{11}=1,\quad g_{12}=0,\quad g_{22}=m^2.\tag{4.184}$$

Nach den Definitionen 4.2 und (4.178) ist die Schnittkrümmung unserer Ebene dann

$$K:=\frac{R_{1212}}{g_{11}g_{22}-g_{12}^2}=\frac{1}{m^2}\big(\Gamma^1_{22,1}-\Gamma^1_{12,2}+\Gamma^1_{p1}\Gamma^p_{22}-\Gamma^1_{p2}\Gamma^p_{12}\big).\tag{4.185}$$

Aus (4.184) und der Bezeichnung einer Ableitung von m durch einen tiefgestellten Index, zum Beispiel $m_1 = \frac{\partial m}{\partial r}$, berechnen wir auch (4.62),

$$\Gamma_{122} = -mm_1, \quad \Gamma_{212} = \Gamma_{221} = mm_1, \quad \Gamma_{222} = mm_2, \text{ alle anderen } \Gamma_{ij}^k = 0.$$

Daraus folgt

$$\Gamma_{22,1}^1 = \Gamma_{122,1} = -(m_1^2 + mm_{11}), \quad \Gamma_{22}^1\Gamma_{12}^2 = \Gamma_{122}\frac{1}{m^2}\Gamma_{212} = -m_1^2,$$

während alle anderen Terme in (4.185) verschwinden. Somit ist die Krümmung einfach

$$K = -\frac{m_{11}}{m}. \tag{4.186}$$

Bei $r = 0$ ist dies nicht mehr definiert, aber wir können offensichtlich den Grenzwert $r \to 0$ nehmen, da wir, wenn die Krümmung dort stetig ist, auch $m_{11}(0) = 0$ haben müssen, zusätzlich zu den Beziehungen $m(0) = 0, m_1(0) = 1$ aus (4.183), und daher durch die L'Hôpitalsche Regel

$$K(0) = -\frac{\partial^3 m}{\partial r^3}(0). \tag{4.187}$$

Daraus ergibt sich die Fortsetzung

$$m = r - K(0)\frac{r^3}{6} + o(r^3). \tag{4.188}$$

Daher kann die Länge $L(\rho)$ des Kreises $r \equiv \rho$ als

$$L(\rho) = \int_0^{2\pi} m d\varphi = 2\pi\rho - K(0)\frac{\pi\rho^3}{3} + o(\rho^3) \tag{4.189}$$

entwickelt werden. Hieraus ergibt sich die Formel

$$K(0) = \frac{3}{\pi}\lim_{\rho\to 0}\frac{2\pi\rho - L(\rho)}{\rho^3} \tag{4.190}$$

als geometrische Interpretation der Krümmung durch die Länge des Kreises im Abstand ρ vom betrachteten Punkt. Wenn wir mit $A(\rho)$ die Fläche der Kreisscheibe $\{r \leq \rho\}$ bezeichnen, haben wir in ähnlicher Weise

$$K(0) = \frac{12}{\pi}\lim_{\rho\to 0}\frac{\pi\rho^2 - A(\rho)}{\rho^4}. \tag{4.191}$$

Wir leiten nun Gauß' Formel, von ihm *Theorema elegantissimum* genannt, für die Beziehung zwischen Krümmung und Winkelsumme in einem geodätischen Dreieck her, die auch in Riemanns Text auftaucht.

Theorem 4.5 (Theorema elegantissimum von Gauß) *Sei* Δ *ein Dreieck in einer Koordinatenumgebung, dessen drei Seiten geodätische Kurven sind, mit den Winkeln* $\theta_1, \theta_2, \theta_3$ *an den Eckpunkten. K sei die Gaußkrümmung. Dann ist*

$$\int_\Delta K m dr d\varphi = \sum_{j=1}^{3} \theta_j - \pi. \tag{4.192}$$

Dies enthält natürlich den euklidischen Satz, dass die Summe der Winkel in einem ebenen Dreieck π ist. $mdrd\varphi$ ist einfach das Flächenelement, und so besagt der Satz von Gauß, dass die Abweichung der Winkelsumme von π in einem geodätischen Dreieck durch das Integral der Gaußschen Krümmung in diesem Dreieck gemessen wird.

Bemerkung Dieses Ergebnis gilt auch global, ohne die Einschränkung, dass das Dreieck in einem durch geodätische Polarkoordinaten überdeckten Gebiet enthalten sein muss, und auch für andere geodätische Polygone. Dieses Resultat heißt *Satz von Gauß-Bonnet* bezeichnet. Das allgemeine Ergebnis lässt sich leicht aus dem vorhergehenden ableiten, indem man ein geodätisches Polygon in ausreichend kleine geodätische Dreiecke zerlegt.

Wir skizzieren den *-Beweis*. Wir nehmen an (aus rein technischen Gründen, siehe die vorangehende Bemerkung), dass das Dreieck so klein ist, dass wir an jedem Eckpunkt geodätische Polarkoordinaten einführen können, derart dass Δ in diesem Koordinatenbereich enthalten ist. Aus (4.186) erhalten wir in geodätischen Polarkoordinaten

$$\begin{aligned}\int_\Delta K m dr d\varphi &= -\int_\Delta \frac{\partial^2 m}{\partial r^2} dr d\varphi \\ &= -\int_{\partial\Delta} \frac{\partial m}{\partial r} d\varphi.\end{aligned}$$

Wir nehmen geodätische Polarkoordinaten an einem Eckpunkt P_j. Zwei der Seiten von Δ sind dann radiale Geodäten, die von P_j ausgehen. Auf jeder dieser beiden Seiten ist φ also konstant, und somit verschwindet $d\varphi$ dort. Um das obige Integral auswerten zu können, müssen wir aber auch den Sprung berücksichtigen, den φ bei P_j beim Übergang von der einen zur anderen Seite macht. Dieser Sprung ist der Außenwinkel bei P_j, also $\pi - \theta_j$. Da $\frac{\partial m}{\partial r}(0) = 1$ durch (4.183), ist dies dann auch der Beitrag des Sprungs im Integral. Im obigen Integral erhalten wir also keinen Beitrag von den Seiten, sondern nur Beiträge von den Eckpunkten. Da wir uns aber um einen Gesamtwinkel von 2π drehen, wenn wir das Dreieck einmal durchlaufen, müssen wir 2π in unserer Rechnung abziehen. Das bedeutet, dass

$$\int_{\partial\Delta} \frac{\partial m}{\partial r} d\varphi = \sum_j (\pi - \theta_j) - 2\pi$$

was zu dem Ergebnis führt. □

Wir kehren zur Betrachtung allgemeiner Riemannscher Mannigfaltigkeiten zurück. Der Krümmungstensor erfüllt eine weitere Symmetrie, die *zweite Bianchigleichung.* Obwohl diese Gleichung in Riemanns Werk noch nicht vorkommt, stellen wir sie hier vor, da sie eine wichtige Eigenschaft des Riemannschen Krümmungstensors widerspiegelt.

Lemma 4.4 (Zweite Bianchigleichung)

$$\nabla_{\frac{\partial}{\partial x^h}} R_{k\ell ij} + \nabla_{\frac{\partial}{\partial x^k}} R_{\ell hij} + \nabla_{\frac{\partial}{\partial x^\ell}} R_{hkij} = 0. \tag{4.193}$$

Proof Wir arbeiten in Normalkoordinaten am betrachteten Punkt und verwenden die Formel (4.149) für die Komponenten des Krümmungstensors in Normalkoordinaten,

$$R_{k\ell ij} = \frac{1}{2}(g_{jk,\ell i} + g_{i\ell,kj} - g_{j\ell,ki} - g_{ik,\ell j}).$$

Da alle Terme, die erste Ableitungen der Metrik beinhalten, in Normalkoordinaten verschwinden, erhalten wir dann auch

$$R_{k\ell ij,h} = \frac{1}{2}(g_{jk,\ell ih} + g_{i\ell,kjh} - g_{j\ell,kih} - g_{ik,\ell jh}). \tag{4.194}$$

Also

$$\begin{aligned} R_{k\ell ij,h} + R_{\ell hij,k} + R_{hkij,\ell} &= \frac{1}{2}\big(g_{jk,\ell ih} + g_{i\ell,kjh} - g_{j\ell,kih} - g_{ik,\ell jh} \\ &\quad + g_{j\ell,hik} + g_{ih,\ell jk} - g_{jh,\ell ik} - g_{i\ell,hjk} \\ &\quad + g_{jh,ki\ell} + g_{ik,hj\ell} - g_{jk,hi\ell} - g_{ih,kj\ell}\big) \\ &= 0. \end{aligned}$$

□

4.4.10 Räume mit konstanter Krümmung

Definition 4.7 Die Riemannsche Mannigfaltigkeit M wird als ein Raum konstanter Schnittkrümmung, oder eine *Raumform* bezeichnet, wenn $K(X \wedge Y) = K \equiv$ const. für alle linear unabhängigen $X, Y \in T_x M$ und alle $x \in M$. Eine Raumform heißt *sphärisch*, *eben* oder *hyperbolisch*, je nachdem, ob $K > 0, = 0, < 0$.

Aus Korollar 4.1 und Lemma 4.3 wissen wir, dass die Riemannschen Mannigfaltigkeiten mit verschwindender Schnittkrümmung, die *ebenen,* diejenigen sind, die lokale Koordinaten besitzen, in welchen die Koordinatenvektorfelder $\frac{\partial}{\partial x^i}$

$$g_{ij} = \left\langle \frac{\partial}{\partial x^i}, \frac{\partial}{\partial x^j} \right\rangle \equiv \delta_{ij}$$

erfüllen.

Aus der zweiten Bianchigleichung leiten wir nun den Satz von Issai Schur (1875–1941) ab.

Theorem 4.6 (Schur) *Die Dimension n der Riemannschen Mannigfaltigkeit sei mindestens 3. Wenn die Schnittkrümmung von M in jedem Punkt konstant ist, d. h.*

$$K(X \wedge Y) = f(x) \quad \textit{for } X, Y \in T_x M, \tag{4.195}$$

dann ist $f(x) \equiv \mathrm{const}$ *und M ist eine Raumform.*

Proof Sei K in jedem Punkt x konstant, also $K(X \wedge Y) = f(x)$. Aus Lemma 4.3 erhalten wir

$$R_{ijk\ell} = f(x)(g_{i\ell}g_{jk} - g_{ik}g_{j\ell}).$$

Nach (4.193), mit Normalkoordinaten bei x, und mit $f_h := \frac{\partial}{\partial x^h}(f)$, erhalten wir

$$\begin{aligned} 0 &= R_{ijk\ell,h} + R_{jhk\ell,i} + R_{hik\ell,j} \\ &= f_h(\delta_{i\ell}\delta_{jk} - \delta_{ik}\delta_{j\ell}) + f_i(\delta_{j\ell}\delta_{hk} - \delta_{jk}\delta_{h\ell}) + f_j(\delta_{h\ell}\delta_{ik} - \delta_{hk}\delta_{i\ell}). \end{aligned}$$

Da wir $\dim M \geq 3$, annehmen, können wir für jedes h i, j, k, ℓ finden mit $i = \ell, j = k, h \neq i, h \neq j, i \neq j$. Daraus folgt, dass $0 = f_h$. Da dies für alle $x \in M$ und alle h gilt, schließen wir $f \equiv \mathrm{const}$. □

Der Schursche Satzes ist deswegen bemerkenswert, weil eine punktweise Eigenschaft eine globale Eigenschaft impliziert. Wenn in jedem Punkt alle Richtungen geometrisch ununterscheidbar sind, dann sind auch alle Punkte geometrisch ununterscheidbar. In einer allgemeinen Begrifflichkeit ausgedrückt, ist eine isotrope Riemannsche Mannigfaltigkeit homogen.

Nach der Erörterung des Schurschen Satzes, die für das allgemeine Verständnis hilfreich sein sollte, kehren wir zu Riemanns Argumentation zurück.

Aus der Tatsache, dass die Schnittkrümmungen (in $\frac{n(n-1)}{2}$ allgemeinen Flächenrichtungen) die Metrik, d. h. die lokale Geometrie bestimmen, können wir nun unmittelbar wichtige Folgerungen ableiten. Wenn die Krümmung in jeder Flächenrichtung gleich ist, dann ist auch die Geometrie in jeder dieser Richtungen gleich. Und wenn die Krümmung an verschiedenen Punkten gleich ist (was übrigens schon aus dem Schurschen Satz folgt, wenn die Krümmung an jedem Punkt in jeder Flächenrichtung gleich ist), dann ist auch die Geometrie an diesen Punkten gleich. Daher kann in einem Raum mit konstanter Krümmung jeder Körper frei bewegt und gedreht werden, ohne dass es zu Verzerrungen kommt. (In moderner Terminologie heißt das, dass für zwei beliebige Punkte in einer solchen Mannigfaltigkeit lokale Isometrien zwischen geeigneten Umgebungen dieser Punkte existieren). Wenn wir umgekehrt einen Körper ohne Verzerrung frei bewegen können, muss die Geometrie an jedem Punkt gleich sein, und insbesondere müssen die Flächeninhalte geodätischer Dreiecke übereinstimmen, da es sonst zu Verzerrungen lokaler Flächen kommen würde. Wir haben jedoch in Theorem 4.1 in Abschn. 4.4.5 gesehen, dass solche Flächeninhalte von Dreiecken durch die Krümmung bestimmt sind. Damit sich Körper frei bewegen können, müssen wir also eine konstante Krümmung haben.

Diese Argumentation ist sehr einfach und schön. Es bleibt noch, explizit eine Riemannsche Metrik mit konstanter Krümmung k für jedes $k \in \mathbb{R}$ anzugeben. Riemann gibt eine Formel für eine solche Metrik in lokalen Koordinaten an, und wir werden diese Formel nun erklären und herleiten.

Wir schreiben die Metrik wieder in geodätischen Polarkoordinaten (4.83)

$$dr^2 + m^2 d\varphi^2, \tag{4.196}$$

und wobei wir φ als eindimensional behandeln, weil es für die Schnittkrümmung ausreicht, Flächen zu betrachten. Durch (4.186) ist die Schnittkrümmung unserer Ebene dann

$$k = -\frac{m_{11}}{m}. \tag{4.197}$$

Natürlich ist dies bei $r = 0$ nicht mehr definiert, aber wir können offensichtlich den Grenzwert $r \to 0$ nehmen, denn wenn die Krümmung dort stetig ist, müssen wir auch $m(0) = 0, m_1(0) = 1, m_{11}(0) = 0$ haben (siehe (4.183)). Wenn k konstant ist, ist die Lösung von (4.197) dann

$$m_k(r) = \begin{cases} \frac{\sin(\sqrt{k}r)}{\sqrt{k}} & \text{for } k > 0 \\ r & \text{für } k = 0 \\ \frac{\sinh(\sqrt{-k}r)}{\sqrt{-k}} & \text{for } k < 0. \end{cases} \tag{4.198}$$

In geodätischen Polarkoordinaten hat eine Metrik mit konstanter Krümmung also die Form

$$dr^2 + m_k(r)^2 d\varphi^2 \tag{4.199}$$

mit m_k aus (4.198).

Wir können dies nun auf Metriken mit konstanter Krümmung der Dimension n anwenden und die Riemannsche Formel herleiten. Da Metriken mit konstanter Krümmung in jeder Flächenrichtung gleich aussehen, können wir dann φ für die Richtungsvariablen $\xi^1, \ldots, \xi^n$ mit $\sum(\xi^i)^2 = 1$ auf der Sphäre S^{n-1} in (4.199) stehen lassen, wie in Abschn. 4.4.5. Für $k > 0$ setzen wir dann

$$x^i := \frac{2\xi^i}{\sqrt{k}} \tan \frac{\sqrt{k}r}{2} \tag{4.200}$$

um zu erhalten

$$\begin{aligned}
\sum (x^i)^2 &= \frac{4}{k}\tan^2\frac{\sqrt{k}r}{2}\\
\sum (dx^i)^2 &= \frac{dr^2}{\cos^4\frac{\sqrt{k}r}{2}} + \frac{4}{k}\tan^2\frac{\sqrt{k}r}{2}\sum (d\xi^i)^2\\
ds &= \cos^2\frac{\sqrt{k}r}{2}\sqrt{\sum (dx^i)^2}\\
&= \frac{1}{1+\frac{k}{4}\sqrt{\sum (x^i)^2}}\sqrt{\sum (dx^i)^2}.
\end{aligned} \tag{4.201}$$

Wir stellen fest, dass (4.200) die stereographische Projektion der Kugel mit dem Radius $\sqrt{k}$ wie in (4.10) ist, wenn wir den Nordpol als Mittelpunkt unserer Koordinaten nehmen und beachten, dass r dann die auf der Kugel gemessene Entfernung vom Nordpol ist, während die φ^i eine $(n-1)$-dimensionale Untersphäre parametrisieren, deren Mittelpunkt der Nordpol ist. Insbesondere für $k=1$ ist der metrische Tensor derselbe wie der in (4.43) angegebene. Somit hat die Metrik auf der Kugel S^n, die durch diejenige des umgebenden euklidischen Raums der Dimension $n+1$ induziert wird, die Schnittkrümmung $\equiv 1$. Es ist geometrisch klar, dass wir in einer solchen Sphäre Körper ohne Verzerrung bewegen und drehen können, eine entscheidende Eigenschaft von Räumen mit konstanter Krümmung, auf die Riemann hingewiesen hat. Der Fall anderer positiver Werte k wird einfach durch eine Skalierung der Einheitskugel erreicht.

Im Fall von $k<0$ verwenden wir

$$x^i := \frac{2\xi^i}{\sqrt{-k}}\tanh\frac{\sqrt{-k}r}{2} \tag{4.202}$$

um auf die gleiche Formel (4.201) zu kommen. Natürlich ist diese Formel auch für $k=0$ gültig. (4.201) ist die von Riemann angegebene Formel für eine Metrik konstanter Krümmung. Im Fall von $k<0$ müssen wir die Werte von x auf die offene Kugel $\{\sum (x^i)^2 < \frac{4}{-k}\}$ beschränken. Insbesondere können wir eine Riemannsche Metrik der Krümmung -1 auf der offenen Einheitskugel darstellen.

4.5 Riemanns Text

Mit dem Vorstehenden können wir nun Riemanns Text noch einmal durchgehen und seine Argumente verstehen.

In der Einleitung erklärt Riemann, dass er die Beziehung zwischen Axiomen und geometrischen Konstruktionen klären will. Er sagt, dass das Konzept einer mehrfach ausgedehnten Größe benötigt wird. Auf einem solchen Objekt können verschiedene Maßverhältnisse eingeführt werden. Welches davon in unserem gewöhnlichen physikalischen Raum, einer dreifach ausgedehnten Größe, verwirklicht ist, lässt sich dann nicht a priori ableiten, sondern muss empirisch gefunden werden. Das wichtigste, aber keineswegs einzige Beispiel ist der euklidische Raum.

In Kapitel I entwickelt er dann den Begriff der n-fach ausgedehnten Größe. Riemann sagt, dass er sich nur auf die Abhandlung von Gauß über die Differentialgeometrie von Flächen und auf einige Untersuchungen des Philosophen Herbart stützen kann, aber ansonsten ein völlig neues Gebiet erkunden muss. Solche Mannigfaltigkeiten entstehen natürlicherweise, wenn ein Begriff verschiedene Bestimmungen annehmen kann, wie die verschiedenen Positionen eines Punktes im Raum oder die verschiedenen Farben eines Objektes. Solche Mannigfaltigkeiten können entweder diskret sein, wenn Elemente gezählt werden können, oder kontinuierlich, wenn sie gemessen werden können, und in seinem Vortrag will Riemann den letzteren Fall untersuchen, wie in Abschn. 4.4.1 besprochen. Solche kontinuierlichen Mannigfaltigkeiten sind auch in der Mathematik nützlich, für die Behandlung von mehrwertigen analytischen Funktionen oder für Differentialgleichungen. n-dimensionale Mannigfaltigkeiten werden lokal durch n unabhängige Koordinatenfunktionen dargestellt. In §2 konstruiert er iterativ eine Mannigfaltigkeit der Dimension $n + 1$ aus einer der Dimension n, indem er einen Freiheitsgrad hinzufügt. In §3 erklärt er umgekehrt, dass die Niveaumenge einer Funktion auf einer n-dimensionalen Mannigfaltigkeit im Allgemeinen eine $(n - 1)$-dimensionale Untermannigfaltigkeit ist. Aus diesen Überlegungen lässt sich die Dimension einer Mannigfaltigkeit iterativ aufbauen. (Wie im Abschn. 4.3 erwähnt, gibt es einige technische Schwierigkeiten bei dem Konzept der Dimension einer Mannigfaltigkeit. Diese Schwierigkeiten verschwinden, wenn wir annehmen, dass die Mannigfaltigkeit differenzierbar ist, wie es Riemann in der Folge implizit tut und wie wir es in unserem Kommentar systematisch getan haben). Es gibt auch unendlich dimensionale Mannigfaltigkeiten, wie Räume von Funktionen in einem bestimmten Gebiet oder die möglichen Gestalten einer räumlichen Figur.

In Kapitel II führt er die Metrik, wie sie in Abschn. 4.4.3 beschrieben wird, als ein Mittel zur Durchführung von Messungen auf einer Mannigfaltigkeit ein. Eine Riemannsche Metrik ermöglicht es, die Länge einer Kurve unabhängig von ihrer Lage zu messen und damit die Längen verschiedener Kurven zu vergleichen. In seinem Habilitationsvortrag gibt Riemann nicht die für eine strenge Entwicklung der Theorie erforderlichen Formeln an, sondern erläutert lediglich die geometrischen Ergebnisse in abstrakter Form. In §1 wird der Begriff der infinitesimalen Metrik eingeführt, der später nach ihm als Riemannsche Metrik benannt und in Abschn. 4.4.3 behandelt wurde. Obwohl es allgemeinere Möglichkeiten gibt, begründet Riemann seine Wahl als die formal einfachste, aber inhaltlich nicht triviale Verallgemeinerung der euklidischen Metrik. Die euklidische Metrik wird als *eben*[34] bezeichnet, und ein Großteil seiner nachfolgenden Überlegungen befasst sich mit dem Kriterium, wann eine in beliebigen Koordinaten gegebene Metrik eben ist. Da die Metrik auf einer n-dimensionalen Mannigfaltigkeit durch einen symmetrischen Tensor $(g_{ij})_{i,j=1,\ldots,n}$ gegeben ist, gibt es $\frac{n(n+1)}{2}$ Freiheitsgrade, aber n davon sind nur scheinbare Freiheitsgrade, da wir die n Koordinatenfunktionen wählen können. Es bleiben also $\frac{n(n-1)}{2}$ wirkliche Freiheits-

[34] Heute schreibt man meist *flach,* was eine Rückübersetzung des englischen Ausdrucks *flat* ist.

grade übrig. In §2 führt er dann Normalkoordinaten ein, wie in Abschn. 4.4.5 beschrieben, und formuliert das Ergebnis des Satzes 4.1, und er identifiziert den entscheidenden Term in der Entwicklung mit der Gaußkrümmung. (Riemann verwendet eine etwas andere Normierung, und so erhält er einen Faktor $-\frac{3}{4}$.) Die Entwicklung der Metrik zweiter Ordnung wird also durch die Gaußkrümmungen der Flächen bestimmt. Da es in einem Punkt einer n-dimensionalen Mannigfaltigkeit $\frac{n(n-1)}{2}$ unabhängige Flächenrichtungen gibt, ergibt dies nach seiner Zählung genau die richtige Anzahl von Freiheitsgraden. Im Allgemeinen ist also eine Riemannsche Metrik bestimmt, wenn wir $\frac{n(n-1)}{2}$ unabhängige Flächenkrümmungen an jedem Punkt kennen. Wie in Abschn. 4.4.6 erläutert, muss man seinen Text hier sorgfältig lesen, da diese Flächenrichtungen allgemein und unabhängig sein müssen (in §4 macht er auch die etwas kryptische Bemerkung „deren Krümmungsmasse von einander unabhängig sind").

In §3 erinnert er an die geometrischen Interpretationen der Gaußschen Krümmung, wie sie von Gauß in seinem Theorema egregium 4.4 als das Produkt der beiden Hauptkrümmungen einer Fläche im Raum und in seinem Theorema elegantissimum 4.5 als die Abweichung der Summe der Winkel in einem geodätischen Dreieck von π (siehe Abschn. 4.4.4 für den Begriff einer geodätischen Kurve; ein geodätisches Dreieck ist ein Dreieck, dessen drei Seiten alle geodätisch sind). Wenn er also eine Fläche in einer Mannigfaltigkeit aus allen Geodäten konstruiert, die von einem gegebenen Punkt in Richtungen ausgehen, die durch Linearkombinationen zweier Tangentialvektoren gegeben sind, also in allen Richtungen, die durch eine zweidimensionale Ebene im Tangentialraum gegeben sind, kann die Krümmung dieser Fläche geometrisch interpretiert werden.

So bestimmen diese Schnittkrümmungen die Metrik, und in §4 sagt er, dass ebene Metriken durch das Verschwinden ihrer Schnittkrümmungen gekennzeichnet sind, ein Theorem, das wir in Abschn. 4.4.7 abgeleitet haben. Allgemeiner (wie in Abschn. 4.4.10 beschrieben) sind Metriken mit konstanter Schnittkrümmung genau solche, in denen Körper beliebig ohne Verzerrung bewegt werden können, und er gibt die Formel (4.201) für eine solche Metrik mit konstanter Krümmung.

In §5 beschreibt er die lokale Geometrie von Flächen mit konstanter Krümmung. Als Vergleichsfläche nehmen wir die Einheitssphäre. also die Oberfläche der Einheitskugel, im dreidimensionalen euklidischen Raum; diese hat die konstante Krümmung 1 (siehe Abschn. 4.4.10). Nun betrachten wir Flächenstücke mit anderen konstanten Krümmungswerten k, die diese Sphäre entlang des Äquators berühren. Solche Flächen mit $k > 1$ berühren den Äquator von innen, wie die Außenkurve eines geeigneten Rotationstorus. Für $0 < k < 1$ nimmt man eine größere Sphäre (mit dem Radius $\frac{1}{\sqrt{k}}$), schneidet das Stück zwischen zwei geeigneten großen Halbkreisen durch die Pole aus, wobei der Abstand ihrer Schnittpunkte mit dem Äquator 2π beträgt, und klebt diese beiden Halbkreise zusammen, um eine Fläche zu bilden, die von außen den Äquator der Einheitssphäre berühren kann. Diese Fläche liegt dann zwischen der Einheitssphäre und einem senkrechten Zylinder, der sie ebenfalls am Äquator berührt; letzterer hat die Krümmung 0, wie zum Beispiel aus dem Theorema egregium folgt 4.4. Schließlich würde ein Flächenstück mit negativer Krümmung, das die Einheitssphäre am Äquator berührt, außerhalb dieses Zylinders liegen und wie das Gebiet um die Innenkurve eines geeigneten Rotationstorus aussehen. In einer Fläche mit konstanter Krümmung können zweidimensionale Figuren dehnungsfrei bewegt werden. Da sich Flächen mit positiver Krümmung als Sphären im euklidischen Raum darstellen lassen, können Figuren auch auf ihnen verbiegungsfrei bewegt werden. Außerdem sagt Riemann, dass sich krümmungsfreie Flächen dadurch auszeichnen, dass in ihnen auch die Richtungen unabhängig vom Ort sind. Er scheint damit anzudeuten, dass man im euklidischen Raum die Tangentialräume an verschiedenen Punkten durch Parallelverschiebung eindeutig miteinander identifizieren kann. In anderen Räumen kann man zwar auch einen Begriff der Parallelverschiebung entwickeln (mittels der in Abschn. 4.4.7 eingeführten kovarianten Ableitung), aber eine solche Parallelverschiebung von einem Punkt zum anderen hängt dann von der Wahl einer Kurve ab, die diese beiden Punkte verbindet, und ist daher nicht eindeutig oder kanonisch.

Kapitel III ist den Anwendungen im (physikalischen) Raum gewidmet. In §1 gibt er verschiedene Kriterien dafür an, dass eine (dreidimensionale) Riemannsche Metrik eben, d. h. euklidisch ist. Erstens müssen, wie in Abschn. 4.4.7 entwickelt, die Schnittkrümmungen in drei unabhängigen und allgemeinen Flächenrichtungen an jedem Punkt verschwinden. Nach dem Theorema elegantissimum 4.5 von Gauß gilt dies, wenn die Summe der Winkel in jedem geodätischen Dreieck π ist. Zweitens ist die Krümmung bei frei beweglichen Körpern konstant, und um ihren Wert zu ermitteln, braucht man nur die Summe der Winkel in einem einzigen geodätischen Dreieck zu bestimmen, wiederum unter Berufung auf das Theorema elegantissimum 4.5. Schließlich könnte man, wie im Kommentar zu §5 des vorangegangenen Kapitels erläutert, auch verlangen, dass nicht nur die Längen, sondern auch die Richtungen von Kurven nicht von ihrem Ort abhängen.

In §2 argumentiert er, dass Messungen in kontinuierlichen Mannigfaltigkeiten niemals exakt sein können. Daher bleibt die Bestimmung einer Riemannschen Metrik, z. B. durch ihre Krümmung, durch Messungen immer ungenau, was ein Problem ist, wenn man zu kleineren Maßstäben übergeht, z. B. mit Hilfe eines Mikroskops. Bei größeren Maßstäben, bis hin zum unendlich Großen, wird die Unterscheidung zwischen unendlicher Ausdehnung und Unbegrenztheit relevant, wie sie am Ende des Abschn. 4.4.1 erläutert wurde. Während wir vernünftigerweise annehmen können, dass der physische Raum unbegrenzt ist, wissen wir nicht, ob er auch eine unendliche Ausdehnung hat. Sollte der physikalische Raum nämlich eine konstante positive Krümmung haben, so wäre sein Durchmesser notwendigerweise endlich.

In §3 sagt Riemann, dass Fragen über das Unmessbargroße für die Naturerklärung müssig sind, während dies für das Unmessbarkleine keineswegs zutrifft. Der Fortschritt in der Mechanik hängt von der Infinitesimalrechnung und den von Archimedes, Galilei und Newton entdeckten Prinzipien ab, und für andere, weniger exakte Wissenschaften erlaubt uns das Mikroskop einen Blick ins Kleine, um die Kausalzusammenhänge zu erkennen. Wenn die Metrik des physikalischen Raums eine konstante Krümmung hat, lassen astronomische Messungen bisher keine Abweichung vom Wert 0 erkennen. Wenn wir aber die Annahme aufgeben, dass sich Körper frei bewegen können, d. h. dass die Krümmung konstant ist, kann es im Kleinen Abweichungen der Krümmung von 0 geben, die von unseren Messungen, die wegen ihrer endlichen Genauigkeit nur lokale Mittelwerte liefern können, nicht erkannt werden.

Riemann macht dann die visionäre Bemerkung, dass wir nicht sicher sein können, dass die empirischen Vorstellungen, auf denen unsere metrischen Bestimmungen des Raums beruhen, nämlich die eines festen Körpers und eines Lichtstrahls, im unendlich Kleinen noch gültig sind. Die infinitesimale Struktur des Raumes könnte also prinzipiell ganz anders sein. Die Frage nach der Gültigkeit der Hypothesen der Geometrie ist mit der Frage nach dem Grund für ihre metrischen Beziehungen verbunden. Im Falle einer diskreten Mannigfaltigkeit sind die metrischen Beziehungen in dieser Struktur enthalten, aber im Falle einer kontinuierlichen Mannigfaltigkeit müssen sie von außen kommen. Und er sagt „Es muss also entweder das dem Raume zu Grunde liegende eine diskrete Mannigfaltigkeit bilden, oder der Grund der Massverhältnisse au§erhalb, in darauf wirkenden bindenden Kräften, gesucht werden.“ Die Entscheidung dieser Frage erfordert empirische Untersuchungen und die Entwicklung von Theorien zur Erklärung von deren Ergebnissen. Theoretische Grundlagenarbeit wie in diesem Text ist wichtig, um einen allgemeinen begrifflichen Rahmen zu schaffen, innerhalb dessen dies geschehen kann. Dies führt jedoch in den Bereich der Physik und geht über das Thema dieses Vortrags hinaus.

Rezeptions- und Wirkungsgeschichte 5

5.1 Helmholtz

Für das Verständnis der Riemannschen Schrift und ihrer Bedeutung ist der Vergleich mit den Darlegungen des Physiologen und Physikers Hermann von Helmholtz[1] besonders wichtig.

[1] Hermann Helmholtz, 1821 als Sohn eines Gymnasiallehrers geboren, musste aus finanziellen Gründen zunächst Militärarzt werden, hatte aber in Berlin bei dem führenden Anatomen und Physiologen seiner Zeit, Johannes Müller (1801–1858), studieren können. Hervorgetreten mit Untersuchungen zur Entstehung und Ausbreitungsgeschwindigkeit von Nervenimpulsen und der Schrift *Über die Erhaltung der Kraft* (zur Energieerhaltung), wurde er 1849 Professor für Physiologie in Königsberg, dann in Bonn und Heidelberg. Bedeutende Erfolge in der Sinnesphysiologie waren die Messung der Fortpflanzungsgeschwindigkeit von elektrischen Nervenreizen und die Entwicklung des Augenspiegels. Seine Monographien *Handbuch der Physiologischen Optik* [91] und *Die Lehre von den Tonempfindungen als physiologische Grundlage der Musik* [90] legten die systematischen Grundlagen der Sinnesphysiologie. Die physiologischen Forschungen von Helmholtz und seinem Studienfreund Emil du Bois-Reymond (1818–1896) (Bruder des Mathematikers Paul du Bois-Reymond (1831–1889)), dem Begründer der Elektrophysiologie und Nachfolger Müllers in Berlin, führten zur endgültigen Überwindung der vitalistischen Vorstellungen, denen ihr Lehrer Müller noch angehangen hatte. Helmholtz' sinnesphysiologische Untersuchungen führten ihn auch zu einer empiristischen Erkenntnistheorie und auf dieser Basis dann zu grundsätzlichen Überlegungen zum Raumbegriff, die im Text unten genauer dargestellt werden. Bemerkenswert bleibt, dass der mathematisch nur autodidaktisch gebildete Physiologe Helmholtz derart tief in eine Grundlagenfrage der Mathematik eindringen konnte, auch wenn seine Überlegungen im Detail nicht immer den Fachkriterien der Mathematiker wie Sophus Lie standhalten konnten (andere, wie insbesondere Felix Klein in [123, Bd. 1, S. 223–230], beurteilten den Beitrag von Helmholtz wesentlich großzügiger als Lie, der auch in den Disputen mit denen, die er als seine Konkurrenten auffasste, wie Killing oder Klein, ungewöhnlich scharf sein konnte). Helmholtz, der sich im Laufe seiner Karriere immer mehr physikalischen Fragen zuwandte, hatte allerdings auch schon vorher in der Hydrodynamik ein bedeutendes und schwieriges mathematisches Resultat erzielt, nämlich dass in einer reibungsfreien Flüssigkeit entstandene Wirbel erhalten bleiben; hierbei bildete übrigens die Riemannsche Theorie der konformen Abbildungen eine wichtige Inspiration. Seine Beiträge, und die seines Schülers Heinrich Hertz (1857–1894), verhalfen

J. Jost, *Bernhard Riemann – Über die Hypothesen, welche der Geometrie zu Grunde liegen*, Klassische Texte der Wissenschaft, https://doi.org/10.1007/978-3-662-70872-9_5

Helmholtz hat sich in mehreren Schriften und Vorträgen mit erkenntnistheoretischen Fragen befasst, insbesondere unter dem Gesichtspunkt, was wir aus unseren Sinneserfahrungen über die Struktur der Welt erkennen können. Seine Fragestellung war also eine völlig andere als die naturphilosophische Riemanns. Bemerkenswerterweise gehen seine Schlussfolgerungen aber zunächst in die gleiche Richtung wie diejenigen Riemanns, enden dann aber anders, weil er eine wesentliche zusätzliche Annahme macht, die von ihm als empirisch evident angesehen wird, ihn letztendlich aber daran hindert, zu der Allgemeinheit der Theorie Riemanns vorzudringen. Nichtsdestoweniger ist diese Annahme mathematikgeschichtlich fruchtbar, weil sie einen wichtigen Impuls für Lies Theorie der Transformationsgruppen liefert, welche dann zusammen mit der Riemannschen Geometrie grundlegend für die moderne Physik wird.

Wir beziehen uns hier auf Helmholtz' Schriften *Über den Ursprung und die Bedeutung der geometrischen Axiome*, *Über die tatsächlichen Grundlagen der Geometrie*, *Über die Tatsachen, die der Geometrie zugrunde liegen*, diejenige Schrift, die sich am deutlichsten auf Riemann bezieht und die schon in ihrem Titel eine Spitze gegen diesen enthält, und schließlich *Die Tatsachen in der Wahrnehmung* nebst ihren drei Beilagen.[2] (Zur Erhellung der erkenntnistheoretischen Position Helmholtz' ist auch seine spätere Schrift *Zählen und Messen, erkenntnistheoretisch betrachtet* hilfreich. Dort zeigt sich Helmholtz übrigens wesentlich konzilianter gegenüber Kant, indem er dessen grundsätzliche Vorstellung vom Raum als transzendentaler Anschauungsform akzeptiert und nur eine dann ihm zufolge in unglücklicher Weise von dessen Nachfolgern aufgegriffene Spezialbestimmung angreift.) Wir behandeln die genannten Schriften hier als Einheit, auch wenn im Laufe der Zeit durchaus eine Weiterentwicklung der Überlegungen Helmholtz' feststellbar ist und er insbeson-

---

der Faraday-Maxwellschen Theorie der Elektrodynamik zum Durchbruch. Helmholtz' Ansatz, die elektrodynamischen Feldgleichungen aus einem Prinzip der kleinsten Wirkung abzuleiten, war eine wichtige Vorstufe für die Entwicklung der Relativitätstheorie, auch wenn Helmholtz' eigener theoretischer Ansatz zwar zur Vorhersage der Existenz des Elektrons führte, sich aber letztendlich als Irrweg erwies, weil er auf der Existenz des Äthers beruhte. 1871 wurde Helmholtz Professor für Physik in Berlin. 1883 geadelt, wurde er 1888 zum Präsidenten der neugegründeten Physikalisch-Technischen Reichsanstalt ernannt, einer auch durch ihr Organisationsprinzip zukunftsweisendes Großforschungseinrichtung. Helmholtz starb 1894. Helmholtz war der große universelle Naturwissenschaftler der zweiten Hälfte des 19. Jahrhunderts, und er genoss auch die entsprechende gesellschaftliche Anerkennung. Seine Position in der deutschen Naturwissenschaft lässt sich mit derjenigen von Alexander von Humboldt in der ersten Hälfte des 19. Jahrhunderts vergleichen. Zur Biographie und wissenschaftlichen Bedeutung s. Leo Koenigsberger [125]. Eine neuere Untersuchung stammt von Gregor Schiemann [184]. Zu Helmholtz gibt es ohnehin eine umfangreiche Literatur. Ich nenne hier nur noch das neuere Werk von Michel Meulders [151].

[2] für Quellenangaben s. die kommentierte Auswahlbibliographie am Ende. I. F. werden diese Schriften abgekürzt als *Axiome, Grundlagen, Geometrie* und *Wahrnehmung* zitiert, die erste und letzte wie die Erläuterungen von Hertz und Schlick mit den Seitenzahlen aus der Ausgabe von E. Bonk [205], die anderen nach den *Wissenschaftlichen Abhandlungen,* Bd. II, [204].

dere auch am Anfang noch nicht die Möglichkeit der nichteuklidischen (hyperbolischen) Geometrie kannte.[3]

Das grundsätzliche Problem (*Geometrie,* S. 618), das Helmholtz aufwirft, ist dasjenige der Unterscheidung zwischen dem objektiven Gehalt der Geometrie und demjenigen Anteil, welcher durch Definitionen festgelegt wird oder werden kann, oder von der Darstellungsform, beispielsweise der Wahl der Koordinaten, abhängig, also nicht invariant ist. Helmholtz wendet sich dabei vor allem gegen die Vorstellung vom Raum, die Kant in seinen kritischen Schriften entwickelt hatte und die wir oben dargelegt haben, dass nämlich der Raum eine a priori gegebene Form aller äußeren Anschauung sei.[4] Helmholtz arbeitet in *Axiome,* S. 16, den Unterschied zwischen einem rein formalen Schema heraus, „in welches jeder beliebige Inhalt der Erfahrung passen würde", und einem solchen, dessen anschaubar werdender Inhalt von vorneherein gesetzmäßig beschränkt ist. Das erste kann Helmholtz akzeptieren, das zweite dagegen weist er zurück. Er stimmt mit Kant darin überein, dass die allgemeine Form der Raumanschauung transzendental gegeben ist, was für ihn letztendlich bedeutet, dass der Raum eine kontinuierliche Mannigfaltigkeit ist, die das gleichzeitige Bestehen verschiedener Körper, also das Nebeneinander, ermöglicht[5] und in der Größenvergleiche möglich sind. Nähere Bestimmungen aber müssen der Erfahrung entnommen werden, anstatt dass sie vor aller möglichen Erfahrung gegeben sein können.[6] Helmholtz beginnt seine Argumentation in *Axiome* mit den Axiomen der euklidischen Geometrie. Axiome sind nicht beweisbar, und er stellt daher die Frage, warum wir diese Axiome trotzdem als richtig akzeptieren. (Hilbert arbeitet bekanntlich später heraus, dass Axiome beliebige Setzungen sind, wodurch in gewisser Weise der Helmholtzschen Frage der Boden entzogen wird.) Zu seiner Antwort wird er durch das fundamentale Beweisschema der euklidischen Geometrie geführt, den Nachweis der Kongruenz geometrischer Figuren und Körper. Dies nun beruht auf der Annahme, dass geometrische Gebilde frei im Raum bewegt werden können, ohne ihre Form zu ändern. Dies aber, so der zentrale Argumentationspunkt, ist keine logische Notwendigkeit, sondern eine empirische Tatsache.[7]

---

[3] z. B. *Grundlagen,* S. 613, 615. Dies wird erst im Zusatz zu dieser Arbeit richtiggestellt. Ebenso *Geometrie,* S. 637–9, wo es in den *Wissenschaftlichen Abhandlungen* dann durch eingefügte Fußnoten korrigiert wird.

[4] Inwieweit Helmholtz den kantischen Begriff des synthetischen Urteils a priori missverstanden hat, indem er nicht den Unterschied zwischen Denknotwendigkeit und anschaulicher Notwendigkeit erfasst, war zwar ein wesentlicher Aspekt der Argumentation der Kantianer, mag aber hier dahingestellt bleiben. S. auch die Erläuterungen von Schlick, S. 49.

[5] Hier ist die moderne Mathematik dann noch weiter in der von Helmholtz eingeschlagenen Richtung gegangen, indem auch topologische und nicht nur metrische Bestimmungen des Raumes kontingent sein können.

[6] *Wahrnehmung,* S. 159.

[7] Anscheinend war Helmholtz nicht bekannt, dass es schon für Leibniz ein wesentliches Postulat gewesen war, dass jeder Körper im Raum ohne Formveränderung beweglich zu denken ist, s. S. 161, 168 in Band V von [72]. Dies ist konstitutiv für Leibniz' konstruktiven Ansatz seiner Geometrie der Lage, s. Ernst Cassirer [26]. Für Leibniz war allerdings das, was für Helmholtz als empirische Tat-

Was wir uns vorstellen können, ist durch den Bau unserer Sinnesorgane beschränkt, die an den Raum angepasst sind, in dem wir leben. Genauer konstruieren wir den Raum aus den Daten auf unserer zweidimensionalen Netzhaut. Erstens gibt dies dem alten philosophischen Argument von Leibniz für die Relativität des Raumes, dass es nämlich nicht feststellbar ist, wenn alle Gegenstände im gleichen Maße verschoben oder vergrößert würden, eine neue empirische Fassung, denn eine solche Veränderung würde dann auch unsere Sinnesorgane betreffen. Zweitens ist diese Rekonstruktion in gewissem Grade flexibel. Genauso wie jemand, dem eine Konvexbrille aufgesetzt wird, so dass sich ihm die Gegenstände wie im hyperbolischen Raum darstellen,[8] sich nach kurzer Zeit wieder problemlos zurechtfindet, so könnte man sich auch an das Leben in einer nichteuklidischen Geometrie gewöhnen. Wichtig ist nur die innere Konsistenz der Raumwahrnehmungen, solange keine weiteren physikalischen Phänomene ins Spiel kommen. (Ein bekanntes Beispiel sind die Experimente mit Umkehrbrillen. Eine Person, der eine Umkehrbrille aufgesetzt wird, welche den Effekt hat, dass Oben und Unten vertauscht werden, dass also alles auf dem Kopf zu stehen scheint, gewöhnt sich nach einiger Zeit daran und findet sich dann wieder völlig problemlos in der Welt zurecht. Insbesondere sind alle Bewegungen und Handlungen auf das durch die Umkehrbrille Gesehene abgestimmt. Wird die Umkehrbrille wieder abgelegt, so braucht die Testperson wieder einige Zeit für die Umgewöhnung, bis also die Gegenstände nicht mehr auf dem Kopf zu stehen scheinen.) Für Helmholtz ist also entscheidend, dass die Raumwahrnehmung aus untereinander und in sich konsistenten Sinneswahrnehmungen konstruiert wird. Dem Physiologen Helmholtz verdanken wir ja auch gerade die fundamentale Erkenntnis, dass das Gehirn das Bild der Außenwelt aus lokalen elektrischen Aktivitäten, die mit messbarer, endlicher Geschwindigkeit längs Nerven weitergeleitet werden, konstruiert („*Die Sinnesempfindungen sind für unser Bewußtsein Zeichen, deren Bedeutung verstehen*

---

sache feststand, noch ein mathematisches und philosophisches Problem, s. V. De Risi [36]. Leibniz analysierte sorgfältig den Unterschied zwischen Ähnlichkeit und Kongruenz (Deckungsgleichheit) geometrischer Figuren. Ohne einen direkten Vergleich durch Bezug auf einen gemeinsamen Maßstab lässt sich nur die Ähnlichkeit, d. h. die Gleichheit der inneren Verhältnisse zweier Figuren, aber nicht deren Kongruenz, also die absolute Gleichheit ihrer Maße, feststellen. Leibniz argumentiert dafür aber nicht mit der Beweglichkeit des starren Maßstabes, sondern mit derjenigen der zu untersuchenden Figuren, was natürlich ebenfalls zur Homogenität des Raumes führt. Auch Kant ist mit diesen Problemen vertraut. Man könnte nun, salopp gesprochen, denken, dass sich der mit dem Zollstock in der Gegend herumlaufende Physiker einfach über ein Scheinproblem des sich mit der Durchdringung der euklidischen Geometrie abmühenden Mathematikers oder des in seinem Kämmerlein spekulierenden Philosophen hinwegsetzt. Die Sachlage ist aber nicht so einfach. Wie unten im Abschn. 5.4 erläutert, hat Weyl später vorgeschlagen, bei den Maßstäben noch eine wegabhängige Eichfreiheit zuzulassen, dass sich also Längen verändern können, wenn Körper im Raum transportiert werden. Zwar ist dies letztendlich von den Physikern zurückgewiesen worden, z. B. durch den Verweis auf die absolute Längenskala der Atomistik, aber wie im Abschn. 6.2 dargelegt, ist dieser Gedanke trotzdem auf etwas andere Weise für die moderne Elementarteilchenphysik zentral geworden.

[8] Helmholtz zeigt an dieser Stelle ein eingehendes geometrisches Verständnis des unten zitierten Modells von Beltrami der nichteuklidischen (seinerzeit und auch bei Helmholtz pseudospärisch genannten) Geometrie.

zu lernen unserem Verstande überlassen ist“[9] oder „Insofern die Qualität unserer Empfindung uns von der Eigentümlichkeit der äußeren Einwirkung, durch welche sie erregt ist, eine Nachricht gibt, kann sie als ein *Zeichen* derselben gelten, aber nicht als ein *Abbild.* … Ein Zeichen aber braucht gar keine Art der Ähnlichkeit mit dem zu haben, dessen Zeichen es ist. Die Beziehung zwischen beiden beschränkt sich darauf, daß das gleiche Objekt, unter gleichen Umständen zur Einwirkung kommend, das gleiche Zeichen hervorruft“[10]), und dies führt dann in den modernen Konstruktivismus als auf neurobiologischen Erkenntnissen aufbauenden Zugang zur Philosophie.[11] Dabei muss aber nach Helmholtz das Kausalgesetz für die Deutung der Erfahrungen vorausgesetzt werden.[12] Erfahrungen sind also nicht beliebig, sondern beziehen sich auf eine Außenwelt, deren Physik und Geometrie es zu rekonstruieren gilt.

Allerdings hat diese geschilderte Anpassungsfähigkeit an die geometrischen Verhältnisse der Außenwelt durch den Bau unserer Sinnesorgane bedingte Grenzen. Insbesondere betrifft dies die Dimension des Raumes.

Um dies zu veranschaulichen, entwirft Helmholtz das Denkmodell von vernunftbegabten Lebewesen, die auf einer Fläche, also in einer zweidimensionalen Welt leben, und sich daher keine dritte Dimension vorstellen können.[13] Einen Ausweg für die Flachländer, die sich die dritte Dimension, wie für uns, die wir uns die vierte Dimension konzipieren wollen, liefern aber die formalen Rechenmethoden der Mathematik, die zwanglos Konstruktionen in beliebigen Dimensionen ausführen können. Die Messungen im empirisch gegebenen Raum können dann auch mit den Ergebnissen von Rechnungen in Koordinatensystemen in konstruierten Räumen verglichen werden, und auf diese Weise können dann die speziellen Eigenschaften des empirischen Raumes herausgearbeitet werden. Dies sieht Helmholtz als den Zugang Riemanns an. Insbesondere ist nach Helmholtz der empirische Raum keine allgemeine dreidimensionale Mannigfaltigkeit im Riemannschen Sinne, sondern durch die zusätzlichen Eigenschaften erstens der freien Beweglichkeit von Körpern ohne Formveränderung nach allen Punkten und in alle Richtungen[14] und zweitens des Verschwindens der Krümmung bestimmt. Tatsächlich folgt aus der freien Beweglichkeit von Körpern erstens

---

[9] Hermann von Helmholtz [206, S. 433] (im Original hervorgehoben).

[10] *Wahrnehmung,* S. 153 (Hervorhebungen im Original).

[11] zur Geschichte der Neurobiologie vgl. Olaf Breidbach [17]. Auf die Entwicklung der Sinnesphysiologie vor, durch und nach Helmholtz, auf den Einfluss, den die Theorie der Lokalzeichen von Lotze ausübte, auf den Streit zwischen Empiristen wie Helmholtz und Nativisten wie Hering (zu Helmholtz’ Position s. z. B. *Wahrnehmung,* S. 163 f.) etc. kann an dieser Stelle nicht eingegangen werden.

[12] *Wahrnehmungen,* S. 171 f., S. 191.

[13] Dieses Bild wurde später von in dem von Edwin A. Abbott unter dem Pseudonym A. Square publizierten Werk [1] ausgemalt und popularisiert. Allerdings war dieser Gedanke schon vor Helmholtz von Gauß geäußert worden, s. [209, S. 81]. Noch vor Gauß hatte der Begründer der Psychophysik, Gustav Theodor Fechner (1801–1887), eine ähnliche Idee gehabt, s. [200].

[14] Helmholtz arbeitet hierbei auch das Monodromieprinzip heraus, dass eine Körper nach einer Drehung um 360 Grad wieder in seine Ausgangsposition und -form zurückkehrt. Lie kritisiert dann

die von Riemann angenommene infinitesimale Gültigkeit des pythagoräischen Satzes, und dies ist ein wesentlicher mathematischer Beitrag Helmholtz'. Zweitens folgt sogar schon die Konstanz der Krümmung, und dies ist ebenfalls ein wichtiges mathematisches Resultat (allerdings war dies auch schon, wie oben dargelegt, von Riemann gefunden worden, aber Helmholtz ging von anderen Axiomen als Riemann aus, so dass das Helmholtzsche Resultate nicht direkt aus dem Riemannschen folgt), auch wenn Lie später die Stringenz der Helmholtzschen Beweisführung kritisiert. Dass die Krümmung konstant sein muss, folgt also nach Helmholtz schon aus einem allgemeinen Erfahrungsprinzip, während der genaue Wert der Krümmung dann das Resultat einer konkreten empirischen Messung ist.[15]

Helmholtz bemerkt auch, dass die freie Beweglichkeit der Körper keine rein geometrische Eigenschaft ist. Wenn nämlich alle Körper sich bei einer Ortsveränderung gleichermaßen veränderten, so hätten wir keine Möglichkeit, dies festzustellen, da sich mit den Körpern auch die Maßstäbe verändern würden. Hier wird also wieder ein zusätzliches physikalisches Prinzip benötigt. Dies ist aber ein subtiler Punkt. Denn was starr ist, kann letztendlich weder aus Prinzipien abgeleitet noch anschaulich bestimmt werden. Um zu verifizieren, dass ein Körper starr ist, müssten wir feststellen, dass sich die Abstände zwischen den einzelnen Punkten in diesem Körper nicht ändern, aber dafür benötigten wir wieder einen schon als starr nachgewiesenen Maßstab. Nach Einstein kann also die Festlegung dessen, was starr ist, nur auf einer Übereinkunft beruhen. Das physikalische Prinzip kann dann nur noch die Einfachheit der Erklärung sein,[16],[17] während Helmholtz noch glaubt, hier das physikalische Verhalten träger Körper heranziehen zu können. An dieser Stelle wird vielleicht auch der wesentliche Unterschied zum Riemannschen Ansatz klar. Helmholtz geht von starren Körpern aus, während Riemann nur konsistente Längenmaßstäbe zugrunde legt. Das physikalische Prinzip starrer Körper, welches Helmholtz einführt, verhindert gerade, dass er zum Prinzip der allgemeinen Relativitätstheorie vordringt, wo das Verhalten der Körper und die Geometrie des Raumes miteinander verschränkt werden. Für Riemann ist das metrische Feld des Raumes nicht unbedingt starr gegeben, sondern kann in Wechselwirkung

---

später, dass dies kein unabhängiges Axiom ist, wie Helmholtz annimmt, sondern schon aus den anderen Axiomen Helmholtz' folgt.

[15] Dies ordnet sich wieder in einen langen Diskussionsstrang ein. Dass die Krümmung des Raumes empirisch messbar sein muss, wusste schon Gauß. Ob die Krümmung des Raumes tatsächlich im kosmischen Maßstab verschwindet, führt in die auch heute noch nicht abgeschlossene Diskussion über die kosmologische Konstante Einsteins, die jüngst durch im Kontext der etablierten kosmologischen Physik unerklärliche Phänomene wiederaufgeflammt ist und zur Suche nach sog. dunkler Energie führt.

[16] s. zu diesem Punkt die Erläuterungen von Schlick, S. 52.

[17] Dieser Gedankenweg ist derjenige des Konventionalismus (s. u.). Martin Carrier [23] arbeitet heraus, dass Helmholtz somit mehrere verschiedene Richtungen der Philosophie der physikalischen Geometrie angeregt hat, da seine Auffassungen sowohl dahingehend aufgefasst werden können, dass die freie Beweglichkeit starrer Körper eine empirische Tatsache ist, als auch, dass sie eine nützliche Konvention liefert, und schließlich auch, dass sie die Voraussetzung physikalischer und geometrischer Messungen darstellt. Eine ausführliche Darstellung der Ideengeschichte der Argumente des Konventionalismus findet sich in [24].

mit der sich im Raum befindenden Materie stehen. So, wie Riemann die Theorie angesetzt hat, ist es insbesondere möglich, dass ein Körper das von ihm bestimmte oder veränderte metrische Feld bei einer Bewegung mitführt. Auf diese Weise wird eine Bewegung von starren Körpern auch in einer inhomogenen Geometrie möglich. Die Geometrie würde damit zeitabhängig, wiederum ein zentraler Punkt in Einsteins Theorie. Für Helmholtz dagegen findet diese Verschränkung der Geometrie des Raumes und des Verhaltens der Körper nur in der Anschauung statt. Es ergibt sich zwar aus den empiristischen Prämissen Helmholtz', dass er zugibt, dass die Ortsunabhängigkeit der mechanischen und physikalischen Eigenschaften von Körpern auch durch Erfahrung widerlegt werden kann, aber dass diese Annahme der Ortsunabhängigkeit tatsächlich empirisch falsch sein könnte, scheint er doch nicht ernsthaft in Betracht zu ziehen. Ihm geht es vielmehr um das gegen Kant gerichtete Argument, dass die Anschauung von Gegenständen und ihren räumlichen Beziehungen empirisch gewonnen und nicht vor aller Erfahrung gegeben ist.

In der *Geometrie* deduziert dann Helmholtz aus vier, schon in den *Grundlagen* dargelegten Axiomen, dass ein diesen, mit der empirischen Anschauung verträglichen Axiomen genügender Raum schon ein Raum konstanter Krümmung im Riemannschen Sinne sein muss. Diese Axiome sind (s. *Grundlagen,* S. 614 f.)

1. Vorgegebene Dimension n und Beschreibbarkeit durch Koordinaten, die sich bei einer stetigen Bewegung eines Punktes stetig verändern (in der dargestellten Riemannschen Terminologie handelt es sich also darum, dass der Raum eine n-dimensionale Mannigfaltigkeit ist).
2. Existenz von Körpern, die beweglich und fest in dem Sinne sind, dass die Abstände zwischen je zwei ihrer Punkte invariant bleiben.
3. Freie Beweglichkeit: Körper können als ganze (aber nicht in sich) frei bewegt werden, d. h. Bewegungen werden nur durch die in 2) postulierte Invarianz der inneren Abstände beschränkt, und Kongruenz zwischen zwei Körpern hängt nicht von deren Position im Raum ab.
4. Monodromie: Vollständige Drehung um eine Achse bringt einen Körper mit sich zur Deckung.

Zur Frage der Notwendigkeit und Unabhängigkeit dieser Axiome s. die Untersuchungen von Lie [138] und die Erläuterungen von Hertz in [204]. Die mathematischen Deduktionen Helmholtz', die sich im Übrigen auf den Fall der Dimensionszahl 3 beschränken, sind aus den schon dargelegten Gründen hier nicht mehr von Interesse.

Auch abgesehen davon, dass sich die physikalische Annahme starrer Körper im Lichte der nachfolgenden Entwicklung der Physik als hinderlich und unglücklich herausgestellt hat, nimmt der Helmholtzsche Ansatz, schon in der expliziten Entgegensetzung von „Tatsachen" gegenüber „Hypothesen" in den Überschriften, gerade auch den nicht nur für die Entwicklung der Mathematik zukunftsweisenden Aspekt des Riemannschen Ansatzes zurück, nämlich die Untersuchung ideal gedachter anstelle nur empirisch gegebener „Räume". Und wie noch darzulegen sein wird, ermöglicht gerade dieser konzeptionelle Schritt Riemanns dann auch für die Physik grundsätzlich neue Perspektiven.

In der weiteren Rezeption laufen die bei Riemann und Helmholtz zusammenlaufenden Themenstränge aus Mathematik, Physik, Philosophie und Sinnesphysiologie wieder auseinander. Daher besteht die Rezeptionsgeschichte aus mehreren parallel laufenden Strängen, sogar oft innerhalb der beteiligten Wissenschaften. Wir werden versuchen, i. F. einiges davon darzulegen. Allerdings werde ich die vielen, typischerweise auf Missverständnissen oder Fehlschlüssen beruhenden Einwendungen gegen die Überlegungen von Riemann und Helmholtz nicht ausführlich darstellen,[18] auch wenn sie in der damaligen Diskussion prominent waren und damit für die Rezeptionsgeschichte eigentlich wichtig wären. Da nämlich Helmholtz direkt die Philosophen kantianischer Obedienz herausgefordert hatte, erhob sich eine vielfältige Kritik nicht nur gegen ihn, sondern auch gegen die Überlegungen Riemanns, auf die Helmholtz sich ja berufen hatte. Einer der ersten Kritiker war der Göttinger Philosoph Hermann Lotze (1817–1881), der zwar wohl schon bei Riemanns Habilitationsvortrag anwesend gewesen war, aber anscheinend erst durch die philosophische Wendung, die Helmholtz der Diskussion gegeben hatte, deren Bedeutung erkannte und dadurch alarmiert wurde. Insbesondere lehnte Lotze den von Riemann und Helmholtz postulierten Zusammenhang zwischen dem Raum und den sich in ihm abspielenden physikalischen Vorgängen ab und damit auch die Möglichkeit einer empirischen Überprüfung von Eigenschaften des Raumes. Sein Argument, dass, selbst wenn das Verhalten physikalischer Körper im astronomischen Maßstab eine Abweichung von der euklidischen Geometrie zeigen sollte, wir dann, statt unsere Vorstellung eines euklidischen Raumes aufzugeben, lieber eine neue physikalische Kraft annehmen sollten, die eine Abweichung der Ausbreitung von Lichtstrahlen von der euklidischen Geraden bewirkt, spielte allerdings später noch im Konventionalismus von Henri Poincaré eine Rolle (s. u.). Lotzes Versuche, sich auf eine eigentlich mathematische Argumentation einzulassen, erscheinen allerdings stümperhaft. Auch die Argumente von anderen Kritikern, wie dem Psychologen Wilhelm Wundt (1832–1920) oder dem französischen Neokantianer Charles Renouvier (1815–1903), erwiesen sich als wenig stichhaltig. Auch der Philosoph Bertrand Russell (1873–1970) befasste sich später mit geringem Erfolg und manchen Fehlschlüssen mit der Fragestellung.[19]

Soweit zu einer kurzen Skizze der damaligen Diskussionslage. Nun könnte man aber den Verdacht hegen, dass sich trotz der eher hilflosen Versuche der seinerzeitigen Philosophen und Kantanhänger die Sachlage heute, anderthalb Jahrhunderte später, vielleicht doch anders darstellt und Kant letztendlich doch gegenüber Helmholtz Recht behalten haben könnte. Schließlich hat Kant den Zeitlauf wesentlich besser als Helmholtz überstanden. Kant gilt heute (noch oder wieder) als einer der größten, wenn nicht der größte Philosoph der Neuzeit. Helmholtz wird zwar durchaus als bedeutender Physiker anerkannt, aber heutzutage eher als Figur des Übergangs bewertet, dessen Beiträge weniger zukunftsprägend waren als diejenigen von James Clerk Maxwell, dessen Theorie des Elektromagnetismus auch heute

[18] Vieles ist dargestellt und analysiert in [201].

[19] siehe [178, 179] und die eingehende Analyse bei Torretti [201].

gültig bleibt und eine wesentliche Grundlage von Einsteins Spezieller Relativitätstheorie bildete, oder Ludwig Boltzmann, dessen Überlegungen zur statistischen Physik eine ganz neue und für die heutige Physik wesentliche Denkweise angestoßen haben, und die vollends zurücktreten müssen gegenüber den großen Leistungen der Physik des 20. Jahrhunderts, der Einsteinschen Relativitätstheorie und der Quantenphysik, die mit den Namen Planck, Bohr, Heisenberg und Schrödinger verbunden ist. Selbst Theoretiker der Neurophysiologie, als desjenigen Feldes, das Helmholtz sowohl experimentell als auch konzeptionell durch seine Überlegungen zur Verarbeitung der Sinnesreize und zur Repräsentation der Außenwelt im Nervengeflecht des Gehirns ganz wesentlich begründet hat, reden heute oftmals mehr von Kant als von Helmholtz. Wie kann nun also Helmholtz' Kantkritik heute bewertet werden? Hierzu müssen wir sowohl auf schon Dargelegtes zurückgreifen als auch noch Darzulegendem vorgreifen, aber vielleicht ist eine solche Kombination von Rück- und Vorgriff an dieser Stelle doch nützlich für das Verständnis der Problemlage und die historische Einordnung der seinerzeitigen Diskussion. Die von Kepler vorbereitete Gravitationstheorie Newtons stellte die im Raum befindlichen Körper in einen Wirkungszusammenhang. Dies war viel mehr als nur ein Nebeneinander von Dingen, wie beispielsweise bei Aristoteles oder Descartes. Newton selbst verbaute sich aber durch seine Ontologie des absoluten Raumes die Möglichkeit, die radikale Sprengkraft dieser Konzeption zu entfalten. Newtons Kontrahent Leibniz verlagerte zwar das Interesse auf die Stimmigkeit der Verhältnisse der Dinge untereinander, besaß aber keinen geeigneten physikalischen Kraftbegriff, um dies in eine physikalische Theorie zu übersetzen.[20] Kant untersuchte dann die Voraussetzungen im erkennenden Subjekt für die Perzeption solcher stimmiger Verhältnisse, die aber wieder nur in einem Nebeneinander und nicht in einem eigentlichen Wirkungszusammenhang bestanden. Helmholtz wandte hiergegen ein, dass diese Voraussetzungen nicht allein im erkennenden Subjekt zu suchen sind, sondern durch physikalische Messungen bestimmt werden müssen. Es wird also ein Stück Physik von der Philosophie zurückgefordert. Nur beinhaltet dieses Stück Physik nur Lage-, aber keine Wirkungsbeziehungen, und solche wurden sogar durch die Zugrundelegung starrer Körper schlechterdings unmöglich gemacht. In diesem Sinne ist der Helmholtzsche Einwand zwar gerechtfertigt, dringt aber nicht zum eigentlichen physikalischen Kern vor. Riemann dagegen, welcher übrigens außerhalb der Mathematikerzunft kaum bekannt ist, aber innerhalb der Mathematik als einer der Größten auch heutzutage ohne jede Abschwächung anerkannt bleibt, legt durch seinen zwar naturphilosophisch motivierten, aber doch allgemeiner und mathematisch-strukturell gedachten Ansatz die Grundlage dafür, dass die gravitativen Wirkungen der Körper aufeinander in der Allgemeinen Relativitätstheorie geometrisch gefasst werden können. Dies bereitet Schwierigkeiten sowohl für Kant als auch für Helmholtz, und dies beantwortet vielleicht auch unsere eben gestellte Frage.

[20] Die Leibnizsche Kraft war die *vis viva,* die innere Energie, deren Erhaltung er bewies. Das war zwar ein bedeutendes und zukunftsweisendes physikalisches Resultat, aber nicht geeignet, um die Wirkungen von Körpern aufeinander in systematischer Weise zu erfassen. Allerdings führte das hierauf aufbauende Leibnizsche Konzept der Aktion (Wirkung) zum Prinzip der kleinsten Aktion, einem wesentlichen Ausgangspunkt vieler, auch weit über Newton hinausgehender physikalischer Theorien. Es ist aber historisch strittig, inwieweit Leibniz selbst dieses Prinzip schon klar war.

5.2 Die Weiterentwicklung der Riemannschen Geometrie und die Einsteinsche Relativitätstheorie

5.2.1 Wissenschaftsgeschichtliche Aspekte

In der Mathematik wurden die geometrischen Überlegungen Riemanns von Elwin Bruno Christoffel (1829–1900) und Rudolf Lipschitz (1832–1903) in Deutschland und dann vor allem in Italien von Eugenio Beltrami (1835–1900) und Gregorio Ricci-Curbastro (1853–1925) aufgegriffen. Beltrami, der schon geometrische Realisierungen der nichteuklidischen Geometrien von Bolyai und Lobatschewsky entwickelt hatte [10, 12], stellte dann als erster die nichteuklidische Geometrie als Spezialfall der allgemeinen Riemannschen Geometrie dar [11]. Felix Klein (1849–1925) bettete diese Geometrien in ein umfassendes geometrisches Programm ein.[21] Allerdings ist die von Klein konzipierte allgemeine Geometrie eine andere als diejenige Riemanns, nämlich die projektive Geometrie, die im Gegensatz zur Riemannschen Geometrie nicht auf Längen und Abständen, sondern auf Größenverhältnissen beruht. Zwar trägt der projektive Raum auch eine Riemannsche Metrik, aber für Klein waren die Transformationseigenschaften statt der Maßbestimmungen grundlegend. Der seinerzeit sehr einflussreiche Ansatz Kleins[22] hat die intensivere Rezeption der Ideen Riemanns in Deutschland zunächst verzögert.[23] Heutzutage werden die Zugänge Riemanns und Kleins aber nicht mehr als gegensätzlich angesehen.[24]

Ricci und Levi-Civita entwickelten den Tensorkalkül der Riemannschen Geometrie in der im Wesentlichen auch heute noch benutzten Form, der dann die Grundlage der allgemeinen Relativitätstheorie Einsteins bildete. Daran anschließend wurde die Riemannsche Geometrie von Elie Cartan (1869–1951) und Hermann Weyl (1885–1955) und vielen anderen weiterentwickelt und erlebte einen großartigen Aufschwung, der bis heute ungebrochen ist.[25] Die Weylschen Überlegungen zur Infinitesimalgeometrie und zum Konzept des affinen Zusammenhangs sind schon im Kontext der Riemannschen Schrift erwähnt worden, s. Abschn. 4.4.7. Insbesondere sein Buch *Raum, Zeit, Materie*[26] ist für die mathematisch-

[21] [120], mit Zusätzen veröffentlicht [121]; auch [119], diese und weitere Arbeiten Felix Kleins finden sich auch in [122], in diesem Zusammenhang auch die posthum veröffentlichte Monographie [124]. Man vgl. auch die ausführlich kommentierte englische Fassung [177] in dieser Reihe. Zu den Programmen von Lie und Klein s. auch [85, 86]. Für die Weiterentwicklung von Kleins Programm z. B. [195].

[22] Hawkins [85] kommt allerdings zu dem Ergebnis, dass die Programmschrift Kleins selbst eigentlich keinen großen Einfluss ausgeübt hat, sondern dass programmatisch verwandte Ideen mehr oder weniger unabhängig nicht nur von Lie, sondern auch von Eduard Study, Wilhelm Killing und Henri Poincaré entwickelt wurden. Jedenfalls räumten diese Ansätze ebensowenig wie derjenige Kleins einer Riemannschen Metrik eine grundlegende Rolle ein.

[23] für die konzeptionelle Verortung der Riemannschen Geometrie durch Klein s. beispielsweise [124, pp. 288–293].

[24] Dies ist insbesondere dem Geometer Elie Cartan zu verdanken, s. unten Abschn. 5.2.4.

[25] Für eine Darstellung des heutigen Standes s. z. B. [109, 110].

[26] Für eine neue Ausgabe mit einem detaillierten Kommentar verweise ich auf [217].

konzeptionelle Begründung der Allgemeinen Relativitätstheorie sehr einflussreich gewesen. Die Entwicklung der Einsteinschen Theorie selbst soll an dieser Stelle nicht ausführlich dargestellt werden, weil die grundlegenden Einsteinschen Arbeiten in einem anderen Band in dieser Reihe herausgegeben und kommentiert sind.[27] In dieser Theorie wird die Geometrie der Raum-Zeit durch die gravitativen Wirkungen der sich darin befindenden Massen beeinflusst. In der Newtonschen Physik entstand die träge Masse eines Körpers aus seinem Widerstand gegen eine Bewegungsänderung, seine schwere Masse dagegen brachte die Reaktion auf die Anziehungskräfte anderer Körper zum Ausdruck. Warum die beiden aber stets proportional waren und damit durch geeignete Normierung einander gleich gesetzt werden konnten, konnte die Theorie nicht erklären. In Einsteins Theorie dagegen fallen die beiden Konzepte zusammen. Einstein erkannte, dass die Wirkungen von Beschleunigung und Schwerkraft nicht unterschieden werden können. Sowohl träge als auch schwere Masse leiten sich nun her aus dem Widerstand gegenüber Bewegungsänderungen, wobei aber die Referenzbewegungen, denen gegenüber eine Änderung relevant wird, nicht mehr die gleichmäßig beschleunigten Bewegungen in einem euklidisch gedachten, absoluten und daher auch von den sich in ihm befindlichen Massen unabhängigen Raum, sondern die Bewegungen längs geodätischer Bahnen in einer durch die gravitativen Wirkungen der Massen beeinflussten Riemannschen Raum-Zeit sind. Die Gravitation wirkt also nicht mehr unvermittelt durch den leeren, absoluten Raum auf entfernte Körper, sondern verändert lokal die Geometrie der Raum-Zeit, welche dann wiederum die Bewegung von Körpern bestimmt. Um es etwas salopp auszudrücken: In der Newtonschen Physik bewegen sich die Körper unter dem Einfluss von Gravitationskräften auf gekrümmten Bahnen in einem geradlinigen (i. e. nicht gekrümmten, euklidischen) Raum. In der Einsteinschen Physik dagegen laufen sie auf geraden Bahnen (den geodätischen Kurven) in einem gekrümmten Raum. Die Schwerkraft krümmt also nicht mehr die Bahnen von Körpern, sondern den Raum, in dem sie sich bewegen. Die Einsteinschen Feldgleichungen koppeln die Riemannsche Krümmung der Raum-Zeit an den Energie-Impuls-Tensor der Materie. Die Anwesenheit von Materie verändert also die Geometrie der Raum-Zeit, und Beschleunigung bemisst sich nun in Beziehung zu dieser Riemannschen Geometrie statt einer hiervon unabhängigen absoluten euklidischen. Die Einsteinschen Feldgleichungen selbst werden aus Symmetrieprinzipien hergeleitet, genauer aus der Forderung der allgemeinen Kovarianz, dass nämlich die physikalischen Gesetze unabhängig von den gewählten Koordinaten gelten sollen und sich daher die in Koordinaten ausgedrückten Feld- und Bewegungsgleichungen bei Koordinatenwechseln geeignet, d. h. nach spezifischen Regeln, transformieren müssen. Diese Koordinatenunabhängigkeit geometrischer Beziehungen und physikalischer Gesetze war aber gerade einer der zentralen Gedanken der Riemannschen Theorie gewesen und hatte in dem von den Nachfolgern Riemanns entwickelten und ausgefeilten Tensorkalkül seine formale Gestalt gefunden, wie wir im Abschn. 4.4 im Detail erläutert haben. Dies machte die Riemannsche Geometrie so nützlich für Einstein. Wichtig war hierbei natürlich auch, dass sich der Riemannsche Formalismus problemlos vom Raum auf die Raum-Zeit übertragen ließ, trotz des

---

[27] Michel Janssen und Jürgen Renn [98].

wesentlichen Unterschiedes, dass der metrische Tensor nun nicht mehr in allen Richtungen positiv ist, sondern räumliche und zeitliche Richtungen entgegengesetzte Vorzeichen bekommen. Die entsprechenden Gebilde werden dann als Lorentzsche (statt Riemannscher) Mannigfaltigkeiten bezeichnet. Der Bezugsraum ist hier nicht mehr der euklidische, sondern der Minkowskiraum.[28]

5.2.2 Die allgemeine Relativitätstheorie und das Raumproblem

Bei der Entwicklung der allgemeinen Relativitätstheorie legte Einstein sich selbst einen Stein in den Weg durch seine Lochbetrachtung. Er glaubte nämlich, ein Argument gegen eine vollständig kovariante Theorie gefunden zu haben. Man nehme aus der Raumzeit ein kleines kompaktes Gebiet heraus. Man macht also ein Loch in die Raumzeit. In der Raumzeit sei eine Lösung der Feldgleichungen gegeben, also auch im Loch und auf dessen Rande. Nun unterwerfe man die Raumzeit einem Diffeomorphismus φ,[29] welcher außerhalb des Loches die Identität ist, also dort alle Punkte der Raumzeit festlässt, und damit insbesondere auch auf dem Rande des Loches. Innerhalb des Loches verändere er aber die Position der Punkte. Bei allgemeiner Kovarianz, also Unabhängigkeit unter Diffeomorphismen, überführt nun φ die Lösung der Feldgleichungen in eine andere Lösung der Feldgleichungen. Dies widerspricht aber dem physikalischen Prinzip, dass eine Lösung durch seine Vorgaben auf dem Rande des Loches (oder, wie sich dann in der Entwicklung der Theorie herausgestellt hat, durch eine im Komplement des Loches verlaufende Cauchy-Hyperfläche (s. Abschn. 5.2.3)) eindeutig bestimmt sein sollte.

Solange man Diffeomorphismen nur als Koordinatentransformationen versteht, gewissermaßen passiv wirkend, besteht kein Problem. Wenn sie aber eine aktive Rolle spielen und die Punkte einer unterliegenden Raum-Zeit verschieben, scheint dies zur Nichteindeutigkeit der Lösungen der Feldgleichungen zu führen.

Erst nach einiger Zeit wurde Einstein klar, dass dies ein Scheinproblem war. Seine spätere Diskussion mit Moritz Schlick[30] trug wesentlich zur Klärung des Sachverhaltes bei. Das Ergebnis dieser Diskussion war, dass Raumzeitpunkten keine unabhängige Existenz zukommt. Daher sind die durch einen Diffeomorphismus transformierten Lösungen nicht physikalisch verschieden. Es gibt, so diese Interpretation, also keine unabhängig zugrundeliegende Raumzeit, deren Punkte dann mit einem metrischen Tensor versehen werden können. Sondern Punkte werden erst durch ein Feld, also hier den metrischen Tensor, festgelegt. Punkte sind also keine Elemente der Raumzeit, sondern Schnitte von Weltlinien.[31]

---

[28] [152, 153]; wiederabgedruckt beispielsweise in [70, 100–113].

[29] Ein Diffeomorphis ist eine Abbildung, die umkehrbar ist und zusammen mit ihrer Umkehrung differenzierbar ist.

[30] S. z. B. [52].

[31] Einstein selbst hat dann, nachdem ihm die Formulierung der Feldgleichungen der allgemeinen Relativitätstheorie gelungen war, das Lochargument nicht wieder aufgegriffen. Es wurde aber viel

Dies wirft auch ein tieferes Licht auf die Forderung der allgemeinen Kovarianz.. Es geht nämlich nicht nur um die prinzipielle Ununterscheidbarkeit und damit Gleichwertigkeit verschiedener Beschreibungen. Vielmehr taucht der alte Leibnizsche Gedanke wieder auf, dass die Homogenität des Raumes eine Gestaltlosigkeit ist, die zur Indifferenz seiner Teile oder Elemente gegeneinander führt. Dadurch gibt es keine rationale Begründung für spezifische Setzungen im Raum (oder in der Zeit). Ohne eine Zuordnung physikalischer Attribute können Raumpunkte nicht rational voneinander unterschieden werden.[32] Dies sollte wohl auch der Riemannsche Gedanke, dass eine Mannigfaltigkeit einen allgemeinen Begriff beschreibt, der verschiedene Bestimmungsweisen zulässt, zum Ausdruck bringen. Jede physikalische Theorie muss eigentlich unabhängig von der Beschreibung der zugrundeliegenden Objekte sein, sofern diese Beschreibungen die gleichen Aspekte erfassen und nur in unterschiedlichen Koordinatensystemen darstellen. Zentral für eine physikalische Theorie ist aber, herauszuarbeiten, durch welche physikalischen Eigenschaften sich diese Objekte überhaupt voneinander unterscheiden lassen. Im Mannigfaltigkeitsbegriff Riemanns sind beide Aspekte angelegt, dass also der gleiche Punkt in der Mannigfaltigkeit verschieden in Koordinaten beschrieben und dargestellt werden kann und dass in der Mannigfaltigkeit, sofern keine zusätzliche Struktur hinzutritt, alle Punkte gleichartig sind und durch Transformationen der Mannigfaltigkeit in sich (Homöomorphismen in mathematischer Terminologie) ineinander überführt werden können. Der Mannigfaltigkeitsbegriff erfasst also die Vielzahl der Punkte, liefert aber noch kein Kriterium für ihre Identifikation oder Unterscheidung. Maßverhältnisse liefern dann unterscheidende Relationen zwischen Punkten, und Krümmungsgrößen können einzelnen Punkte spezifische Merkmale zuordnen. Wie Riemann gesehen hat, kann aber genau deswegen diese Geometrie nicht aus dem Mannigfaltigkeitsbegriff alleine gewonnen werden, sondern erfordert eine physikalische Bestimmung. Genau dies leistet die Einsteinsche Theorie in systematischer und prinzipieller Weise. In der Quantentheorie wird dagegen nach Heisenberg dieser Aspekt gerade herumgedreht. Hier zeigt sich nur noch das in sich gleichartige oder gleiche Objekt in verschiedenen Erscheinungsweisen. Physikalisch zugänglich sind dort nur noch diese Erscheinungen, nicht mehr das Objekt an sich.

Gerade diese Koordinatenunabhängigkeit geometrischer Beziehungen und physikalischer Gesetze war eine der zentralen Ideen in Riemanns Theorie, und sie fand ihren formalen Ausdruck im Tensorkalkül (s. Abschn. 4.4.2), der von den Nachfolgern Riemanns entwickelt und verfeinert wurde. Dies machte die Riemannsche Geometrie für Einstein so nützlich. Es war hierbei natürlich wichtig, dass der Riemannsche Formalismus von Problemen des Raumes auf Raum-Zeit-Probleme auf natürliche Weise erweitert werden konnte, trotz des wesentlichen Unterschieds, dass der metrische Tensor dann nicht mehr in allen Richtungen positiv ist, sondern die räumlichen und zeitlichen Richtungen entgegengesetzte Vorzei-

---

später wieder von John Stachel ans Licht gezogen [198], und nach einer Arbeit von Earman und Norton [46] entspann sich eine intensive wissenschaftsphilosophische Diskussion, die allerdings von vielen Missverständnissen geprägt war und auf die ich hier nicht näher eingehen möchte.

[32] Minkowski [81, S. 55] schreibt in diesem Sinne: „Um nirgends eine gähnende Leere zu lassen, wollen wir uns vorstellen, daß aller Orten und zu jeder Zeit etwas Wahrnehmbares vorhanden ist.“

chen erhalten. Die entsprechenden Strukturen werden dann Lorentzsche (statt Riemannsche) Mannigfaltigkeiten genannt. Der Referenzraum ist hier nicht mehr der euklidische, sondern der Minkowski-Raum.[33] Dies werden wir nun mathematisch erläutern.

5.2.3 Der mathematische Formalismus der Allgemeinen Relativitätstheorie

Um den Formalismus zu entwickeln, müssen wir zunächst den Begriff der *Lorentzmetrik* einführen. Zwar ist dieser Begriff in beliebiger Dimension mathematisch sinnvoll, aber wir beschränken uns hier auf die Dimension 4 der Raumzeit. Wie in (4.38) haben wir einen symmetrischen Tensor der Form

$$g_{\mu\nu}(x)dx^\mu dx^\nu \tag{5.1}$$

also $g_{\mu\nu} = g_{\nu\mu}$, wobei die Indices μ, ν hier allerdings von 0 bis 3 laufen. Der Index 0 steht für die Zeitrichtung, 1,2 und 3 für räumliche Richtungen. In Matrixschreibweise also

$$\begin{pmatrix} g_{00} & g_{01} & g_{02} & g_{03} \\ g_{10} & g_{11} & g_{12} & g_{13} \\ g_{20} & g_{21} & g_{22} & g_{23} \\ g_{30} & g_{31} & g_{32} & g_{33} \end{pmatrix} \tag{5.2}$$

Ein solcher Lorentztensor ist nun aber nicht mehr positiv definit, sondern hat die Signatur $+---$. Wenn wir ihn also durch eine lineare Transformation diagonalisieren, so dass alle $g_{\mu\nu}$ mit $\nu \neq \mu$ verschwinden, so ist $g_{00} > 0$, aber $g_{11}, g_{22}, g_{33} < 0$.[34] Wie auch eine Riemannsche Metrik, so hängt eine Lorentzmetrik $g_{\mu\nu}(x)$ im Allgemeinen von dem Punkt x ab. Der einfachste Fall ist aber die *Minkowskimetrik* mit konstanten Werten

$$\begin{pmatrix} c^2 & 0 & 0 & 0 \\ 0 & -1 & 0 & 0 \\ 0 & 0 & -1 & 0 \\ 0 & 0 & 0 & -1 \end{pmatrix} \tag{5.3}$$

wobei c die Lichtgeschwindigkeit ist. (Oft wählt man auch Einheiten, in denen $c = 1$ ist, denn der Wert von c stellt nur eine Konvention für die Beziehung zwischen Raum- und Zeitmessung dar.) Der vierdimensionale mit der Minkowskimetrik versehene Raum heißt *Minkowskiraum*.

Da eine Lorentzmetrik g nicht mehr positiv definit ist, gibt es Richtungen $V = v^\mu \frac{\partial}{\partial x^\mu}$ mit

$$g(V, V) = g_{\mu\nu} v^\mu v^\nu = 0. \tag{5.4}$$

[33] [152, 153]; abgedruckt beispielsweise in [70, 100–113].

[34] In der Literatur wird häufig auch die umgekehrte Konvention verwandt, bei der dann $g_{00} < 0$, aber $g_{11}, g_{22}, g_{33} > 0$. Physikalisch bewirkt dies keinen Unterschied.

Physikalisch entspricht dies den Richtungen von Lichtstrahlen. In der Minkowskimetrik (5.3) bewegen sich diese also geradlinig mit Lichtgeschwindigkeit. Richtungen V mit $g(V, V) > 0$ heißen *zeitartig*, solche mit $g(V, V) < 0$ *raumartig*.

Auch wenn eine Lorentzmetrik nicht mehr positiv definit ist, lassen sich die formalen Konstruktionen, die wir oben für eine Riemannsche Metrik durchgeführt haben, für eine Lorentzmetrik genauso vollziehen. Insbesondere können wir auch wie in Def, 4.2 einen Krümmungstensor

$$\begin{aligned} R^q_{ikj} &:= \frac{\partial \Gamma^q_{ij}}{\partial x^k} - \frac{\partial \Gamma^q_{ik}}{\partial x^j} + \Gamma^p_{ij}\Gamma^q_{pk} - \Gamma^p_{ik}\Gamma^q_{pj} \\ \text{und } R_{\ell ijk} &:= g_{\ell q} R^q_{ijk}, \end{aligned} \tag{5.5}$$

einführen, wobei die Christoffelsymbole natürlich genauso wie dort definiert sind.

In der Riemannschen Geometrie werden aus dem Krümmungstensor weitere Krümmungsgrößen gebildet. Dies haben wir zwar dort nicht formal ausgeführt, weil noch nicht in Riemanns Text enthalten, aber da wir diese Konzepte für die Formulierung der Einsteinschen Feldgleichungen benötigen, wollen wir das an dieser Stelle tun. Weil es sich um allgemeine Konstruktionen handelt, arbeiten wir wieder in einer allgemeinen Dimension n und benutzen auch wieder lateinische statt griechischer Indices.

Zunächst der Riccitensor mit Komponenten

$$R_{ij} = g^{k\ell} R_{ikj\ell} = R^k_{ikj}, \tag{5.6}$$

also eine Kontraktion des Krümmungstensors. Der Riccitensor ist aufgrund der Symmetrien des Krümmungstensors symmetrisch, also

$$R_{ij} = R_{ji} \tag{5.7}$$

für alle Indices. Er hat daher $\frac{n(n+1)}{2}$ Freiheitsgrade, wobei allerdings n davon wieder nur Freiheitsgrade der Koordinatenwahl sind. Daher besitzt der Riccitensor genauso viele wirkliche Freiheitsgrade wie der metrische Tensor. Nach dem heuristischen Abzählargument Riemanns sollten also die Riccikrümmungen die Metrik bestimmen. Der Sachverhalt ist zwar tatsächlich etwas subtiler, aber in den Einsteinschen Feldgleichungen wird genau der Riccitensor erscheinen, um die Metrik der Raum-Zeit zu bestimmen.

n Freiheitsgrade des Riccitensors fallen nämlich deswegen weg, weil man aus (4.193) die kontrahierte zweite Bianchigleichung

$$2\nabla_{\frac{\partial}{\partial x^j}} R^j_i = \nabla_{\frac{\partial}{\partial x^i}} R \tag{5.8}$$

gewinnt, die für alle Indices $i = 1, \dots, n$ gelten muss. Letztendlich ist die zweite Bianchigleichung wiederum ein Ausdruck oder eine Konsequenz der Diffeomorphismeninvarianz der Metrik. Das allgemeine Prinzip hat Emmy Noether [162] erkannt.

Wir benötigen allerdings noch eine weitere Kontraktion, die *Skalarkrümmung*

$$R = g^{ij} R_{ij}. \tag{5.9}$$

Jetzt können wir die *Einsteinschen Feldgleichungen* schreiben, die fundamentalen Gleichungen der Allgemeinen Relativitätstheorie Einsteins; sie lauten (wobei wir nun wieder griechische Indices verwenden, um zum Ausdruck zu bringen, dass es sich um eine vierdimensionale Raum-Zeit handelt)

$$R_{\mu\nu} - \frac{1}{2} g_{\mu\nu} R = \frac{8\pi G}{c^4} T_{\mu\nu}. \tag{5.10}$$

$T_{\mu\nu}$ ist der *Energie-Impuls-Tensor*, in dem die Verteilung von Energie und Impuls zum Ausdruck kommt. G ist die Newtonsche Gravitationskonstante. Wegen (5.8) ist die linke Seite von (5.10) divergenzfrei, und dies ist stimmig, weil der Energie-Impuls-Tensor aus physikalischen Gründen divergenzfrei ist. Hierauf wollen wir allerdings nicht näher eingehen.

Die Einsteinschen Feldgleichungen im Vakuum, also bei Abwesenheit von Massen,

$$R_{\mu\nu} - \frac{1}{2} g_{\mu\nu} R = 0 \tag{5.11}$$

haben nicht nur die Minkowskimetrik als Lösung, sondern auch viele andere, mit teilweise singulären oder merkwürdigen Raum-Zeiten. Insbesondere folgt aus 5.11 nicht, dass der Krümmungstensor verschwindet.

Da es sich wegen der Signatur $+ - --$ der Metrik bei (5.10) um eine hyperbolische Differentialgleichung für die Metrik handelt, braucht man, um eine Lösung zu bestimmen, noch Anfangsbedingungen.[35] Wir wollen dies kurz im Falle des Vakuums, also für (5.11) darstellen. Man beginnt mit einer sog. Cauchy-Hyperfläche. Dies ist eine (genügend glatte) dreidimensionale raumartige Untermannigfaltigkeit der Raum-Zeit, die in dem Sinne vollständig ist, dass jede zeitartige Kurve, die sich in Vergangenheit und Zukunft bis nach unendlich erstreckt, sie mindestens einmal schneidet. Und es soll auch nur einen solchen Schnitt geben, um Zeitschleifen auszuschließen. Um eine solche Cauchy-Hyperfläche in die Raum-Zeit einzubetten, muss sie einen Tensor tragen, der die zweite Fundamentalform liefert, wie im Abschn. 4.4.8, welche dann nicht nur das dreidimensionale Analogon der Gaußgleichung (4.169), sondern auch entsprechende Gleichungen in der Normalenrichtung, die Codazzi-Mainardi-Gleichungen, erfüllen muss (s. z. B. [54]). Dann hat Yvonne Choquet-Bruhat[36] gezeigt, dass sich das Anfangswertproblem lösen lässt, dass man also bei Vorgabe des metrischen Tensors und seiner Ableitungen auf einer Cauchy-Hyperfläche eine Lösung von (5.11) finden kann, die diese für spätere Zeit fortsetzt. Mit Robert Geroch hat sie dann in [28] gezeigt, dass diese Lösung eindeutig für alle späteren Zeiten existiert.[37]

[35] Zur allgemeinen Theorie partieller Differentialgleichungen s. [108].

[36] [61], damals unter dem Namen Fourès-Bruhat publizierend.

[37] Diese Resultate sind bedeutend schwieriger als die entsprechenden Resultate für lineare hyperbolische Differentialgleichungen. Die Diffeomorphismeninvarianz, die sich, wie erläutert, in der zweiten

Nach heutiger physikalischer Vorstellung können die ursprünglichen Anfangsbedingungen allerdings singulär sein und den nicht weiter hinterfragbaren Urknall repräsentieren. Damit begeben wir uns allerdings aus dem Geltungsbereich der Allgemeinen Relativitätstheorie heraus. Zu Einsteins Zeiten war es noch offen, ob das Universum aus einer solchen Singularität entstanden ist. Auf die Entwicklung der Kosmologie können wir hier aber nicht weiter eingehen.

5.2.4 Die Bedeutung der Allgemeinen Relativitätstheorie in der Geschichte der Physik

Bevor wir nun andere Aspekte der Rezeptionsgeschichte herausarbeiten, wollen wir noch einmal innehalten und versuchen, die Stellung dieser Theorie in der Physikgeschichte zu überblicken. Die Allgemeine Relativitätstheorie löst das vielleicht grundlegendste Problem der Physik, nämlich dasjenige der Bewegung. Nach Aristoteles waren Bewegungen zweckgetrieben, wobei aber die kreisförmigen Bewegungen der Himmelskörper und die geradlinige Fallbewegung eines Körpers qualitativ verschiedenen Bereichen angehörten, in denen unterschiedliche Bewegungsgesetze wirksam waren. Für Aristoteles war Bewegung ein Prozess. Die aristotelische Theorie führte allerdings auf Schwierigkeiten bei der Erklärung von Wurf- und Fallbewegungen. Die scholastischen Philosophen des späten Mittelalters hatten sich dann mit der Frage abgemüht, wie ein solcher Prozess aufrecht erhalten werden kann. Insbesondere die Frage, warum beim Fall eine Beschleunigung statt einer Verlangsamung eintritt, ließ sich aber in diesem Kontext nicht zufriedenstellend klären. Die Analyse dieser Schwierigkeiten führte dann zur Impetustheorie von Nicole Oresme (1325–1382) und Jean Buridan (1301–1358), die dabei an eine Art von mitgeführter Kausalität dachten.[38] (In der Physik von Galilei[39] und Einstein ist Bewegung dagegen ein Zustand, wodurch sich das Problem, mit dem die Scholastik gerungen hatte, nicht mehr stellt.)

Als dann Kopernikus der Erde die Stellung eines Planeten im Sonnensystem zuwies, entfiel allerdings die Voraussetzung für die begriffliche Trennung physikalischer Bewegungen auf der Erde und astronomischer Bewegungen der Himmelskörper. Kepler fasste daher die Bewegungen der Himmelskörper nicht mehr nur geometrisch, sondern auch physikalisch auf, indem er die Sonne als Kraftzentrum des Planetensystems ansetzte. Zur gleichen Zeit analysierte Galilei Fall- und Wurfbewegungen und führte das Trägheitsprinzip ein, welches die geradlinige unbeschleunigte Bewegung auszeichnete. Newton entwickelte dann,

---

Bianchigleichung (5.8) manifestiert, tritt hier wieder hervor. Für technische Einzelheiten, Resultate bei Anwesenheit von Massen und weitere Entwicklungen verweisen wir z. B. auf [27, 64].

[38] Die sehr umfangreichen Untersuchungen von Pierre Duhem [45] wurden von Anneliese Maier [140–145] in wesentlichen Punkten korrigiert. Hierauf aufbauend auch E. J. Dijksterhuis [41, 43], deutsch [42].

[39] Insbesondere widerlegt Alexandre Koyré [130], insbes. S. 102, die von Duhem [45] behauptete Kontinuität der Entwicklung des mittelalterlichen Impetus zum galileischen Impuls.

wie schon dargelegt, eine einheitliche Theorie physikalischer Bewegungen, die sowohl die trägen Bewegungen Galileis als auch die kreis- oder nach Kepler genauer ellipsenförmigen Bahnen der Planeten um die Sonne einschloss.[40] Die ohne ein vermittelndes Medium wirksame Anziehungskraft der Sonne erklärt in diesem System die Abweichung der Planetenbahnen von Geraden. Die ist also eine Art externer Störung, welche durch eine nicht weiter erklärte Fernwirkung Bewegungen aus ihrer natürlichen Bahn im absoluten Raum zwingt.[41] Merkwürdigerweise war dabei aber der Faktor, der die Trägheit eines Körpers, also seine Beharrungstendenz auf seiner natürlichen Bahn, bestimmt, genau proportional zu demjenigen, der seine Empfänglichkeit für Anziehungskräfte anderer Körper bemisst. Hier musste es also eine innigere Beziehung als in der Newtonschen Theorie geben. Wie erläutert, löst Einstein dieses Problem, indem er Gravitation und Raumzeitstruktur in Beziehung setzt. Dies erfordert die Riemannsche Konzeption einer Geometrie mit von Punkt zu Punkt variierenden metrischen Verhältnissen, in welchen sich dann gerade die Wirkungen der im Raum befindlichen Massen widerspiegeln, zusammen mit der schon in der Speziellen Relativitätstheorie vollzogenen und dann von Minkowski systematisch ausgearbeiteten Verschränkung von Raum und Zeit in einem vierdimensionalen Kontinuum. Entscheidend ist dann für die physikalische Konstruktion Einsteins, dass in der Allgemeinen Relativitätstheorie dieses Raumzeitkontinuum auch eine variable Metrik vom Riemannschen Typ trägt.

[40] Aus der umfangreichen Literatur erwähnen wir hier nur die Materialsammlung [127]. von Alexandre Koyré.

[41] Georg Wilhelm Friedrich Hegel (1770–1831) sah in seiner in der *Enzyklopädie der philosophischen Wissenschaften* (vgl. [89] oder [87]; für die vorliegenden Zwecke sind §§ 262–271 relevant) dargestellten Naturphilosophie die Vorstellung eines sich kräftefrei, ohne die Einwirkungen anderer Körper bewegenden Körpers als unsinnig an, denn in Abwesenheit anderer Körper lasse sich einem Körper weder sinnvoll eine Bewegung noch überhaupt vernünftigerweise eine Existenz zuschreiben. Zwischen Trägheit als innerer Charakterisierung eines Körpers als passiv und seiner Empfänglichkeit für äußere gravitative Einflüsse anderer, und dabei als aktive konzipierter Körper bestehe ein Widerspruch, so Hegel, und er polemisiert dabei heftig gegen Newton und preist stattdessen Kepler. Hegel sieht nun diesen Widerspruch dadurch aufgelöst, dass die grundlegende Bewegung eines Körpers nicht die von ihm als absurd verworfene geradlinige Trägheitsbewegung, sondern die Keplersche elliptische Bewegung um ein Schwerezentrum, letztendlich um den Schwerpunkt aller Massen des Universums ist. In der hegelschen Dialektik benötigt Materie als Prinzip des vereinzelten Außereinander und daher des nicht durch sich selbst Bestimmten andere Materie zu ihrer Konstitution und gewinnt deswegen reziprok in der Schwere ihr inneres Prinzip, kann sich also letztlich auf dem Umweg über andere Materie doch selbst bestimmen. Ein reizvoller Gedanke, aber es stellt sich natürlich die Frage nach seinem Wert für die Physik. So sind die Ausführungen Hegels zur Trägheit und Gravitation sehr unterschiedlich beurteilt worden, auch im Rückblick nach Entwicklung der Relativitätstheorie. Wir zitieren hier nur die wohlwollenden oder positiven Bewertungen von D. Wandschneider [211], in Anlehnung an diesen von V. Hösle [96] und E. Halper [82].

5.3 Lie und die Theorie der Symmetriegruppen

Sophus Lie griff die Überlegungen Helmholtz' und Riemanns zur Bestimmung der Geometrien, in denen Körper frei beweglich sind, im Rahmen seiner Theorie der Transformationsgruppen auf. Dies führte einerseits über Vorläufer wie Moritz Pasch (1843–1930) zur axiomatischen Begründung der Geometrie bei David Hilbert, welche dann wiederum eine die Mathematik des 20. Jahrhunderts in weiten Teilen dominierende Forschungsrichtung auslöste, und andererseits zur modernen Theorie der Invarianzgruppen, welche für die Quantenmechanik grundlegend ist. In der Theorie der Hauptfaserbündel über Riemannschen Mannigfaltigkeiten vereinigt sich dann die Riemannsche Geometrie mit der Theorie der Liegruppen und wird zur formalen Sprache der theoretischen Elementarteilchenphysik.[42] Hierfür sind die Theorien von Weyl und Cartan wesentlich.[43] Cartan verbindet die gruppentheoretischen Überlegungen Lies mit den geometrischen Konzepten Riemanns.Liegruppen tragen selbst eine durch ihre Struktur bestimmte Riemannsche Metrik, welche dadurch charakterisiert ist, dass sie durch die Gruppenoperationen invariant gelassen wird. Die Gruppenoperationen werden dabei geometrisch als Wirkung der Gruppe auf sich selbst aufgefasst. Multiplikation aller Gruppenelemente mit einem festen Gruppenelement h liefert also eine Transformation der Gruppe G. Jedes Element g wird also in das Element hg überführt. Da eine solche Transformation die Metrik invariant lässt, handelt es sich um eine Isometrie der als Riemannsche Mannigfaltigkeit aufgefassten Gruppe. Lässt man nun das eine solche Transformation erzeugende Element h in einer Untergruppe H von G variieren, so erhält man eine ganze Schar von solchen Transformationen. Zu einem gegebenen Gruppenelement erhält man also eine Bahn Hg von neuen Gruppenelementen, nämlich alle Elemente der Form hg, wobei h aus der Untergruppe H stammt. Identifiziert man nun alle Elemente einer solchen Bahn miteinander, d. h., betrachtet man sie als äquivalent zueinander, so gewinnt man einen sog. Quotientenraum G/H. Ein solcher Raum heißt homogener Raum, und er trägt wie die Gruppe G selbst eine natürliche Riemannsche Metrik, bezüglich derer die Gruppe G durch Isometrien wirkt. Diese homogenen Metriken hat Cartan systematisch untersucht. Eine besonders wichtige Unterklasse der homogenen Räume bilden die sog. symmetrischen Räume, die, wie der Name andeutet, durch einen besonders hohen Grad an Symmetrie gekennzeichnet sind, neben dieser geometrischen Charakterisierung aber auch eine rein gruppentheoretische Beschreibung zulassen, wodurch ihre Struktur besonders reichhaltig wird.[44] Es hat sich dann herausgestellt, dass diese symmetrischen Räume einerseits die wichtigste Klasse von Beispielen Riemannscher Mannigfaltigkeiten bilden und andererseits auch die für die Kleinsche Konzeption der Geometrie zentralen Räume umfassen. Auf diese Weise ist Cartan die Harmonisierung der Ansätze von Riemann und

[42] für eine Darstellung s. z. B. [103].

[43] An dieser Stelle skizziere ich aus der historischen Perspektive heraus die Überlegungen von Weyl und Cartan. Der systematische Aspekt unter Absehung von seiner historischen Entwicklung wird unten aufgegriffen.

[44] Für Einzelheiten sei beispielsweise verwiesen auf [109].

Klein gelungen, die im 19. Jahrhundert noch als gegensätzlich aufgefasst worden waren. Außerdem hat Cartan eine Alternative zum Tensorkalkül von Ricci entwickelt, die Methode der bewegten Koordinatenkreuze, die manche Aspekte der Tensorrechnung geometrisch transparenter und formal einfacher macht. Heutzutage verwenden die Mathematiker in der Riemannschen Geometrie üblicherweise einen invarianten Kalkül, der den Formalismus der kovarianten Ableitung, der sich aus der Parallelverschiebung von Levi-Civita und Weyl entwickelt hat, mit den von Cartan entwickelten Differentialformenrechnungen verbindet, weil sich in ihm die koordinatenunabhängige Bedeutung der geometrischen Ausdrücke am besten zeigt. Die meisten Physiker bevorzugen dagegen weiterhin Riccis Tensorkalkül als geläufig handhabbaren Formalismus, bei dessen Durchführung man sich keine Rechenschaft über die geometrische Bedeutung der Symbole ablegen muss.

5.4 Weyl und das Konzept des Zusammenhangs einer Mannigfaltigkeit

Hermann Weyl hat, wie schon oben im Abschn. 4.4.7 erläutert (wo wir das Konzept der Parallelverschiebung besprochen haben), das Konzept des affinen Zusammenhangs eingeführt.[45] Auch dies führt zu einer natürlichen Verbindung zwischen der Riemannschen Geometrie und der Theorie der Liegruppen, allerdings einer ganz anderen als bei den von Cartan untersuchten symmetrischen Räumen, die durch Liegruppen definierte Riemannsche Mannigfaltigkeiten sind. – Nach der Kleinschen Konzeption ist eine Geometrie durch eine Invarianzgruppe gekennzeichnet, nämlich die Gruppe derjenigen Transformationen, die die geometrische Struktur unverändert lassen. Bei einer Riemannschen Mannigfaltigkeit ist die geometrische Struktur die Metrik. Invarianztransformationen wären also hier diejenigen Transformationen, die Abstände zwischen Punkten unverändert lassen. Sind also P und Q zwei Punkte der Riemannschen Mannigfaltigkeit, so muss der Abstand zwischen den beiden Bildpunkten gP und gQ unter einer solchen Transformation g gleich dem Abstand der beiden ursprünglichen Punkten sein. Das Konzept der Riemannschen Mannigfaltigkeit ist nun aber gerade so allgemein gefasst, dass es für eine gegebene solche Mannigfaltigkeit M außer der trivialen Abbildung, die alle Punkte festlässt, überhaupt keine derartige abstandserhaltende Transformation g zu geben braucht. Somit passt der Begriff der Riemannschen Mannigfaltigkeit nicht in das Kleinsche Schema. Nun hat Riemann seinen Abstandsbegriff aber aus einem infinitesimalen Konzept gewonnen, der quadratischen Form, die Längen von Tangentialvektoren (Richtungselementen) und Winkel zwischen solchen Vektoren in einem gegebenen Punkt P zu quantifizieren erlaubt. Dies ist aber eine Bestimmung, die zu einer euklidischen Maßbestimmung auf dem Raum der Richtungselementen, dem Tangentialraum im Punkt P, führt. Hier wirkt nun aber eine Invarianzgruppe, die Gruppe der euklidischen Bewegungen. In dieser Sichtweise ist nun der entscheidende Aspekt der Riemannschen Geometrie derjenige, dass diese infinitesimale Wirkung von Punkt zu Punkt variiert. Die

45 Wir verweisen auf die oben genannte Literatur; außerdem Erhard Scholz [192].

Beziehung zwischen diesen Wirkungen wird dann nach Weyl durch einen Zusammenhang hergestellt, also die Möglichkeit, durch Verschiebung längs Verbindungskurven die infinitesimalen Strukturen in den verschiedenen Punkten in Beziehung zueinander zu setzen (vgl. die mathematische Diskussion im Abschn. 4.4.7 nach Def. 4.3). Diese Beziehung hängt allerdings im Allgemeinen von der Auswahl der Verbindungskurve ab. Und zwar wird dieser Effekt infinitesimal durch den Riemannschen Krümmungstensor gemessen. Eine Riemannsche Mannigfaltigkeit lässt sich also in dieser Betrachtungsweise auffassen als eine Menge von Punkten, deren jedem eine infinitesimale euklidische Raumstruktur zugeordnet ist, welche dann mit denjenigen anderer Punkte wegabhängig verglichen werden kann. Das Entscheidende ist also weniger die infinitesimale euklidische Struktur in den einzelnen Punkte, denn diese ist abstrakt gesehen für alle Punkte die gleiche, sondern vielmehr die durch die Mannigfaltigkeitsstruktur gegebene konkrete Vergleichsmöglichkeit dieser Strukturen. Die Strukturen sind also zwar an sich gleich, können aber in variabler Weise aufeinander bezogen werden. Hier bot sich Weyl nun aber ein wichtiger Abstraktionsschritt an. Eine euklidische Struktur ist ein Beispiel einer Kleinschen Geometrie. Das gleiche Verfahren lässt sich aber auch durchführen, wenn man eine andere Kleinsche Geometrie zugrunde legt. Riemann selbst hatte ja den Unterschied zwischen einer Mannigfaltigkeit als einem Objekt, das nur Lagebeziehungen beinhaltet, und einer Riemannschen Mannigfaltigkeit, welche eine zusätzliche metrische Struktur trägt, herausgearbeitet. Wendet man nun das beschriebene Weylsche Verfahren auf eine Mannigfaltigkeit an, so hat man infinitesimal zunächst nur eine lineare Struktur, die Struktur eines Vektorraumes, in denen sich Vektoren addieren und strecken oder stauchen lassen, in denen man ihnen aber noch keine Länge zuordnen kann. Der Vergleich der infinitesimalen linearen Strukturen in den verschiedenen Punkten einer Mannigfaltigkeit führt auf das Weylsche Konzept des affinen Zusammenhangs. Dies ist also allgemeiner als das an die Struktur einer Riemannschen Mannigfaltigkeit angeschlossene Konzept des metrischen Zusammenhangs. Es gibt auch noch Zwischenformen. Besonders wichtig sind die konformen Strukturen. Hier lassen sich Winkel messen, aber keine Längen. Der Übergang von einem Punkt zu einem anderen lässt einen Skalenfaktor unbestimmt. Weyl hat dies als Eichfreiheit interpretiert, dass also in jedem Punkt der Längenmaßstab unabhängig festgelegt, geeicht werden kann. Diese Idee ist für die Entwicklung der Geometrie und Physik außerordentlich fruchtbar geworden, auch wenn die Ansätze, die Weyl selber auf dieser Grundlage für eine vereinheitlichte Feldtheorie entwickelt hat, nicht erfolgreich waren. Weyl wollte die Einsteinsche Gravitationstheorie mit der Maxwellschen Elektrodynamik verbinden und benötigte dazu eine Eichfreiheit beim Übergang zwischen Punkten. Da der resultierende Eichfaktor aber vom Verbindungsweg abhängt, führte dies zu nicht akzeptablen physikalischen Konsequenzen. Als aber später der Ansatz dahingehend modifiziert wurde, dass der Eichfaktor kein Längen-, sondern ein Phasenfaktor war, und auch allgemeinere Invarianzgruppen und Eichmöglichkeiten einbezogen wurden, wurde dies als Yang-Mills-Theorie die Grundlage der modernen Elementarteilchenphysik. Dies wird im nächsten Kapitel noch genauer erläutert. Ironischerweise ging Weyl von der Allgemeinen Relativitätstheorie aus, aber die von ihm angestoßene Entwicklung führte in die moderne

Quantenfeldtheorie, der es gerade nicht gelingt, die Allgemeine Relativitätstheorie in ihr Vereinheitlichungskonzept der physikalischen Feldkräfte einzubeziehen.

In der modernen Physik geht es darum, einen sich möglicherweise zunächst sehr heterogen darstellenden Bereich der Erscheinungswelt aus wenigen grundlegenden Prinzipien herzuleiten. Insbesondere sollte eine gute physikalische Theorie möglichst wenige freie, also innerhalb der Theorie nicht bestimmte, sondern kontingente Parameter enthalten, auch wenn es scheint, dass jede physikalische Theorie einige nicht ableitbare, kontingente Konstanten benötigt. Die Lichtgeschwindigkeit legt nur das Verhältnis von Raum- und Zeitmessung fest und drückt daher nur Messkonventionen aus.[46] Aber das Standardmodell der Elementarteilchenphysik enthält Konstanten wie die Feinstrukturkonstante, die nicht so leicht erklärt werden können. Es wird wegen der relativ großen Anzahl derartiger unbestimmter Parameter trotz seiner eindrucksvollen Vorhersagekraft von den heutigen Physikern als unbefriedigend empfunden. Dies schien auch ein Problem der Riemannschen Geometrie als Beschreibung des physikalischen Raumes zu sein, denn eine von Punkt zu Punkt variable Krümmung als Bestimmungsgröße des Raumes stellt dann wiederum das Problem ihrer Bestimmung. Wenn man nur sagt, dass die Struktur des Raumes durch die Krümmung bestimmt ist, ist physikalisch noch nichts erklärt. Dies war der Ansatzpunkt von Helmholtz. Er leitete, wie oben dargelegt, wesentlich weitergehende strukturelle Einschränkungen des Raumes aus einem einfachen Prinzip ab, demjenigen der freien Beweglichkeit von Körpern im Raum. Da dieses Prinzip, wie von Helmholtz dargelegt, notwendigerweise zu einem Raum konstanter Krümmung führt, gibt es nur noch einen nicht theoretisch bestimmten, sondern nur empirisch bestimmbaren Parameter, nämlich diese Krümmungskonstante. Allerdings wurde die zukunftsweisende Erklärung Riemanns, dass „der Grund der Maßverhältnisse außerhalb, in darauf wirkenden bindenden Kräften gesucht werden“[47] muss, dass also der Krümmungstensor und damit die Struktur des Raumes aus physikalischen Prinzipien bestimmt werden kann, womit sich hier das Problem der kontingenten Parameter erledigt, zunächst nicht verstanden oder nicht zur Kenntnis genommen, bis sie dann später durch Einstein ihre großartige Bestätigung erfuhr. Eine Ausnahme bildete der englische Mathematiker William Kingdon Clifford (1845–1879), welcher schrieb „this variation of the curvature of space is what really happens in the phenomenon which we call the motion of matter“.[48]

5.5 Räume als Möglichkeiten der geometrischen Darstellung von Strukturen

Es gibt noch einen weiteren wesentlichen und für das Verständnis der modernen Physik zentralen Unterschied zwischen Riemann und Helmholtz, zwischen den „Hypothesen“ und den „Tatsachen“, auch wenn dieser in der Rezeptionsgeschichte keine prominente Rolle

[46] Man vgl. hierzu beispielsweise [106].

[47] Riemann, *Hypothesen,* S. 20.

[48] [31], auch in [30, S. 21 f.].

spielte. Helmholtz' Ziel war ein ontologisches, in dem Sinne, dass er die Natur und die Eigenschaften des physikalischen, des tatsächlichen Raumes ergründen wollte, in dem wir leben und von dem wir durch unsere Sinneswahrnehmungen und physikalischen Messungen Kenntnis erhalten.[49] Für Riemann dagegen ist ein Raum zunächst eine mathematische Struktur, und der physikalische Raum ist nur einer von vielen mathematisch möglichen Räumen. Mit Riemann kann daher die Geometrie zum Organisationsprinzip aller möglichen „Mannigfaltigkeiten" verschiedenartiger, aber miteinander vergleichbarer Objekte werden. Etwas Derartiges hatte sich schon in den cartesischen Koordinatendarstellungen und den Phasenräumen der mathematischen Physik im Sinne von Euler, Lagrange, Hamilton und Jacobi angedeutet. Auch die Gaußsche Einführung der komplexen Ebene, welche dann auch die Konzeption der Riemannschen Flächen in Riemanns grundlegenden Arbeiten zur Funktionentheorie und zu den Abelschen Integralen inspiriert hat, kann in diese gedankliche Linie gestellt werden. Beziehungen zwischen (gedachten, nicht notwendigerweise auch physikalisch realisierten) Objekten oder Elementen irgendeines Ensembles können also durch ihre relative Lage zueinander in einem abstrakten Raum ausgedrückt und veranschaulicht werden. In der Nachfolge Riemanns konnte dann die Geometrie fast alle Bereiche der Mathematik durchdringen, und diese Entwicklung setzt sich bis in die zeitgenössische Mathematik fort. Der Hilbertraum organisiert die quantenmechanischen Zustände, Banachräume enthalten die möglichen Lösungen von Differentialgleichungen und Variationsproblemen, und Grothendieck hat eine geometrische Beschreibung der Zahlentheorie konzipiert, aus welcher in den letzten Jahrzehnten bedeutende Erfolge in diesem mathematischen Gebiet hervorgegangen sind. Das Konzept des Graphen wird in diversen Anwendungen zur Verräumlichung von Beziehungen zwischen diskreten Elementen verwendet. Die moderne theoretische Hochenergiephysik interpretiert die Ergebnisse von Streuexperimenten von Elementarteilchen als Darstellungen der diese Teilchen beschreibenden Invarianzgruppen in einem Vektorraum. In den gegensätzlichen Ansätzen zur konzeptionellen Vereinigung der bekannten physikalischen Kräfte prallen dann dieser rein phänomenologische Zugang und der noch teilweise ontologisch ausgerichtete der Allgemeinen Relativitätstheorie aufeinander, ohne dass sich bisher eine definitive Lösung ergeben hätte. Es ist wohl eine Ironie der Wissenschaftsgeschichte, dass der Riemannsche Ansatz gerade grundlegend für die Perspektive der ontologisch ansetzenden Einsteinschen Theorie, die die Struktur der Raumzeit aufklären will und in diesem Sinne noch ontologisch ansetzt,[50] geworden ist, während die Liesche Theorie der Invarianzgruppen, die sich teilweise in Auseinandersetzung mit dem ontologischen Ansatz von Helmholtz entwickelt hat, in die phänomenologi-

[49] s. allerdings Schiemann [184] für die Analyse des Wandels von einer ontologischen zu einer phänomenologischen Auffassung der Physik auch bei Helmholtz.

[50] Allerdings hat die Interpretation der Einsteinschen Theorie durch Einstein selbst, Moritz Schlick, Hermann Weyl, Arthur Eddington (1882–1944) und andere dann auch die ontologische Perspektive weitgehend hinter sich gelassen, insbesondere auch dadurch, dass die Fehlkonzeption des Lochargumentes (s. den Anfang von Abschn. 5.2.2) geklärt werden konnte. S. insbesondere die Darstellung der seinerzeitigen Diskussion in [180].

sche Betrachtungsweise der Quantenfeldtheorie einmündet, deren Raumkonstruktionen rein hypothetischer Natur sind.

5.6 Riemann, Helmholtz und die Neukantianer

Dies ist jedoch schon ein Vorgriff auf spätere und weiter unten noch ausführlicher dargestellte Entwicklungen, und wir wenden uns nun zunächst der unmittelbaren Rezeption von Riemann und Helmholtz zu.

Wie schon erwähnt, lehnten die orthodoxen Kantianer zuerst die Überlegungen von Riemann und Helmholtz ab. Hierbei ging es sowohl um die Dreidimensionalität des Raumes und um seine Unendlichkeit als auch um die Rolle der nichteuklidischen Geometrie. Die Ablehnung war allerdings nicht völlig einhellig. Eine seinerzeit sehr einflussreiche Gruppe von spiritistischen Naturphilosophen griff die Idee eines vierdimensionalen Raumes begeistert auf. Als in England ein populärer Magier mittels eines anscheinend nie vollständig aufgeklärten Tricks suggerieren konnte, dass er links- in rechtshändige Objekte überführen könne,[51] glaubte man, er bewerkstellige dies, indem er die Objekte in einer zusätzlichen vierten Raumdimension bewege,[52] dass er also ein Medium mit Zugang zur vierten Dimension sei.[53]

Erst mit der Einsteinschen allgemeinen Relativitätstheorie kam der zentrale Gedanke Riemanns, die Frage nach Begründung und Art der Maßbestimmung des Raumes, ins Zentrum der Diskussion. Eine spätere Generation von Philosophen versuchte auf dieser Grundlage, die Argumente von Riemann und Helmholtz in das kantianische System einzubauen.[54] Ernst Cassirer (1874–1945) und Hans Reichenbach (1891–1953) sind prominente Vertreter des Versuchs der philosophischen Durchdringung der Theorien von Riemann und Einstein.

Diese verschiedenen Rezeptionslinien sollen nun genauer dargestellt werden.

---

[51] Das spiritistische Medium hieß Henry Slade (1835–1905). Zu den Wissenschaftlern, die sich von ihm überzeugen ließen, gehörte z. B. Karl Friedrich Zöllner (1834–1882), der Begründer der Astrophysik, der hierdurch seinen wissenschaftlichen Ruf ruinierte. Für Einzelheiten sei verwiesen auf [200, 203]. Helmholtz blieb dagegen skeptisch.

[52] s. hierzu auch oben die Analyse des Kantschen Argumentes der Beziehung zwischen Händigkeit und Raumstruktur.

[53] Eine zeitgenössische Darstellung bei F. Klein [123] und z. B. eine recht frei ausgeschmückte Schilderung bei dem theoretischen Physiker Michio Kaku [113], der dann als die wesentliche und seinerzeit sensationelle Entdeckung Riemanns die Möglichkeit höherer Raumdimensionen hinstellt. Eine systematische mathematische Analyse von Räumen beliebiger Dimension war aber schon vor Riemann in einem anderen Kontext von H. Grassmann [74] durchgeführt worden, einem Werk, welches die lineare Algebra begründete.

[54] [146, 147, 149, 156, 157].

5.7 Die axiomatische Begründung der Geometrie

Sophus Lie stellt und behandelt das Problem einer axiomatischen Begründung der Geometrie unter gruppentheoretischen Gesichtspunkten.[55] Da es ihm um möglichst elementare Grundbegriffe geht, erscheint ihm der Riemannsche Ansatz für seine Zwecke weniger geeignet als der Helmholtzsche. Riemann gewinnt nämlich die lokalen Eigenschaften des Raumes durch Integration des infinitesimalen Bogenelementes, und weder Bogenelement noch Integration sind für die axiomatischen Bestrebungen Lies hinreichend elementare Begriffe. Helmholtz geht zwar von elementaren Axiomen über die Beweglichkeit von Körpern im Raume aus, wird aber dann von Lie deswegen kritisiert, weil er in mathematisch unzulässiger Weise aus Eigenschaften der lokalen auf solche der infinitesimalen Transformationsgruppe schließt und obendrein noch überhaupt nicht über den geeigneten Gruppenbegriff verfügt. Außerdem erweist sich das von Helmholtz aufgestellte Monodromieaxiom als entbehrlich, da schon in den anderen enthalten.

Lie stellt seinen eigenen Satz von Axiomen über die freie infinitesimale Beweglichkeit von Körpern im Raume auf und weist nach, dass ein Raum, der eine solche Beweglichkeit gestattet, in drei und höheren Dimensionen notwendigerweise lokal entweder euklidisch, hyperbolisch oder sphärisch (in der seinerzeitigen Terminologie werden diese beiden Geometrien als nichteuklidisch zusammengefasst) sein muss, also ein Raum konstanter Riemannscher Krümmung in einer allerdings von Lie nicht verfolgten Interpretation. In zwei Dimensionen gibt es dagegen noch weitere Möglichkeiten. Jedenfalls ist der Übergang zu mehr als drei Dimensionen für Lie schon eine mathematische Selbstverständlichkeit, die keiner Begründung oder Diskussion physikalischer oder philosophischer Art mehr bedarf. Wenn man die infinitesimalen Bedingungen durch lokale übersetzt, wird das Problem allerdings schwieriger, und Lie kann es nur im dreidimensionalen Fall lösen.[56] Zentral für Lie ist die Annahme, dass die möglichen Bewegungen eines Körpers eine Gruppe bilden, dass also die Hintereinanderausführung zweier Bewegungen wieder eine solche ist und jede Bewegung durch eine zu ihr inverse rückgängig gemacht werden kann.

Es wäre nicht korrekt, in Lie den Mathematiker zu sehen, der die von Helmholtz unpräzise formulierten und formal unbefriedigend ausgearbeiteten Ideen zur Struktur des Raumes nun in eine mathematisch exakte Form überführt. Vielmehr dreht Lie die Problemstellung herum. Helmholtz wollte aus empirisch begründeten Axiomen die Struktur des Raumes ableiten. Lie dagegen will von vorneherein eine axiomatische Begründung einer bestimm-

[55] S. Lie [138, S. 284–321], [137, Dritter und Letzter Abschnitt, Abtheilung V]. Lie war nach eigenen Angaben schon 1869 von Klein auf die Arbeiten von Riemann und Helmholtz aufmerksam gemacht worden, mit dem Hinweis, dass in diesen Arbeiten implizit der Begriff der kontinuierlichen Gruppe enthalten sei, aber er hat sich dann erst 1884, nachdem er seine eigene Theorie der kontinuierlichen Gruppen schon systematisch ausgearbeitet hatte, genauer mit den Darlegungen von Riemann und Helmholtz befasst (s. Lie [137, Dritter und Letzter Abschnitt, S. 397]. Merkwürdigerweise tritt übrigens in [86] Helmholtz überhaupt nicht bei der Darstellung der mathematischen Entwicklung von Lie, sondern erst bei derjenigen von Killing auf.

[56] Lie [137, Driter Abschnitt, S. 498–523].

ten Klasse von Geometrien liefern: „Das *Riemann*-Helmholtzsche Problem ... verlangt die Angabe solcher Eigenschaften, die der Schaar der Euklidischen und den beiden Schaaren von Nichteuklidischen Bewegungen gemeinsam sind und durch die sich diese drei Schaaren vor allen anderen möglichen Schaaren von Bewegungen auszeichnen.“[57]

Das Ziel der Axiomatik ist bei Lie übrigens auch nicht mehr die Maßbestimmung des Raumes, sondern die Auszeichnung der Bewegungsgruppe. Dies fügt sich natürlich in den Kontext des Lieschen Forschungsprogrammes ein, die Theorie der Transformations- und Symmetriegruppen. In ähnliche Richtung gingen die Intentionen von Felix Klein mit seiner Theorie der Invarianzgruppen. Das komplexe Verhältnis zwischen den Programmen von Lie und Klein soll hier aber nicht weiter dargestellt werden.

Die axiomatische Begründung der Geometrie ist dann insbesondere von David Hilbert[58] entwickelt worden. Hilbert gibt in den *Grundlagen der Geometrie* 5 Gruppen von Axiomen an, die zusammen die dreidimensionale euklidische Geometrie begründen. Es handelt sich um die Axiome der

1. *Verknüpfung*, die die grundlegenden Begriffe Punkt, Gerade und Ebene miteinander verknüpfen (z. B., dass je zwei verschiedene Punkte auf genau einer Geraden liegen),
2. *Anordnung,* die insbesondere den Begriff *zwischen* festlegen sowie stipulieren, dass eine Gerade, die in ein Dreieck eindringt, aus diesem auch wieder heraustritt,
3. *Kongruenz,* die auch den Begriff der Bewegung festlegen und den Vergleich von Strecken und Winkeln ermöglichen,
4. *Parallelen,* also das dem alten euklidischen Parallelenpostulat äquivalente Axiom, dass durch einen Punkt außerhalb einer Geraden genau eine Gerade verläuft, die erstere nicht trifft,
5. *Stetigkeit,* und zwar erstens das sog. *Archimedische Axiom,* dass man, wenn man eine vorgegebene Referenzstrecke genügend oft abträgt, jede andere vorgegebene Strecke überdecken kann, und zweitens das *Vollständigkeitsaxiom*, dass das gegebene System von Punkten, Geraden und Ebenen nicht ohne Verletzung von mindestens einem der anderen Axiome durch Hinzunahme weiterer Elemente erweitert werden kann.

Das Vollständigkeitsaxiom legt also fest, dass es eine größtmögliche Menge von Elementen gibt, die die Axiome erfüllen. Dass dies gefordert werden kann, ist allerdings kei-

[57] [137, Dritter Abschnitt, S. 471] (Hervorhebung im Original), und in ähnlicher Formulierung S. 397 ebd.

[58] David Hilbert [93], *Grundlagen der Geometrie,* Leipzig, Teubner, 1899; 13. Aufl. Stuttgart, Teubner, 1987 (mit 5 Anhängen, in denen verschiedene Arbeiten von Hilbert nachgedruckt werden, sowie Supplementen von Paul Bernays) und 14. Aufl. Leipzig, Teubner, 1999, mit dem Essay Michael Toepell, *Zur Entstehung und Weiterentwicklung von David Hilberts Grundlagen der Geometrie,* der sich mit der Vor- und Nachgeschichte der Hilbertschen axiomatischen Behandlung der Geometrie befasst; s. auch das sich auf die 7. Aufl. beziehende [185]. Außerdem [80], wo nicht nur die ursprüngliche Fassung von 1899 wiederabgedruckt wird, sondern auch die anderen Schriften Hilberts zu Grundlagenfragen der Geometrie. Außerdem die kommentierte Neuausgabe [202].

neswegs evident, sondern ist, wie Hilbert erläutert, nur bei Annahme des Archimedischen Axioms widerspruchsfrei möglich. Wesentliches Ziel von Hilbert ist dann der Nachweis der Widerspruchsfreiheit und Unabhängigkeit der Axiome. Die Widerspruchsfreiheit wird durch Konstruktion eines Modells, in welchem alle Axiome gelten, gezeigt. Im vorliegenden Fall ist das Modell natürlich einfach die dreidimensionale euklidische Geometrie. Die Unabhängigkeit wird dadurch gezeigt, dass man eines der Axiome durch ein anderes ersetzen und dazu dann ein anderes widerspruchsfreies Modell konstruieren kann. Beispielsweise zeigen die Modelle der nichteuklidischen Geometrie die Unabhängigkeit des Parallelenaxioms von den anderen. Hilbert untersucht dann systematisch, welche der oben genannten Axiome zum Beweis grundlegender geometrischer Sätze oder Lehren erforderlich sind und auf welche man bei den einzelnen Sätzen jeweils verzichten kann. Beispielsweise benötigt die euklidische Proportionenlehre nicht das Archimedische Axiom.

Oben ist das Axiom der Stetigkeit an den Schluss gestellt werden. Im Anhang IV seiner Grundlagen stellt Hilbert umgekehrt dieses Axiom an den Anfang seiner Überlegungen und gewinnt dann einen neuen systematischen Zugang zu Lies Theorie der Transformationsgruppen, welcher ohne die infinitesimalen Konstruktionen Lies, welche Differenzierbarkeitsforderungen voraussetzen müssen, auskommt. Insgesamt führen diese Hilbertschen Arbeiten aber die Mathematik wohl in eine etwas andere Richtung als diejenige, die Riemann oder auch Helmholtz vorgeschwebt hatte. Axiome sind für Hilbert mehr oder weniger beliebige Setzungen, anstatt einer empirischen Überprüfung fähige und bedürftige Hypothesen.[59] Hilberts Kriterium ist stattdessen die innere Konsistenz des Axiomengebäudes. Die weitere Entwicklung des Hilbertschen Programms einer Formalisierung der gesamten Mathematik gehört daher nicht mehr zu unserem Thema. Es sei aber bemerkt, dass die von Hilbert angestrebte Formalisierung und die damit zusammenhängende Rolle der Axiome in der Mathematik und teilweise auch in der Physik sehr kontrovers diskutiert worden sind und auch weiter diskutiert werden. Gegen den von Hilbert inspirierten Ansatz der französischen Mathematikergruppe Bourbaki, die insbesondere in der 50er und 60er Jahren des 20. Jahrhunderts ein Programm eines systematischen Aufbaus der Mathematik aus grundlegenden Axiomen, die allein aufgrund ihrer internen Kohärenz und ihrer theorieerzeugenden Kraft ausgewählt werden, entwickelt und durchgeführt hat, stehen immer wieder andere Stimmen, die auf die anschaulichen Grundlagen der Mathematik oder auf ihre Motivation durch physikalische Sachverhalte und Entdeckungen hinweisen und dies einem reinen Formalismus um seiner selbst willen kritisch entgegenstellen. In der modernen theoretischen Hochenergiephysik konnte sich der axiomatische Zugang zur Quantenmechanik[60] und Quantenfeldtheorie[61] nicht wirklich durchsetzen.

[59] Pirmin Stekeler-Weithofer [199] analysiert dagegen das Verhältnis zwischen der formallogischen Gültigkeit und der Wahrheit geometrischer Aussagen auf der Grundlage realer Konstruierbarkeitsaussagen unter Rückgriff auf Kants Konzept einer synthetischen Geltung a priori. Dieses Zitat muss hier als neues Beispiel für eine sehr umfangreiche und kontroverse Diskussion genügen.

[60] John von Neumann [207, 208].

[61] s. Arthur Wightman [220].

5.8 Der Konventionalismus

Der bedeutende Mathematiker Henri Poincaré (1854–1912) entwickelte den sog. Konventionalismus als Alternative sowohl zum Apriorismus Kants als auch zum Empirismus Helmholtz'.[62] Seine Intention hierbei war, zu analysieren, wie die Vorstellung vom Raum und seiner Geometrie aus dem geistigen Bemühen um den Vergleich und die Einordnung von Sinnesdaten entsteht. Poincaré zufolge ist aber die Geometrie trotzdem keine empirische Wissenschaft, weil sie nicht durch Sinneserfahrungen revidiert wird und exakt statt approximativ wie alle empirisch gewonnenen Aussagen ist. Das Kriterium zur Bestimmung der Geometrie ist stattdessen die Einfachheit der Beschreibung der sinnlichen Erfahrungen. Im Prinzip könnten diese auf sehr verschiedene Weisen geometrisch beschrieben werden, aber die meisten dieser Beschreibungen sind viel zu kompliziert und werden deswegen verworfen. Dies wird auch in den Überlegungen Einsteins dann eine wichtige Rolle spielen.

Der Konventionalismus ist dann in der 1. Hälfte des 20. Jahrhunderts insbesondere von Hans Reichenbach weiterentwickelt worden.[63] Ich finde allerdings die Argumente nicht wirklich überzeugend. Ein Argument, das für den Konventionalismus wesentlich war und welches oben schon bei der Diskussion der Überlegungen von Helmholtz angesprochen worden ist, ist beispielsweise, dass wir nicht sagen können, ob es starre Maßstäbe gibt, denn um dieses feststellen, bräuchten wir wieder andere Hilfsmittel, die als starr angenommen werden müssten, und so fort. Dies scheint mir allerdings irrelevant zu sein, denn solange kein physikalischer Unterschied zwischen einer Situation, in welcher starre Maßstäbe in einem Raum konstanter Krümmung bewegt werden können, und einer, in welcher sich Raum und Maßstäbe gleichermaßen deformieren, festgestellt werden kann, hat eine derartige Unterscheidung auch keinen physikalischen Gehalt, sondern bezieht sich nur auf eine verschiedene Darstellung eines an sich gleichen Sachverhaltes. Dieser Sachverhalt wird in der maßgeblich von Weyl geprägten Feldinterpretation der Gravitation herausgearbeitet.[64] Oder wenn wir die Fragestellung unter geometrischen Aspekten betrachten, so können wir die grundlegende Einsicht Riemanns heranziehen, dass ein- und dieselbe Mannigfaltigkeit, also ein- und dieselbe geometrische Situation in verschiedenen Koordinatensystemen unterschiedlich dargestellt werden kann. Wenn wir den euklidischen Raum in krummlinigen Koordinaten darstellen, so stellen sich auch die euklidischen Geraden als gekrümmte Linien dar. Es handelt sich dadurch aber nicht schon um eine andere Geometrie, sondern nur um eine andere Koordinatendarstellung der gleichen Geometrie.[65] Es war gerade eines der wesentlichen

[62] Henri Poincaré [165]. Vgl. auch die detaillierte Analyse bei Torretti [201].

[63] s. die ausführliche Darstellung bei Martin Carrier [24].

[64] [219] und insbesondere die ausführlich kommentierte Neuausgabe [217].

[65] Ein schönes Beispiel findet sich bei [24]. Die Hohlwelttheorie besagt, dass die Erde eine Hohlkugel ist, in deren Innerem sich das Himmelsgewölbe befindet. Geometrisch gelangt man nun einfach aus der üblichen euklidischen Geometrie zu einer solchen Hohlgeometrie durch eine Inversion an der Oberfläche der Erdkugel. Dabei wird der unendlich ferne Punkt des euklidischen Raumes in das Kugelzentrum abgebildet. Wenn die Bewegungsgesetze der Newtonschen Mechanik entsprechend

Resultate von Riemann, dass man aus unterschiedlichen Darstellungen ein- und derselben geometrischen Situation Invarianten ableiten kann, also Größen, die von der gewählten Darstellung unabhängig sind. Bei Riemann waren dies die Krümmungsgrößen, aber das Prinzip ist allgemeiner. Diese Größen beschreiben dann die zugrundeliegende Geometrie, und die nichtinvarianten Aspekte der Koordinaten sind nur Hilfsmittel der Darstellung. Beispielsweise benutzen wir die Karten in einem Atlas zur Darstellung der gekrümmten Erdoberfläche, auch wenn dies zwangsläufig zu Verzerrungen führt, weil eine solche ebene zweidimensionale Darstellung für viele Zwecke besonders handlich ist. Das konventionalistische Argument besagt also entweder nur, dass der gleiche geometrische oder physikalische Sachverhalt verschieden dargestellt werden kann, und dann ist offensichtlich die einfachste und übersichtlichste Darstellung die beste, oder es verwechselt einen invarianten Sachverhalt mit einer variablen Darstellung.

Helmholtz wollte nun die tatsächliche Geometrie, oder nach der vorstehenden Klarstellung wohl eher die beste Darstellung, durch die Beobachtung physikalischer Kräfte herausfinden. Aus diesem Grund ist das heliozentrische Planetensystem von Kopernikus demjenigen von Ptolemäus oder genauer dem von Tycho Brahe vorzuziehen, bei welchem die anderen Planeten zwar ebenfalls um die Sonne kreisen, diese dann aber um die Erde. Denn die Sonne, aber nicht die Erde ist das Kraftzentrum des Systems. (Newton hatte schon ein solches Argument vorgebracht, s. eine Fußnote im Abschn. 2.1, aber dabei noch ontologisch argumentiert.)

Nun ist zwar in einer Standardgeometrie wie der euklidischen oder hyperbolischen eine bestimmte Koordinatenwahl ausgezeichnet, in welcher sich die geometrischen Sachverhalte besonders einfach darstellen lassen, aber in einer allgemeineren geometrischen Situation, wie beispielsweise in der Allgemeinen Relativitätstheorie betrachtet, gilt dies nun nicht mehr ohne Weiteres. Reichenbach hat daher Kriterien sowohl für die Wahl der Darstellung als auch Experimente zur Überprüfung der infinitesimalen Deformation physikalischer Objekte vorgeschlagen, um also die Frage nach der Starrheit von Maßstäben und Objekten empirisch zu testen.[66]

den Regeln der Koordinatentransformationen (Tensorkalkül) mittransformiert werden, gelten alle physikalischen Gesetze der Mechanik genauso wie vorher, und es lässt sich kein empirischer Unterschied feststellen. Es ist also der gleiche physikalische Sachverhalt in anderen Koordinaten dargestellt worden. Da es sich um eine nichtlineare Koordinatentransformation handelt, werden allerdings in diesen neuen Koordinaten die Bewegungsgesetze komplizierter, und die euklidischen Koordinaten sind deshalb vorzuziehen. Das ist alles. Die Frage, ob die Hohlgeometrie die wirkliche Geometrie ist, ist in diesem Kontext sinnlos, denn sie verwechselt die Wirklichkeit mit ihrer Beschreibung. – Ohnehin wurde die Hohlwelttheorie weitgehend aufgegeben, nachdem Bilder der Erde aus dem Weltraum präsentiert wurden.

[66] Hans Reichenbach [172], wiederabgedruckt [173, Bd. 2].

5.9 Abstrakte Raumkonzepte

Die moderne Mathematik ist bei der Konzeptionalisierung des Raumes von der bei Riemann gelegten Basis aus weiter fortgeschritten.[67] Ausgehend von den Gedanken Riemanns entwickeln Richard Dedekind und Georg Cantor (1845–1918) den Begriff der Menge, einen abstrakteren Begriff als denjenigen der Mannigfaltigkeit.[68] Eine Menge ist einfach eine Kollektion von Elementen,[69] zunächst ohne weitere Struktur. Aus einer Menge G lässt sich dann ein topologischer Raum machen, indem man Nachbarschaftsverhältnisse zwischen den Elementen definiert. Eine solche Struktur wird durch Axiome gekennzeichnet. Zu diesem Zweck werden bestimmte Untermengen der Menge als *offen* ausgezeichnet. Dabei müssen die Bedingungen erfüllt sein, dass sowohl die leere Menge als auch die Gesamtmenge G offen sind und dass ferner der Durchschnitt endlich vieler und die Vereinigung beliebig vieler offener Mengen wieder offen sind. Dies sind die Axiome eines topologischen Raumes, einer grundlegenden mathematischen Struktur, die von Felix Hausdorff (1868–1942) [83, 84] eingeführt und entwickelt worden ist. Ansonsten ist alles beliebig, ganz im Sinne Hilberts. Insbesondere ist keinerlei inhaltliche Interpretation dieser formalen Struktur erforderlich. Auch trivial wirkende Extrembeispiele sind nicht ausgeschlossen. Beispielsweise kann eine Topologie darin bestehen, dass nur G selbst und die leere Menge offen sind, oder umgekehrt darin, dass sämtliche Untermengen von G offen sind. Diese Beispiele sind wichtig für das Verständnis der Reichweite des Konzeptes. Auch der n-dimensionale euklidische Raum wird zu einem topologischen Raum, wenn man alle Abstandskugeln, d. h. alle Mengen $U(p, r)$ von Punkten, die von einem bestimmten Punkt p einen euklidischen Abstand haben, der kleiner als eine bestimmte positive Zahl r ist, als offen definiert, und dann des Weiteren auch alle Mengen, die endliche Durchschnitte oder beliebige Vereinigungen solcher Abstandskugeln für irgendwelche Werte von p und r sind. Eine Abbildung f zwischen topologischen Räumen heißt dann *stetig,* wenn das Urbild jeder offenen Menge U, also die Menge aller Punkte, die durch f nach U abgebildet werden, wieder eine offene Menge ist.[70],[71] Insbesondere ist der Begriff der Stetigkeit also ein topologischer, kein rein mengentheoretischer Begriff.

---

[67] Für einen systematischen Überblick s. [104].

[68] Zur Geschichte des Mengenbegriffs s. beispielsweise [57].

[69] Die mit dem Mengenbegriff zusammenhängenden Grundlagenkontroversen sind für unsere Zwecke nicht von Interesse.

[70] Dies umfasst und verallgemeinert das bekannte Weierstraßsche ε-δ-Kriterium der Analysis, s. u.

[71] Reichhaltiges Material zu diesen Begriffen und ihrer Geschichte findet sich in der Neuherausgabe [84] von Felix Hausdorff *Grundzüge der Mengenlehre* [83] mit ausführlichen Kommentaren zum Hintergrund in Walter Purkert, *Historische Einführung,* und einer Beschreibung der Entstehung der Umgebungsaxiome bei Frank Herrlich et al. *Zum Begriff des topologischen Raumes.* Der dortige Abschn. 3.2, *Fundamentaleigenschaften von Umgebungssystemen,* behandelt die im Text erläuterte Beziehung zu Umgebungssysstemen im $\mathbb{R}^n$ historisch, anhand der Darstellung von Hausdorff in seiner Vorlesung im SS. 1912.

Weitere Bestimmungen, die über die Stetigkeit hinausgehen, erfordern eine zusätzliche Struktur auf dem topologischen Raum G. Hier hat die Mathematik des 20. Jahrhunderts viele Möglichkeiten offeriert und untersucht. Auf den Riemannschen Überlegungen aufbauend ist von David Hilbert, Hermann Weyl und anderen das formale Konzept der Mannigfaltigkeit formal präzise gefasst worden.[72] Eine Mannigfaltigkeit M der Dimension n ist ein durch die folgende Eigenschaft charakterisierter topologischer Raum: Sie kann im Kleinen durch lokale Koordinaten bijektiv auf den Modellraum, den euklidischen Raum der Dimension n, bezogen werden, und die verschiedenen Möglichkeiten, einen solchen Bezug herzustellen, hängen umkehrbar stetig voneinander ab. Dies ist nun kein einfaches Konzept mehr, und ein Beispiel möge dies verdeutlichen. Wir betrachten die Erdoberfläche, repräsentiert durch einen sphärischen Globus. Ausschnitte dieses Globus können als Karten in einem Atlas dargestellt werden. Das Kartenbild ist zweidimensional euklidisch, und man kann von einer zu einer anderen Kartendarstellung durch eine in beiden Richtungen stetige Transformation übergehen.

Noch einige Bemerkungen zu der mathematischen Problematik des Mannigfaltigkeitsbegriffes:[73] Bei allgemeinen topologischen Räumen kann man nicht sinnvoll von einer Dimension sprechen. Der Dimensionsbegriff ergibt sich erst aus dem dem Mannigfaltigkeitsbegriff zugrunde liegenden Koordinatenbezug auf einen Modellraum. Dass die Dimension einer Mannigfaltigkeit eindeutig bestimmt ist, ist aber nicht evident. Es besteht im Prinzip die Möglichkeit, dass eine Mannigfaltigkeit lokal auf euklidische Räume verschiedener Dimension bezogen werden könnte. Wie oben schon erläutert (S. 32), konnte Luitzen E. J. Brouwer (1881–1966) dies aber 1911 ausschließen [18]. Felix Hausdorff wies darauf hin, dass in den Axiomen auch die Bedingung enthalten sein muss, dass es zu zwei verschiedenen Punkten der Mannigfaltigkeit disjunkte Koordinatenumgebungen geben muss, dass also die Koordinatenbeschreibungen genügend fein sein müssen, um Punkte voneinander trennen zu können.

Es gibt auch einen alternativen, kombinatorischen Zugang zum Mannigfaltigkeitsbegriff. Hier setzt man die Mannigfaltigkeit, statt sie durch Koordinatenumgebungen zu überdecken, also lokal durch n unabhängige Funktionen zu beschreiben, aus kleinen, topologisch gleichen Stücken lückenlos zusammen, den sogenannten Simplizes, die sich nur an ihren Rändern berühren dürfen, ansonsten aber disjunkt sind. Beispielsweise kann eine zweidimensionale Mannigfaltigkeit wie die schon diskutierte Kugeloberfläche aus kleinen krummlinigen Dreiecken zusammengesetzt werden. (Eine solche Zusammensetzung geometrischer Gebilde aus elementaren Dreiecken hatte, wie im Abschn. 2.1 erläutert, schon Platon in seinem *Timaios* vorgeschlagen.) In höheren Dimensionen ergeben sich allerdings Schwierigkeiten, aus welchen sich dann das Gebiet der kombinatorischen Topologie entwickelt hat.

Schließlich spricht man von einer differenzierbaren Mannigfaltigkeit, wenn die Übergänge zwischen verschiedenen Koordinatensystemen stets differenzierbar sind, wie im Abschn. 4.4.1 erläutert. Bemerkenswert an diesem Konzept ist, dass die differenzierbare

[72] Eine detaillierte historische Analyse findet sich in Erhard Scholz [192].

[73] Für Einzelheiten verweisen wir auf Scholz [187, 191].

Struktur sich also nicht aus der Betrachtung eines einzelnen Koordinatensystems erschließt, sondern erst aus der Beziehung zwischen zwei Koordinatensystemen. Die Bedingung bedeutet also, dass verschiedene Koordinatenbeschreibungen strukturell miteinander verträglich sein müssen. Eine Mannigfaltigkeit trägt also eine differenzierbare Struktur, wenn es einen Satz von strukturell miteinander verträglichen Koordinatenbeschreibungen gibt, die in ihrer Gesamtheit die ganze Mannigfaltigkeit erfassen. Die Frage, unter welchen Bedingungen dies möglich ist, führt in das mathematische Gebiet der Differentialtopologie.

Eine zunächst völlig andere Struktur ist diejenige eines metrischen Raumes. Dieser Begriff wurde von Fréchet [62] eingeführt und von Hausdorff [83] systematisch entwickelt. Man geht wieder von einer Menge G aus und nimmt an, dass man eine Abstandsfunktion definieren kann, welche je zwei Punkten P und Q aus G einen Abstand $d(P, Q)$ zuweist, der den folgenden Axiomen genügt: Der Abstand zweier voneinander verschiedener Punkte ist stets positiv (nur der Abstand eines Punktes zu sich selber ist Null). Der Abstand ist symmetrisch, d. h. der Abstand von P zu Q ist der gleiche wie derjenige von Q zu P. Für je drei Punkte P, Q, R gilt die Dreiecksungleichung, d. h. $d(P, Q)$ ist nicht größer als die Summe aus $d(P, R)$ und $d(R, Q)$. Diese Axiome sind wiederum für den euklidischen Abstand erfüllt, womit der euklidische Raum zu einem metrischen Raum im Sinne dieser Definition wird. Jeder metrische Raum wird auch ein topologischer Raum, da man wie oben im euklidischen Fall die Abstandskugeln $U(p, r)$ als offen definieren und durch Durchschnitts- und Vereinigungsbildung dann hieraus die anderen offenen Mengen erzeugen kann, um die Axiome zu erfüllen. Eine Abbildung f zwischen metrischen Räumen ist dann stetig, wenn sie das übliche ε-δ-Kriterium der Analysis erfüllt, wenn sich also für jede Kugel vom Radius ε im Bilde eine Kugel von einem Radius δ finden lässt, in der ihr Urbild unter f enthalten ist, wenn man also jeweils erreichen kann, dass die Bilder zweier Punkte unter f einen beliebig kleinen Abstand voneinander haben, sofern diese Punkte selbst einen genügend kleinen Abstand haben.

Auch eine Riemannsche Mannigfaltigkeit ist ein metrischer Raum, da eine Riemanns Bedingungen genügende Metrik auf einer differenzierbaren Mannigfaltigkeit zu einer Abstandsfunktion führt, welche die genannten Axiome erfüllt. Allerdings ist der durch lokale Koordinaten hergestellte Bezug einer differenzierbaren Mannigfaltigkeit kein metrischer Bezug, denn die Abstandsverhältnisse in den lokalen Karten brauchen nicht mit denjenigen auf der Mannigfaltigkeit übereinzustimmen. In unserem obigen Beispiel ist dies das Problem der Kartographie, dass nämlich die Abbildung vom Globus auf die Atlaskarte nicht abstandstreu sein kann, sondern notwendigerweise zu Verzerrungen der Größenverhältnisse führt.

Auf ähnliche Weise hat die moderne Mathematik eine Vielzahl verschiedener geometrischer Strukturen axiomatisch eingeführt. Diese insbesondere mit Hilbert verbundene Vorgehensweise ist nach dem 2. Weltkrieg dann von Bourbaki (Pseudonym einer Gruppe französischer Mathematiker, wie schon oben gesagt) systematisiert und zur Grundlage der gesamten Mathematik erklärt worden. Auch wenn sich später Gegenströmungen gebildet haben und der Einfluss dieser strukturell-axiomatischen Richtung inzwischen deutlich zurückgegangen ist, hat diese die weitere Entwicklung der Mathematik in vieler Hinsicht geprägt, insbesondere in den Gebieten der algebraischen Geometrie, der Arithmetik und der Funktionalanalysis. Wie skizziert, kann Riemann durch seine Herausarbeitung abstrakter konzeptioneller Aspekte als der Wegbereiter der modernen Strukturmathematik angesehen werden. In der Riemannschen Geometrie war dann allerdings zumindest in jüngerer Zeit dieser Ansatz weniger wichtig. Hier war eine wesentliche Leitfrage der Forschung die Beziehung zwischen der Krümmung einer Riemannschen Mannigfaltigkeit, also einer infinitesimalen Größe, und der globalen topologischen Gestalt dieser Mannigfaltigkeit, also die Beziehung zwischen den beiden wesentlichen von Riemann eingeführten Grundkonzepten. Dies werden im Abschn. 6.1 genauer darlegen.

Positionen der Forschung 6

Die Riemannsche Geometrie ist heute ein zentrales und wesentliches Teilgebiet der Mathematik, mit vielfältigen Verknüpfungen zu anderen Teilgebieten. Dies ist unkontrovers. Die philosophischen Kämpfe sind weitgehend entschieden. Die moderne Physik ringt zwar noch um das grundlegende Problem der Vereinheitlichung aller Feldkräfte, genauer der Gravitation einerseits mit den elektromagnetischen, schwachen und starken Wechselwirkungen, die schon im sog. Standardmodell zusammengefasst sind, andererseits, aber dass die Riemannsche Geometrie einen hierfür wesentlichen Formalismus liefert, ist ebenfalls unumstritten.

Eine Skizzierung der Positionen der Forschung kann also hier nur bedeuten, die Grundgedanken und -aussagen der verschiedenen Richtungen der Fachforschung kurz zu umreißen, soweit das ohne Benutzung eines fachspezifischen Formalismus und einer entsprechend entwickelten Terminologie überhaupt möglich ist.

Das Ziel dieses Abschnittes kann es nur sein, die wesentlichen Konzepte und Resultate zu erläutern, nicht aber, deren historische Entwicklung nachzuzeichnen. Für Einzelheiten und Literaturnachweise müssen wir auf die in der Auswahlbibliographie aufgeführten Monographien und Gesamtdarstellungen verweisen.

6.1 Die globale Struktur von (Riemannschen) Mannigfaltigkeiten

Eine Leitfrage der neueren Forschung ist die Beziehung zwischen der topologischen Struktur einer Mannigfaltigkeit und den Riemannsche Metriken, die sie tragen kann. Wir hatten schon bei der Darstellung der Überlegungen Riemanns erläutert, dass die Kugeloberfläche, also eine bestimmte zweidimensionale Mannigfaltigkeit, keine Metrik mit negativer Krümmung tragen kann. Es war dann naheliegend, entsprechende Fragen auch in höheren Dimensionen zu stellen. Allerdings muss hier erst einmal präzisiert werden, was überhaupt unter negativer

J. Jost, *Bernhard Riemann – Über die Hypothesen, welche der Geometrie zu Grunde liegen*, Klassische Texte der Wissenschaft, https://doi.org/10.1007/978-3-662-70872-9_6

oder positiver Krümmung zu verstehen, denn die Riemannsche Krümmung wird in höheren Dimensionen durch einen Tensor und nicht mehr durch eine einzelne Zahl gegeben. Aus diesem Tensor lassen sich aber auf verschiedene Weisen Zahlen gewinnen. Die wichtigste Weise, die auch dem entspricht, wie Riemann den Krümmungstensor konzipiert hatte, besteht darin, die Krümmung von zweidimensionalen Untergebilden der Mannigfaltigkeit zu bestimmen. Es handelt sich hier um die sog. Schnittkrümmung, also die Krümmung von infinitesimalen Ebenen, die durch zwei unabhängige Richtungen aufgespannt werden, wie im Abschn. 4.4.9 erläutert. Da es sich bei diesen Ebenen um Flächen, also zweidimensionale Gebilde, handelt, reduziert sich deren Krümmung jeweils auf eine einzelne reelle Zahl. Man sagt dann, die Riemannsche Mannigfaltigkeit trage negative Schnittkrümmung, wenn in allen Punkten für alle solchen Ebenen die Krümmung negativ ist. Mit diesen Konzepten lässt sich dann zeigen, dass beispielsweise die höherdimensionalen Analoga der Kugeloberfläche, die sog. Sphären, ebenfalls keine Metrik negativer Krümmung tragen können. Überhaupt führt die Existenz einer Metrik mit einer Schnittkrümmung festen Vorzeichens, sei dieses nun negativ oder positiv, zu starken topologischen Einschränkungen an die zugrundeliegende Mannigfaltigkeit. Dies ist für das Verständnis möglicher Raumstrukturen wichtig. Die Theorie negativ gekrümmter Metriken weist auch eine innige Verbindung zur Theorie dynamischer Systeme auf. Der Grund liegt darin, dass bei negativer Krümmung geodätische Kurven, also kürzeste Verbindungen, d. h. Analoga euklidischer Geraden, die im gleichen Punkt beginnen, exponentiell auseinanderlaufen, statt nur linear wie im euklidischen Fall. Dieses exponentielle Auseinanderlaufen entspricht aber genau der exponentiellen Vergrößerung selbst kleinster Unterschiede, was charakteristisch für sog. chaotische Dynamiken ist. Der geodätische Fluss, also das Verfolgen geodätischer Linien, in Räumen negativer Krümmung ist daher ein Beispiel eines chaotischen dynamischen Systems, und infolgedessen können die hierfür entwickelten mathematischen Methoden in der Geometrie angewandt werden, und umgekehrt liefert die Geometrie somit ein wichtiges Beispiel eines chaotischen dynamischen Systems, an welchem neue Erkenntnisse zum Chaos gewonnen werden können. – Die Theorie von Riemannschen Mannigfaltigkeiten positiver Krümmung führt dagegen in eine ganz andere Richtung. Wenn die Krümmung nicht nur positiv, sondern auch noch fast konstant ist, so muss der zugrundeliegende Raum schon die topologische Struktur einer Sphäre tragen, wie man insbesondere seit den grundlegenden Sphärensätzen von Wilhelm Klingenberg (1924–2010) und Marcel Berger (1927–2016) aus den 60er Jahren des 20. Jahrhunderts weiß. Trotzdem stellt sich heute die Theorie von Räumen positiver Krümmung als weit weniger abgeschlossen dar als diejenige von Räumen negativer Krümmung. Die Sphären selbst jedenfalls tragen sogar eine Metrik konstanter Krümmung, und die Räume konstanter Krümmung stellen wichtige Modellräume in der Geometrie dar, mit deren Eigenschaften dann diejenigen anderer Riemannscher Mannigfaltigkeiten verglichen werden können. Die Klassifikation von Räumen konstanter Krümmung selbst, sei diese nun positiv, negativ oder Null, der sog. Raumformen, ist schon lange abgeschlossen. Wie Riemann und Helmholtz schon erkannt hatten, sind dies gerade die Räume, in denen die freie Beweglichkeit starrer Körper möglich ist. Die Fragestellung hier war aber im Wesentlichen eine topologische oder gruppentheoretische. Das Problem lag nämlich darin begründet, dass man aus den Modellräumen der Sphäre (Kugeloberfläche) oder des euklidischen oder hyperbolischen Raumes durch Quotientenbildung neue Räume von konstanter Krümmung und verwickelterer topologischer Gestalt gewinnen kann. Betrachten wir zur Veranschaulichung zweidimensionale Beispiele, die sich allerdings auf gleiche Weise auch in beliebigen Dimensionen durchführen lassen. Wir nehmen die Kugeloberfläche und identifizieren jeweils diametral gegenüberliegende Punkte, die sog. Antipoden, miteinander. Wir erhalten also einen neuen Raum, die sog. projektive Ebene, oder den Raum der elliptischen Geometrie, dessen jeder Punkt einem Paar von Punkten, nämlich einem Antipodenpaar, auf der Kugeloberfläche entspricht. Der gruppentheoretische Aspekt dieser Konstruktion erwächst aus der Tatsache, dass die Bewegung der Kugeloberfläche, die jeden Punkt in seinen Antipoden überführt, die Abstandsverhältnisse unverändert lässt, denn der Abstand zwischen zwei Punkten ist der gleiche wie derjenige zwischen ihren Antipoden. Eine solche Bewegung eines Raumes, die die Abstandsverhältnisse invariant lässt, wird Isometrie genannt. Die Isometrien bilden eine Gruppe, weil insbesondere die Hintereinanderausführung zweier Isometrien wieder eine Isometrie ist. Dies war schon der den Theorien von Felix Klein und Sophus Lie zugrundeliegende Gedanke.

Ähnlich bilden die Verschiebungen (Translationen) der euklidischen Ebene eine Gruppe. Eine Untergruppe dieser Translationsgruppe wird beispielsweise von denjenigen Translationen gebildet, die die beiden Koordinaten eines Punktes um ganzzahlige Beträge (statt um beliebige reelle) verändern, denn die Hintereinanderausführung zweier derartiger ganzzahliger Verschiebungen ergibt wieder eine ebensolche. Identifiziert man nun jeweils Punkte in der Ebene, die durch eine solche ganzzahlige Verschiebung ineinander überführt werden können, oder, was nach dem Vorstehenden auf das Gleiche hinausläuft, deren Koordinaten sich nur um ganze Zahlen voneinander unterscheiden, so erhält man eine neue Fläche von den Zusammenhangsverhältnissen der Ringfläche. Eine derartige Fläche wird Torus genannt. Genauso wie die euklidische Ebene trägt also auch ein Torus eine Metrik der Krümmung Null. Auch die hyperbolische, die nichteuklidische Ebene erlaubt solche Quotienten, welche dann negativ gekrümmt sind. Insbesondere hier ergibt sich übrigens ein inniger Zusammenhang mit einer der mathematisch wichtigsten der von Riemann entwickelten Theorien, der nach ihm benannten Riemannschen Flächen. Jeder solche Quotient trägt nämlich in natürlicher Weise auch die Struktur einer Riemannschen Fläche, und die Gesamtheit dieser Flächen führt dann zum Riemannschen Konzept des Modulraumes. – Jedenfalls ist die Klassifikation von Räumen konstanter Krümmung, oder in gruppentheoretischer Formulierung die Klassifikation der diskreten Untergruppen der Isometriegruppen von Sphäre, euklidischem und hyperbolischem Raum, von den Mathematikern gelöst worden.[1] Der Zusammenhang zwischen Riemannscher Geometrie und Gruppentheorie ist allerdings noch allgemeiner. Neben den Modellräumen konstanter Krümmung gibt es auch noch andere Riemannsche Mannigfaltigkeiten mit transitiven Isometriegruppen, d. h. welche, in denen Isometrien jeden Punkt

[1] Man vgl. z. B. den Sammelband [97], der dann allerdings auch in Forschungszweige führt, die etwas abseits von den Hauptrichtungen der modernen Geometrie liegen.

in jeden beliebigen anderen überführen können. Dies führt dann in die Klassifikationstheorie der Liegruppen, denn Isometriegruppen sind Transformationsgruppen im Lieschen Sinne, und die Theorie der symmetrischen Räume, der wichtigsten Klasse derartiger Räume, und deren Quotienten nach diskreten Gruppen von Isometrien. Diese Theorien sind insbesondere von Wilhelm Killing, Élie Cartan und Hermann Weyl entwickelt worden. Die symmetrischen Räume bilden naturgemäß eine wichtige Klasse von Modellräumen in der Riemannschen Geometrie. Daneben weisen sie auch tiefliegende und für die mathematische Forschung im 20. Jahrhundert fundamentale Beziehungen zur Zahlentheorie auf. Dies soll hier allerdings nicht weiter ausgeführt werden. Der Hinweis auf die Tatsache, dass wir oben den Torus mit Hilfe der ganzen Zahlen konstruiert haben, muss als Andeutung genügen. Jedenfalls weist dies auf eine wesentliche, und wohl sogar die wichtigsten Teile der modernen mathematischen Forschung motivierende Einheit von algebraischen, geometrischen und analytischen Strukturen hin, welche entscheidend durch das Lebenswerk von Riemann inspiriert ist.

Wir hatten das Riemannsche Konzept der Schnittkrümmung als eine Möglichkeit dargestellt, das Krümmungsverhalten einer Mannigfaltigkeit durch Zahlen zu beschreiben. Für eine Riemannsche Mannigfaltigkeit der Dimension n erhält man auf diese Weise für jeden Punkt der Mannigfaltigkeit $n(n-1)/2$ Zahlen, denn so viele unabhängige Ebenenrichtungen gibt es in einem Punkt. Durch Mittelbildung lässt sich dies auf weniger Zahlen reduzieren. Mittelt man über alle Ebenen, die eine gemeinsame Richtung enthalten, so bekommt man den sog. Riccitensor, welcher wie der metrische Tensor ein symmetrischer Tensor ist, der auf den Tangentialrichtungen ausgewertet wird, wie im Abschn. 5.2.3 erläutert. Mittelt man dann noch über alle Richtungen, so erhält man eine einzige Zahl in jedem Punkt, die sog. Skalarkrümmung. Integriert man dann noch die Skalarkrümmung über die Punkte der Mannigfaltigkeit, so bleibt nur noch eine einzelne Zahl für die gesamte Mannigfaltigkeit übrig, die sog. Totalkrümmung. Aus der durch das Volumen der Mannigfaltigkeit normalisierten Totalkrümmung, dem sog. Einstein-Hilbert-Funktional, lassen sich nicht nur, wie Hilbert gezeigt hat, die Einsteinschen Feldgleichungen der Allgemeinen Relativitätstheorie, sondern auch wesentliche Strukturen der Riemannschen Geometrie gewinnen.[2] Natürlich stellt jeder derartige Mittelungsschritt eine Vergröberung dar. Dementsprechend allgemeiner werden die Objektklassen. Beispielsweise gibt es wesentlich mehr Mannigfaltigkeiten, die eine Metrik positiver Riccikrümmung oder Skalarkrümmung tragen können, als solche mit positiver Schnittkrümmung. In Dimensionen größer als 2 trägt sogar überraschenderweise, wie von Joachim Lohkamp gezeigt, jede Mannigfaltigkeit eine Metrik negativer Riccikrümmung, so dass sich also aus der Existenz einer Metrik negativer Riccikrümmung keine strukturellen Einschränkungen mehr herleiten lassen. Anders verhält es sich mit positiver Riccikrümmung. Merkwürdigerweise ist unser Strukturverständnis von Metriken positiver Riccikrümmung derzeit besser als dasjenige von Metriken positiver Schnittkrümmung, auch wenn das Letztere eine stärkere Bedingung darstellt. Man versteht aber derzeit nicht gut, zu welchen zusätzlichen Einscharänkungen diese Bedingung führt. Zusammenfassend kann man sagen, dass wir derzeit gute Theorien über Mannigfaltigkeiten mit negativer (oder all-

[2] Vgl. z. B. die Darstellung in [110].

gemeiner, nichtpositiver) Schnittkrümmung und über solche mit positiver Riccikrümmung besitzen.

Die Untersuchung der Riccikrümmung für Mannigfaltigkeiten der Dimension 3 hat aber in jüngster Zeit zur Lösung eines der schwierigsten Probleme der Topologie und eines der berühmtesten Probleme der Mathematik überhaupt, der sog. Poincaréschen Vermutung, durch Grigori Perel'man geführt. Zwar trägt nicht jede dreidimensionale Mannigfaltigkeit eine Metrik positiver Riccikrümmung, aber durch eine Veränderung der Metrik in Richtung zu konstanter Riccikrümmung lässt sich die zugrundeliegende Mannigfaltigkeit in Teile zerlegen, die dann konstante Riccikrümmung tragen und welche sich in drei Dimensionen deswegen klassifizieren lassen. Hier zeigt sich ein grundlegender, insbesondere von Shing-Tung Yau entwickelter Gedanke, der Topologie, Geometrie und Analysis miteinander verbindet, und der auch sonst zur Lösung zahlreicher wichtiger Probleme geführt hat. Das Konzept einer Mannigfaltigkeit als solcher beinhaltet noch keine Metrik. Man kann dies auch so wenden, dass ein und dieselbe Mannigfaltigkeit als topologisches Objekt viele verschiedene Riemannsche Metriken tragen kann. Nun kann man, und dies ist der fruchtbare Gedanke, unter diesen vielen möglichen Metriken versuchen, eine besonders günstige Metrik mittels eines Optimierungsprinzips auszuwählen. Hat man eine solche Metrik gefunden, worin meist die wesentliche technische Schwierigkeit besteht, so trägt diese Metrik als Lösung eines Optimierungsproblems bestimmte Eigenschaften, aus welchen man dann Rückschlüsse auf die Struktur der zugrundeliegenden Mannigfaltigkeit ziehen kann. Es sei bemerkt, dass dies kein logischer Zirkel ist, denn um die Existenz einer optimalen Metrik nachzuweisen, muss man schon Eigenschaften der Mannigfaltigkeit heranziehen. Die optimale Metrik erlaubt dann, aus diesen zugrunde gelegten Eigenschaften andere abzuleiten, die mit alternativen Methoden typischerweise wesentlich schwieriger oder gar nicht zu gewinnen sind. – In umgekehrter Richtung kann man aber auch mit topologischen Methoden viele geometrische Informationen über Riemannsche Mannigfaltigkeiten gewinnen, wie insbesondere von Mikhail Gromov vorgeführt worden ist.

6.2 Riemannsche Geometrie und moderne Physik

Die Konzepte der Riemannschen Geometrie sind nicht nur für die Allgemeine Relativitätstheorie grundlegend, sondern auch wesentlich für die moderne Quantenfeldtheorie und theoretische Elementarteilchenphysik, vom sog. Standardmodell bis zu den aktuellsten Entwicklungen wie der (Super)Stringtheorie.

Wir benötigen noch eine wichtige Verallgemeinerung des Konzeptes der Mannigfaltigkeit, dasjenige des Faserbündels. Wir hatten dieses Konzept schon im Abschn. 5.3 aus historischer Sicht diskutiert, oder genauer zumindest den Spezialfall des Hauptfaserbündels. Hier wollen wir es auf etwas andere Weise unter systematischen Gesichtspunkten einführen. Wie dargelegt, ist eine Mannigfaltigkeit ein Nebeneinander von Punkten mit qualitativen Lagebeziehungen. Dieses Konzept kann nun dahingehend erweitert werden, dass man statt eines

Punktes ein anderes Objekt nimmt. Für die Geometrie und theoretische Physik besonders wichtige Beispiele derartiger Objekte sind Liegruppen und Vektorräume. Dieses Objekt heißt dann Faser, und ein *Faserbündel* ist dann in analoger Weise ein Nebeneinander von Exemplaren der Faser. Wenn wir die Struktur der Faser unterdrücken und die einzelnen Exemplare nur als Punkte auffassen, erhalten wir wieder eine Mannigfaltigkeit. Diese Mannigfaltigkeit parametrisiert also die Menge der Faserexemplare. Die Exemplare der Faser liegen somit nebeneinander. Es muss aber noch spezifiziert werden, wie sie nebeneinander liegen. Dies bedeutet, dass man auch angeben muss, wie man von einem spezifischen Element einer Faser zu einem bestimmten Element einer anderen Faser gelangt. Das Konzept, das dieses ausdrückt, heißt Zusammenhang des Faserbündels. Es kann als eine Verallgemeinerung der oben besprochenen Parallelverschiebung von Levi-Civita und des affinen Zusammenhangs von Hermann Weyl aufgefasst werden, die wir in Definition 4.3 im Abschn. 4.4.7 eingeführt haben. Diese bringt zum Ausdruck, wie man ein Richtungselement in einem Punkt mit einem Richtungselement in einem anderen Punkt identifiziert, indem man ersteres längs einer gegebenen Kurve parallel verschiebt. Die Richtungselemente liefern ein wichtiges Beispiel eines Faserbündels, das sog. Tangentialbündel der Mannigfaltigkeit. Die Richtungselemente in einem Punkt der Mannigfaltigkeit bilden die zu diesem Punkt gehörende Faser, Tangentialraum des Punktes genannt. Die abstrakte Faser ist hierbei ein Vektorraum von gleicher Dimension wie die zugrundeliegende Mannigfaltigkeit, denn die Anzahl der linear unabhängigen Richtungen in einem Punkt, also die Dimension des Tangentialraumes, liefert gerade die Dimension der Mannigfaltigkeit.

Wir haben somit schon eines der beiden wichtigsten Beispiele für eine Faser gesehen, nämlich einen Vektorraum. Das andere Beispiel ist eine Liegruppe. Die beiden Beispiele sind dadurch miteinander verknüpft, dass die strukturerhaltenden Transformationen eines Vektorraumes eine Liegruppe bilden, und dass umgekehrt eine Liegruppe auf einem Vektorraum operieren kann. Man spricht dabei auch von einer Darstellung der Liegruppe.

DieLiegruppe als abstraktes Objekt wird damit gewissermaßen durch ihre Wirkung als eines Vektorraumes konkretisiert. Dies ist nun für die theoretische Elementarteilchenphysik grundlegend. Ein Elementarteilchen, oder besser gesagt, ein Teilchentyp wie das Elektron oder ein bestimmtes Quark, wird durch seine Symmetrien konzeptionalisiert und dadurch von anderen Teilchen mit anderen Symmetrien unterschieden. Die Symmetrien lassen sich wiederum durch eine Liegruppe ausdrücken. Realisiert wird das Teilchen aber erst durch die Wirkung dieser Gruppe auf einem Vektorraum, und die Beobachtungsdaten von Teilchenstreuexperimenten werden in diesem Kontext interpretiert. Das Teilchen als solches ist invariant, aber in der Beobachtung wird diese Invarianz gebrochen, und man findet ein bestimmtes Element der Faser eines Vektorraumbündels. Die Faser drückt also die verschiedenen Erscheinungswesen des Teilchens aus. Es mag sich nun eine bestimmte Analogie mit dem Konzept der Mannigfaltigkeit als Nebeneinander von Punkten aufdrängen, auch wenn die Tragfähigkeit dieser Analogie wesentlich ungeklärt ist und zu Grundfragen der Vereinheitlichung der Feldkräfte führt. Genauso wie die Elemente der Faser den verschiedenen konkreten Erscheinungswesen eines seiner Natur nach symmetrischen Teilchens entsprechen, also den beobachteten Brechungen dieser Symmetrie, so könnte auch ein Punkt in einer Lorentzschen Mannigfaltigkeit (der relativistischen Variante einer Riemannschen Mannigfaltigkeit) als konkrete Erscheinung, als Ereignis, eines an sich hinsichtlich der Position in Raum und Zeit indifferenten Zustandes gedeutet werden.

Die Vereinheitlichung der Feldkräfte scheint aber schwieriger zu sein. Ein derzeit populärer Ansatz, die Stringtheorie, geht nicht mehr von punktförmigen Teilchen aus, sondern von Elementarobjekten mit der Struktur einer Schleife, den Strings. Verschiedene Teilchen entsprechen dann den unterschiedlichen Anregungs- oder Schwingungszuständen eines solchen Strings. Bewegt sich eine solche Schleife, also ein eindimensionales Objekt, in der Raumzeit, so durchläuft es eine Fläche, die wieder als Riemannsche Fläche aufgefasst werden kann. Da man nun aber nach den Prinzipien der Quantenmechanik nicht angeben kann, welche Fläche durchlaufen wird, sondern nur weiß, dass kleinere Flächen, genauer solche mit kleinerem Wirkungsintegral, wahrscheinlicher sind als größere, so muss man ein sog. Feynmanintegral über alle möglichen Riemannschen Flächen bilden. Die dahinterliegende mathematische Struktur führt zu einer faszinierenden Konvergenz eines großen Spektrums mathematischer Gebiete. Die Berücksichtigung einer zusätzlichen Symmetrie, der sog. Supersymmetrie, zwischen bosonischen oder Wechselwirkungsteilchen einerseits und fermionischen oder Materieteilchen andererseits führt dann zur Superstringtheorie.[3] Diese benötigt allerdings aus Gründen der mathematischen Konsistenz nicht mehr ein vierdimensionales, sondern ein zehndimensionales Raumzeitkontinuum.[4] Die sechs zusätzlichen Dimensionen stellt man sich dabei als winzigkleine und daher makroskopisch nicht in Erscheinung tretende Räume vor. Diese kleinen Räume müssen dabei wegen der auftretenden Teilchensymmetrien eine bestimmte Riemannsche Metrik tragen, die nach ihren Entdeckern Eugenio Calabi (1923–2023) und Shing-Tung Yau benannte Calabi-Yau-Metrik.

Es war Riemanns Vision, Geometrie, Physik und Naturphilosophie miteinander zu vereinigen. Diesen Traum konnte er während seines kurzen Lebens nicht verwirklichen. Auch mehr als 150 Jahre später haben wir eine solche Vereinigung noch nicht zustande gebracht, aber vielleicht sind wir diesem Ziel inzwischen etwas näher gekommen. Aber alles, was erreicht worden ist, gründet auf den Konzepten und ist von den tiefen Ideen durchdrungen, die Riemann entwickelt hat.

6.3 Metrische Geometrie und geometrische Methoden des Maschinellen Lernens

Das Konzept der Riemannschen Mannigfaltigkeit ist auch von großem Nutzen im Maschinellen Lernen. Einerseits kann man in einer Riemannschen Mannigfaltigkeit lokal interpolieren, und andererseits kann eine solche Mannigfaltigkeit komplexe globale Beziehungen darstellen. Die lokale Interpolationsmöglichkeit beruht darauf, dass eine Riemannsche Mannigfal-

[3] Referenzen sind z. B. [76, 166].

[4] Die gewöhnliche Stringtheorie, ohne Supersymmetrie erfordert sogar 26 Dimensionen.

tigkeit im Kleinen, also für genügend kleine Abstände, wie der euklidische Raum aussieht. Kennt man in einer Riemannschen Mannigfaltigkeit einige nahe beieinander liegende Punke, so kann man schließen, dass sich das Gebiet zwischen ihnen ähnlich wie ein von Punkten mit ähnlichen Abstandsverhältnissen aufgespanntes Gebiet im euklidischen Raum verhält. Aber im Großen kann eine Riemannsche Mannigfaltigkeit eine reichhaltige topologische Struktur tragen, ganz anders als der euklidische Raum. Die Kombination dieser Eigenschaften macht das Konzept so mützlich. Und zwischen dem Verhalten im Kleinen und demjenigen im Großen vermittelt die Riemannsche Krümmung. Allerdings hat man es beim Maschinellen Lernen typischerweise nicht mit Kontinua, sondern mit diskreten Datensätzen zu tun. Um sich nun trotzdem die Riemannsche Geometrie zunutze machen zu können, versucht man, eine Riemannsche Mannigfaltigkeit zu identifizieren oder zu konstruieren, die diese Punkte unter zumindest approximativer Bewahrung ihrer Abstandsverhältnisse aufnehmen kann. Zu diesem Zweck ist es dann nützlich, wenn man auch Krümmungsgrößen schon für diskrete Datensätze auswerten kann. Dies soll nun erläutert werden.

Wie im Kap. 4 und dort insbesondere im Abschn. 4.4.7 dargelegt, ist die Krümmung das grundlegende Konzept der Riemannschen Geometrie. Wie Riemann gezeigt hat, ist eine Riemannsche Metrik durch ihre Schnittkrümmungen bestimmt. Und die Schnittkrümmungen bestimmen die Geometrie von geodätischen Dreiecken, also Konfigurationen, in denen drei Punkte einer Mannigfaltigkeit durch kürzeste Geodäten miteinander verbunden sind. Der Kürze halber werden wir im Folgenden bei solchen Gebilden einfach von Dreiecken reden. Diese Verbindung zwischen Schnittkrümmung und der Geometrie von Dreiecken war schon ein zentraler Punkt in Riemanns oben dargelegter Argumentation, wobei Riemann allerdings infinitesimale Dreiecke betrachtet hat. Aber infinitesimale approximieren lokale Dreiecke. Die Schnittkrümmungen als infinitesimale Größen bestimmen also die Gestalt von lokalen Dreiecken. Nun gilt allerdings auch das Umgekehrte: Aus der Gestalt von lokalen Dreiecken lassen sich Schranken für die Schnittkrümmung einer Riemannschen Mannigfaltigkeit gewinnen. Da solche Dreiecke aber auch in allgemeineren metrischen Räumen vorkommen können, eröffnet dies die Möglichkeit, Krümmungen, oder zumindest Krümmungsschranken auch für solche metrische Räume zu definieren und damit die Konzepte der Riemannschen Geometrie fruchtbar zu verallgemeinern. Solche Ideen wurden von Karl Menger (1902–1985) [150], Abraham Wald (1902–1950) [210], Alexander Danilovic Alexandrov (1912–1999) [3] und Herbert Busemann (1905–1994) [21] entwickelt, wobei sich der Ansatz von Alexandrov als der fruchtbarste erwies.[5]

Um solche verallgemeinerten Krümmungen zu beschreiben, erinnern wir an das im Abschn. 5.9 eingeführte Konzept des metrischen Raumes. Zu einem Dreieck mit Eckpunkten x_1, x_2, x_3 in einem metrischen Raum (M, d), der geodätisch in dem Sinne ist, dass je zwei Punkte durch eine kürzeste Geodäte miteinander verbunden werden können, betrachtet man ein euklidisches Vergleichsdreieck. Dies besteht aus drei Punkten $\bar{x}_1, \bar{x}_2, \bar{x}_3$ in der euklidischen Ebene, die jeweils den gleichen Abstand voneinander haben wie die drei Punkte im M, also $\|\bar{x}_i - \bar{x}_j\| = d(x_i, x_j)$ für alle i, j. Dann weist man M beispielsweise nicht-

[5] S. z. B. [2, 19, 102] für systematische Behandlungen solcher Krümmungsschranken.

positive (nichtnegative) Krümmung zu, wenn der Abstand von x_i zu einem Punkt auf der Geodäte, die die beiden anderen Punkte verbindet, nicht grÖßer (kleiner) ist als derjenige von $\bar{x}_i$ zu entsprechenden Punkt auf dem Geradenstück, das die beiden anderen Punkte in der Ebene verbindet. Wählt man statt des euklidischen Vergleichsdreiecks ein Dreieck in einer zweidimensionalen Riemannschen Mannigfaltigkeit mit einer anderen konstanten Krümmung, also einer geeignet skalierten hyperbolischen Ebene oder einer Sphäre, so lassen sich andere Krümmungsvergleiche definieren. Insbesondere genießen in diesem Sinne nichtpositive gekrümmte Räume ähnliche Eigenschaften wie Riemannsche Mannigfaltigkeiten nichtpositiver Krümmung, und insbesondere Gromov [77, 78] hat hieraus weitreichende Konsequenzen gezogen. Beispielsweise kann man auch einer diskreten Gruppe einen metrischen Raum zuordnen, den sog. Cayleygraphen. Hierzu wählt man ein System von Erzeugenden, also von Elementen, aus denen jedes beliebige Gruppenelement durch Multiplikationen erzeugt werden kann, und verbindet dann zwei Gruppenelemente durch eine Kante, wenn eines von ihnen durch Multiplikation mit einem Element aus diesem Erzeugendensystem aus dem anderen hervorgeht. Gromov hat dann festgestellt, dass die meisten Gruppen, oder genauer ihre Cayleygraphen, nichtpositive Krümmung im Alexandrovschen Sinne besitzen. Dies hat vielfältige Konsequenzen für die Strukturtheorie diskreter Gruppen.

Aber für die geometrischen Methoden des Maschinellen Lernens ist das noch nicht genügend allgemein, Viele dieser Methoden konstruieren zwar Riemannsche Mannigfaltigkeiten, aber der Ausgangspunkt ist zunächst ein diskreter Satz von Datenpunkten. Um hierauf geometrische Methoden anwenden zu können, muss dieser Datensatz metrisch sein. Je zwei Datenpunkten p, q müssen wir also einen Abstand $d(p, q)$ zuordnen können. Solche metrischen Datensätze können beispielsweise entstehen, wenn von zugrundeliegenden Objekten verschiedene Eigenschaften quantifiziert werden. Ein Datenpunkt ist dann einfach ein Vektor von solchen Eigenschaftswerten und kann daher als ein Vektor in einem euklidischen Raum aufgefasst werden, auf dessen Achsen dann die Werte der jeweiligen Eigenschaften abgetragen werden. Und dann bildet man einfach den euklidischen Abstand dieser Vektoren. Wenn nun sehr viele Eigenschaften ausgewertet werden, bewegen wir uns in einem Raum von sehr hoher Dimension. Da die Eigenschaftswerte aber typischerweise nicht unabhängig voneinander, sondern miteinander korreliert sind, liegen die Datenpunkte nicht im ganzen Raum verteilt, sondern auf einem niederdimensionalen Untergebilde. Es liegt nun nahe, anzunehmen, dass es sich dabei um eine Mannigfaltigkeit handelt, dass dieses Gebilde also keine Singularitäten aufweist. Denn wenn man mit Singularitäten rechnen müsste, könnte man zwischen den ausgewerteten Datenpunkten nicht ohne Weiteres interpolieren. Wenn man dagegen eine Mannigfaltigkeit hat, weiß man, dass diese sich lokal wie ein euklidischer Unterraum verhält. Ein solcher euklidischer Unterraum der Dimension n ist schon durch $n + 1$ Punkte festgelegt, und man weiß also genau, was zwischen diesen Punkten liegt. Bei einer Mannigfaltigkeit gilt dies lokal, also in Teilen, die im Verhältnis zur Krümmung genügend klein sind. Global gilt dies nicht mehr, denn auch eine n-dimensionale Untermannigfaltigkeit eines N-dimensionalen Raumes kann sich in viel mehr als n Richtungen erstrecken. Schon eine Kurve im Raum kann sich in viele Richtungen winden. Somit ist eine

Mannigfaltigkeit eine günstige Struktur, um Datensätze zu modellieren, die lokal regulär, aber global möglicherweise komplex sind.

Wir nehmen also an, dass die Datenpunkte auf oder zumindest in der Nähe einer n-dimensionalen Untermannigfaltigkeit M eines umgebenden $\mathbb{R}^N$ liegen, wobei N möglicherweise erheblich größer als N ist. Eine Untermannigfaltigkeit eines euklidischen Raumes erbt nun automatisch eine Riemannsche Struktur, s. Abschn. 4.4.8. Dann besteht die erste Aufgabe des geometrischen maschinellen Lernens darin, diese Riemannsche Mannigfaltigkeit aus den Datenpunkten und ihren Abständen zu (re)konstruieren. (Eigentlich braucht man dazu die Annahme, dass es sich um eine Untermannigfaltigkeit eines euklidischen Raumes handelt, überhaupt nicht. Ein metrischer Datensatz reicht völlig aus.)

Wie stellt man das nun an? Man konstruiert einen Graphen, der die gesuchte Mannigfaltigkeit approximieren soll, indem man Datenpunkte, die genügend nahe beieinander liegen, durch Kanten miteinander verbindet.[6] Je mehr Datenpunkte man hat, umso näher beieinander sollen dann zu verbindende Datenpunkte liegen, und wenn man immer mehr Datenpunkte heranzieht, sollte die jeweiligen Graphen dann gegen die gesuchte Mannigfaltigkeit konvergieren. Es ist aber nun nicht von vorneherein klar, was es bedeuten soll, dass eine Folge von Graphen gegen eine Riemannsche Mannigfaltigkeit konvergiert. Hierfür ist in [9] dann ein Umweg vorgeschlagen worden. Man konstruiert einen Differenzenoperator, den Laplace-operator Δ des Graphen. Dieser operiert auf Funktionen, die auf den Datenpunkten definiert sind. Für eine solche Funktion f und einen Datenpunkt p vergleicht dann Δ den Wert $f(p)$ mit dem Mittelwert der Werte in allen Punkten q, die mit q durch eine Kante verbunden sind. Wenn wir $p \sim q$ dafür schreiben, dass p und q miteinander verbunden sind und deg p die Anzahl der mit p verbundenen Punkte bezeichnet, so ist also

$$(\Delta f)(p) = f(p) - \frac{1}{\deg p} \sum_{q \sim p} f(q). \tag{6.1}$$

Δ ist also ein linearer Operator auf einem Funktionenraum, und als solcher hat er Eigenwerte und Eigenfunktionen. Deren Limites für eine Folge von Graphen kann man nun betrachten und daraus dann wiederum den Grenzraum M bestimmen.[7] Der Operator Δ erzeugt auch eine Irrfahrt auf dem zugrundeliegenden Graphen. Ein Irrläufer, der sich zur Zeit $t \in \mathbb{N}$ im Punkte p befindet, sucht sich für die Zeit $t+1$ einen der mit p verbundenen Punkte aus. Jeder einzelne dieser Punkte wird dabei mit gleicher Wahrscheinlichkeit $\frac{1}{\deg p}$ gewählt. Und für eine wie oben konstruierte Folge von Graphen aus immer mehr Datenpunkten konvergieren dann diese Irrfahrten gegen einen Zufallsprozess, welcher die gesuchte Limesmannigfaltigkeit charakterisiert, wie in [95] ausgenutzt wird.

Mit solchen Methoden kann man also eine Riemannsche Mannigfaltigkeit gewinnen, die den Datensatz repräsentiert. Auch wenn dabei die Dimension n klein gegenüber der

---

[6] Ein Graph besteht aus einer Knotenmenge, die hier die Menge der Datenpunkte ist, und einer Kantenmenge. Eine Kante ist ein Paar miteinander verbundener Knoten.

[7] Für eine genaue mathematische Darstellung sei beispielsweise auf [100] verwiesen.

ursprünglichen Dimension N sein mag, kann n immer noch viel zu groß sein, als dass man sich diese Mannigfaltigkeit veranschaulichen könnte. Dazu müsste man diese Mannigfaltigkeit irgendwie in zwei Dimensionen darstellen, Das geht natürlich im Allgemeinen nicht ohne Verzerrungen, und man sucht daher eine Veranschaulichung, welche wenigstens die wesentlichen qualitativen Eigenschaften möglichst gut erhält. Für einen metrischen Graphen Γ kann man nun versuchen, einen Graphen Γ_0 in der Ebene zu konstruieren, der die gleiche Knotenmenge hat und dessen Knotenabstände sich möglichst wenig von denjenigen in Γ unterscheiden. Dazu gibt es verschiedene Verfahren. Es stellt sich aber heraus, dass man zu besseren Ergebnissen gelangt, wenn man noch einen Zwischenschritt einbaut. Zu jedem Datenpunkt p bildet man zunächst einen kleinen Graphen, einen sog. Stern, indem man p mit den k am nächsten liegenden anderen Datenpunkten $p_1, \ldots, p_k$ verbindet und die entsprechenden Kanten mit den Längen $d(p, p_j)$ versieht. Dies erinnert an die Riemannschen Normalkoordinaten aus Abschn. 4.4.5. Diese Metrik kann man nun geeignet manipulieren, um die lokale Struktur besser zu erfassen. Dann muss man aber diese so modifizierten lokalen Sterne wieder zu einem globalen Graphen verknüpfen. Das entsprechende Verfahren, UMAP aus [148], zieht hierzu abstrakte Konzepte aus der Kategorientheorie heran. Die entsprechende Visualisierung hat sich als sehr erfolgreich erwiesen und wird insbesondere in der Zellbiologie derzeit sehr viel eingesetzt.[8]

Aber hierbei tritt noch keine Krümmung auf. Dies führt uns nun zum nächsten Schritt, einem Krümmungskonzept für allgemeine metrische Räume, wie in [99, 100] entwickelt. Die geometrische Überlegung hierbei ist die Folgende. Es ist eine charakteristische Eigenschaft der Riemannschen Schnittkrümmung, dass, je kleiner diese ist, umso leichter Schnittpunkte von Abstandskugeln gewonnen werden können. Für einen Punkt x in einem metrischen Raum (X, d) und einen Radius $r \geq 0$ betrachten wir die Abstandskugel

$$B(x, r) = \{y \in X : d(x, y) \leq r\}. \tag{6.2}$$

Wir betrachten nun die Kugeln $B(x_i, r_i)$ mit

$$\begin{aligned} r_1 &= \frac{1}{2}(d(x_1, x_2) + d(x_1, x_3) - d(x_2, x_3)) \\ r_2 &= \frac{1}{2}(d(x_1, x_2) + d(x_2, x_3) - d(x_1, x_2)) \\ r_3 &= \frac{1}{2}(d(x_1, x_3) + d(x_2, x_3) - d(x_1, x_2)). \end{aligned}$$

Die Radien sind gerade kleinstmöglich gewählt, dass noch gerade

$$B(x_i, r_i) \cap B(x_j, r_j) \neq \emptyset \tag{6.3}$$

---

[8] Eine vertiefte mathematische Analyse [8] deckt allerdings noch einige Schwachstellen auf und führt zu einem verbesserten Verfahren, IsUMap [7].

für alle Paare $(x), x_j)$ möglich ist. (In einer vollständigen Riemannschen Mannigfaltigkeit ist dies stets der Fall.) Es gibt aber i. A. keinen dreifachen Schnitt, also

$$B(x_1, r_1) \cap B(x_2, r_2) \cap B(x_3, r_3) = \emptyset. \tag{6.4}$$

Um einen Dreierschnitt zu gewinnen, muss man den Radius vergrößern. Man sucht also das kleinste $\lambda \geq 1$ mit

$$B(x_1, \lambda r_1) \cap B(x_2, \lambda r_2) \cap B(x_3, \lambda r_3) \neq \emptyset. \tag{6.5}$$

Und es ist nun eine charakteristische Eigenschaft der Riemannschen Schnittkrümmung, dass, je kleiner diese ist, umso kleiner auch das erforderliche λ ist. Und dies lässt sich nun, analog zu der oben beschriebenen Alexandrovschen Prozedur, benutzen, um Krümmungsschranken für allgemeine metrische Räume zu definieren. Wenn die Räume diskret sind, muss man allerdings noch einen kleinen Korrekturterm zulassen, also statt einem Radius λr einen korrigierten Radius $\lambda r + \delta$ betrachten, wobei $\delta > 0$ die Größenordnung erfasst, auf denen die Diskretheit des Raumes eine Rolle spielt. Für große Radien r ist ein kleines δ dabei natürlich unerheblich. Solche Konstruktionen sind daher hilfreich, um die globale Struktur von metrischen Räumen zu erfassen.

Glossar

A

Mannigfaltigkeit: Begriff für das kontinuierliche Nebeneinander von Punkten oder Elementen, unter der Voraussetzung, dass sich genügend kleine Teile in umkehrbar eindeutiger Weise durch ein Tupel von Zahlen, den **Koordinaten,** auf ein Gebiet des cartesischen Raumes beziehen lassen. Der Begriff der **Mannigfaltigkeit** ist rein topologisch, in dem Sinne, dass er keine **Maßstruktur** voraussetzt, also nur qualitative **Lagebeziehung**en beinhaltet. Es handelt sich zwar um einen räumlichen Begriff, aber der hierbei gedachte Raum braucht nicht der physikalische Raum zu sein. So bilden auch die verschiedenen Farbwerte die Elemente einer **Mannigfaltigkeit,** des Farbenraumes.

Koordinaten: Repräsentation eines Teiles einer **Mannigfaltigkeit** durch ein Gebiet in einem cartesischen Raum. Die Position eines Punktes in einem n-dimensionalen cartesischen Raum wird durch n reelle Zahlen festgelegt. Diese n Zahlen heißen dann auch die **Koordinaten** des diesem cartesischen Raumpunkt entsprechenden Punktes der **Mannigfaltigkeit** in der betrachteten **Koordinaten**darstellung. **Koordinaten** liefern also die Möglichkeit, die Position eines Punktes in einer **Mannigfaltigkeit** durch reelle Zahlen zu beschreiben. Allerdings ist diese Beschreibung dem **Mannigfaltigkeit**spunkt als solchem nicht inhärent, sondern nur eine Konvention. Der gleiche Punkt wird in anderen **Koordinaten** durch andere Zahlen beschrieben.

J. Jost, *Bernhard Riemann – Über die Hypothesen, welche der Geometrie zu Grunde liegen*, Klassische Texte der Wissenschaft, https://doi.org/10.1007/978-3-662-70872-9

Dimension: Anzahl der reellen Zahlen, die erforderlich sind, um Punkte in einer **Mannigfaltigkeit** durch **Koordinaten** darzustellen.

Metrik: Festlegung des **Abstand**es zwischen Punkten einer **Mannigfaltigkeit** (oder eines allgemeineren mathematischen Raumes); axiomatisch gegebene mathematische Struktur, die die Bedingungen für einen **Abstand**sbegriff festlegt (zwei verschiedene Punkte müssen stets einen positiven**Abstand** voneinander haben, dieser ist nicht von der Reihenfolge der beiden Punkte abhängig, und es gilt die **Dreiecksungleichung,** dass also der **Abstand** zweier Punkte voneinander nicht größer sein darf als die Summe der Abstände der beiden Punkte von einem dritten Punkt).

Riemannsche Metrik: Quadratische Form auf einer **Mannigfaltigkeit,** aus welcher durch Integration längs Kurven Kurvenlängen und dann Abstände zwischen Punkten als Länge der kürzesten Verbindungskurve zwischen ihnen bestimmt werden können. Genauer sollte man von der die Metrik definierenden quadratischen Form sprechen, denn letztere ist ein infinitesimaler Begriff im Unterschied zu dem eine **Metrik** ausmachenden **Abstand**sbegriff.

Riemannsche Mannigfaltigkeit: **Mannigfaltigkeit** mit einer Riemannschen **Metrik**.

Krümmung: Maß für die Abweichung einer Fläche oder allgemeiner, einer **Mannigfaltigkeit,** von der ebenen, euklidischen Gestalt.

Invariante: Größe, die unter einer Klasse von **Transformation**en oder verschiedenen Beschreibungen unverändert bleibt. So sind die **Dimension** oder die **Krümmung**en einer **Mannigfaltigkeit** nicht von den gewählten **Koordinaten**darstellungen abhängig, also koordinateninvariant.

Flächentheorie: Theorie der geometrischen Beschreibung zweidimensionaler Objekte.

Nichteuklidische Geometrie: Raumstruktur, in welcher das euklidische Parallelenpostulat nicht erfüllt ist, sonst aber alle euklidischen **Axiome** gelten.

Parallelverschiebung: Verschiebung von Richtungselementen von einem Punkt einer Riemannschen **Mannigfaltigkeit** zu einem anderen längs einer Kurve, derart, dass ihre Längen und die Winkel zwischen ihnen invariant bleiben.

Topologie: Lehre von den qualitativen Beziehungen zwischen den Punkten eines mathematischen Raumes, unter Absehung von metrischen Relationen.

Biographischer Abriss und Zeittafel

B

Die[1] historischen Ereignisse der napoleonischen Kriege und der Gründung des Deutschen Reiches rahmen die Lebensspanne Riemanns ein, und die Nachwirkungen des ersten und die Vorbereitungen des zweiten prägten die politische und wirtschaftliche Situation der Zeit, in der Riemann lebte. Von offensichtlicher Bedeutung für das Verständnis des wissenschaftlichen Werdeganges und des Lebensweges Riemanns war die Situation an den deutschen Universitäten,[2] insbesondere Göttingen und Berlin, und natürlich die allgemeine Entwicklung der Mathematik.[3] Dies soll in der nachfolgenden Zeittafel berücksichtigt werden.

1737: Eröffnung der Universität Göttingen, wobei die Rolle der Naturwissenschaften hervorgehoben wird.

1801: Carl FriedrichGauß' *Disquisitiones arithmeticae* erscheinen.

1806: Formales Ende des Heiligen Römischen Reiches Deutscher Nation, als Kaiser Franz II. unter dem Druck Napoleons die deutsche Kaiserkrone niederlegt. Zusammenbruch Preußens nach der Schlacht von Jena und Auerstädt. Napoleon zieht in Berlin ein.

1807: Als Reaktion auf die Unterlegenheit Preußens gegenüber der napoleonischen Aggression Einleitung weitreichender Reformen in Preußen durch den Freiherrn vom Stein.

1810: Im Zuge dieser Reformen veranlasst Wilhelm von Humboldt die Gründung der Universität Berlin. Seine Universitätsverfassung wird maßgebend für das akademische Leben im 19. Jahrhundert in Deutschland.

[1] Die nachstehenden Angaben zur Biographie Riemanns sind im Wesentlichen dem von Dedekind verfassten Lebenslauf Riemanns in den *Gesammelten Werken* entnommen. [133] wurde ebenfalls stellenweise herangezogen. Systematische Quellenstudien sind ansonsten unterblieben.

[2] Einen Überblick über die geistige Situation an den deutschen Universitäten im 19. Jahrhundert gibt [186].

[3] Hierzu natürlich [123].

J. Jost, *Bernhard Riemann – Über die Hypothesen, welche der Geometrie zu Grunde liegen*, Klassische Texte der Wissenschaft, https://doi.org/10.1007/978-3-662-70872-9

1813: Beginn der Befreiungskriege gegen Frankreich, an denen auch Riemanns Vater teilnimmt. Niederlage Napoleons in der Völkerschlacht bei Leipzig.

1815: Endgültige Niederlage Napoleons und Neuordnung Europas im Wiener Kongress. Gründung des Deutschen Bundes. Beginn der von Metternich geprägten Restaurationsperiode.

1817: Einrichtung des Kultusministeriums in Preußen, dessen erster und langjähriger Leiter Altenstein wird.

1818: Preußisches Zollgesetz schafft die Voraussetzungen zum Aufstieg Preußens zur führenden deutschen Wirtschaftsmacht.

1819: Königreich Hannover erhält Verfassung.

1820: Wiener Schlussakte vollendet Verfassung des deutschen Bundes.

1826: Geburt von Georg Friedrich Bernhard Riemann am 17.9. als Sohn des dortigen evangelischen Pfarrers in Breselenz bei Dannenberg am Elbrand der Lüneburger Heide im Königreich Hannover. Kindheit im nahegelegenen Quickborn in der Elbniederung, wo der Vater die Pfarre übernimmt und auch seine Kinder unterrichtet.

1827: Carl Friedrich Gauß' *Disquisitiones generales circa superficies curvas* begründen die moderne Differentialgeometrie.

1831: Studentenunruhen in Göttingen. Tod Hegels und damit Ende der Glanzzeit des deutschen Idealismus. Faraday entdeckt die elektromagnetische Induktion.

1832: Goethe stirbt, womit die Weimarer Klassik endet.

1834: Deutscher Zollverein unter preußischer Führung. Tod Schleiermachers, des Begründers der modernen protestantischen Theologie. Jacobi gründet in Königsberg das erste Mathematisch-physikalische Seminar in Deutschland.

1837: Ende der Personalunion zwischen Hannover und Großbritannien, da Hannover die weibliche Erbfolge der britischen Königin Victoria nicht zulässt. Der neue hannoverische König Ernst August betreibt eine reaktionäre Wende. Entlassung der „Göttinger Sieben", zu denen auch der Physiker Wilhelm Weber gehört, der mitGauß zusammengearbeitet hat, aufgrund ihres Protestes gegen den Verfassungsbruch.

1840: Friedrich Wilhelm IV. wird preußischer König. Er enttäuscht die in ihn gesetzten Erwartungen auf eine liberale Politik und verfolgt stattdessen einen konservativ-reaktionären Kurs. Riemann besucht in Hannover das Gymnasium (bis 1842) und lebt dort bei seiner Großmutter.

1841: Tod des Architekten Schinkel, der Berlin im Auftrag des preußischen Königshauses als moderne europäische Hauptstadt unter Rückgriff auf viele architektonische Stile um- und aufgebaut hatte.

1842: Nach dem Tod der Großmutter besucht Riemann in Lüneburg das Gymnasium (bis 1846), dessen Direktor Schmalfuss die große mathematische Begabung Riemanns erkennt und fördert.

1846: Tod von Riemanns Mutter. Riemann nimmt das Studium an der Universität Göttingen auf, und zwar auf Wunsch des Vaters zunächst der Theologie, wechselt aber bald zur Mathematik.

1847: Riemann wechselt an die Berliner Universität und hört insbesondere Vorlesungen beiDirichlet und Jacobi und tritt in Kontakt zu Eisenstein, welcher allerdings letztlich aus persönlichen Gründen wenig fruchtbar wird.

1848: Das *Kommunistische Manifest* von Marx und Engels erscheint. Beginn der Revolutionen in verschiedenen Ländern, insbesondere Frankreich, Österreich (Sturz Metternichs) und Preußen. Frankfurter Nationalversammlung in der Paulskirche. Annexion Schleswigs durch Dänemark führt zum 1. Deutsch-Dänischen Krieg. Auflösung der preußischen Nationalversammlung. Wahl von Louis Napoléon zum französischen Präsidenten.

1849: Der preußische König Friedrich Wilhelm IV. lehnt die ihm von der Frankfurter Nationalversammlung angebotene kleindeutsche Kaiserkrone ab. Niederschlagung von Aufständen zur Unterstützung der Reichsverfassung in verschiedenen deutschen Ländern. Riemann wird Augenzeuge der Märzrevolution in Preußen und übernimmt eine kurze Wachaufgabe als Mitglied des studentischen Corps. Auflösung der Nationalversammlung. Riemann kehrt an die Universität Göttingen zurück, wo Weber wieder seine Physikprofessur übernimmt und Riemann auch persönlich fördert.

1850: Unter dem Druck von Österreich gibt Friedrich Wilhelm IV. seine Bemühungen um eine neue Verfassung für Deutschland auf. Inkrafttreten einer preußischen Verfassung. Clausius formuliert den Zweiten Hauptsatz der Thermodynamik. Riemann tritt in das kurz vorher gegründete Göttinger mathematisch-physikalische Seminar ein. Dedekind beginnt sein Studium in Göttingen und wird zum lebenslangen Freund Riemanns.

1851: Promotion Riemanns bei Gauß.

1852: Louis Napoléon wird als Napoleon III. französischer Kaiser. **Dirichlet** besucht im Herbst Göttingen; viele wissenschaftliche Diskussionen mit Riemann.

1854: Habilitation Riemanns an der Philosophischen Fakultät der Universität Göttingen; Habilitationskolloquium am 10.6. zum Thema *Ueber die Hypothesen, welche der Geometrie zu Grunde liegen.*

1855: Riemanns Vater und eine seiner vier Schwestern sterben. Tod vonGauß und Berufung von Dirichlet als dessen Nachfolger in Göttingen.

1856: Heine stirbt in Paris.

1857: Riemann wird außerordentlicher Professor in Göttingen. Tod von Riemanns Bruder Wilhelm. Riemann übernimmt die Versorgung der drei überlebenden Schwestern. Die Arbeit *Theorie der Abelschen Funktionen* verschafft Riemann hohe wissenschaftliche Anerkennung.

1858: Prinz Wilhelm übernimmt die Regierung in Preußen für seinen als regierungsunfähig erklärten Bruder Friedrich Wilhelm IV. Riemann trifft die italienischen

Mathematiker Brioschi, Betti und Casaroti, die Göttingen besuchen. Dedekind nimmt einen Ruf an das Polytechnikum in Zürich an und verlässt Göttingen.

1859: Alexander von Humboldt, der bekannteste und einflußreichste deutsche Wissenschaftler seiner Zeit, stirbt. *On the Origin of Species* von Darwin begründet die moderne Evolutionsbiologie. Tod Dirichlets und Ernennung Riemanns zu seinem Nachfolger als ordentlicher Professor. Riemann wird korrespondierendes Mitglied der Bayerischen Akademie und der Berliner Akademie; Reise nach Berlin in BegleitungDedekinds. Riemann wird ordentliches Mitglied der Gesellschaft der Wissenschaften in Göttingen.

1860: Risorgimento und Einigung Italiens unter Führung Piemonts. Riemann besucht für einen Monat Paris und tritt in Kontakt mit dortigen Mathematikern.

1861: Proklamation des Königreichs Italien. Aufgrund einer Amnestie kann Wagner nach Deutschland zurückkehren, welches er wegen seiner Teilnahme an der gescheiterten Revolution von 1849 in Sachsen hatte verlassen müssen.

1862: Bismarck wird preußischer Ministerpräsident. Vermählung Riemanns mit Elise Koch. Eine Brustfellentzündung führt zu einer dauerhaften Schädigung seiner Lunge. Erste Reise nach Italien, in der Hoffnung, dass das dortige milde Klima Riemanns angegriffener Gesundheit zuträglich ist.

1863: Auf der Rückreise nach Göttingen tritt Riemann in Pisa in engen Kontakt zu dem Mathematiker Enrico Betti. Nach zwei Monaten in Göttingen erneute Italienreise, dort Geburt seiner Tochter Ida. Ablehnung eines Rufes an die Universität Pisa. Riemann wird ordentliches Mitglied der Bayerischen Akademie.

1864: 2. Deutsch-Dänischer Krieg. Maxwell formuliert seine Theorie des Elektromagnetismus.

1866: Preußen wird nach Sieg im Krieg gegen Österreich endgültig deutsche Vormacht. Auflösung des Deutschen Bundes. Preußen annektiert das Königreich Hannover. Riemann wird auswärtiges Mitglied der Pariser Akademie und der Royal Society in London. Während der ersten Kriegstage Antritt einer neuen Italienreise. Tod Riemanns am 20.7. in Selasca am Lago Maggiore.

1867: Gründung des Norddeutschen Bundes mit Preußen als Hegemonialmacht.

1868: Durch **Dedekind** veranlasste posthume Veröffentlichung von Riemanns Habilitationsvortrag. **Helmholtz**' *Ueber die Thatsachen, die der Geometrie zu Grunde liegen* erscheint.

1871: Nach Preußens Sieg gegen Frankreich Gründung des Deutschen Reiches unter preußischer Führung.

1876: Die gesammelten Werke Riemanns erscheinen.

1892: 2. Auflage der gesammelten Werke Riemanns.

1907–1916: Einstein arbeitet an der Allgemeinen Relativitätstheorie.

1990: Neuausgabe der gesammelten Werke Riemanns.

Kommentierte Auswahlbibliographie

C

Diese Bibliographie erhebt keinerlei Anspruch auf Vollständigkeit. Zu spezielleren Aspekten wird in den Fußnoten auf das nachfolgende Literaturverzeichnis verwiesen.

Verschiedene Ausgaben des Textes

Grundlage des Textes ist Riemanns Habilitationskolloquium vom 10.6.1854. Die Veröffentlichung erfolgte erst posthum durch Richard Dedekind im Jahre 1868:

> Bernhard Riemann, *Über die Hypothesen, welche der Geometrie zu Grunde liegen.* (Aus dem Nachlaß des Verfassers mitgetheilt durch R. Dedekind). Abh. Ges. Gött., Math. Kl. 13 (1868), 133–152

Wiederabgedruckt in

> *Bernhard Riemann's gesammelte mathematische Werke und wissenschaftlicher Nachlass.* Herausgegeben unter Mitwirkung von Richard Dedekind von Heinrich Weber, 1. Aufl., Leipzig, Teubner-Verlag, 1876, 254–269; 2. Aufl. bearbeitet von Heinrich Weber, Leipzig, Teubner-Verlag, 1892, 272–287

Auf der Grundlage der Werke von 1892 und der Nachträge von 1902 (Bernhard Riemann, *Gesammelte mathematische Werke. Nachträge.* Herausgegeben von M. Noether und W. Wirtinger. Leipzig, Teubner-Verlag, 1902) erschien

> Bernhard Riemann, *Collected works,* mit einer neuen Einleitung von Hans Lewy, New York, Dover, 1953

J. Jost, *Bernhard Riemann – Über die Hypothesen, welche der Geometrie zu Grunde liegen*, Klassische Texte der Wissenschaft, https://doi.org/10.1007/978-3-662-70872-9

Bernhard Riemann, *Gesammelte mathematische Werke und wissenschaftlicher Nachlass und Nachträge. Collected Papers.* Nach der Ausgabe von Heinrich Weber und Richard Dedekind neu herausgegeben von Raghavan Narasimhan, Berlin etc., Springer-Verlag, und Leipzig, Teubner-Verlag, 1990, 304–319 (diese Ausgabe enthält eine doppelte Paginierung, neben der durchlaufenden auch die reproduzierte der Weber-Dedekind-Ausgabe von 1892)
Bernhard Riemann. *Über die Hypothesen, welche der Geometrie zu Grunde liegen.* Neu herausgegeben und erläutert von H. Weyl, Berlin, Springer-Verlag, 1919, ^{3}1923.

Diese kommentierte Ausgabe ist wiederum reproduziert in: *Das Kontinuum und andere Monographien,* New York, Chelsea Publ. Comp., 1960, ^{2}1973. Das Vorwort und die Erläuterungen von Hermann Weyl sind auch in der Werkausgabe von Narasimhan reproduziert, 740–768

C. F. Gauß/B. Riemann/H. Minkowski, *Gaußsche Flächentheorie, Riemannsche Räume und Minkowskiwelt.* Herausgegeben und mit einem Anhang versehen von J. Böhm und H. Reichardt, Leipzig, Teubner-Verlag, 1984, 68–83

Übersetzungen finden sich beispielsweise in:

Bernhard Riemann, *Œuvres mathématiques*, traduites par L. Langel, avec une préface du M. Hermite et un discours de M. Félix Klein, Gauthier-Villard, Paris, 1898, wiederabgedruckt bei Ed. Jacques Gabay, Paris, 1990, 2003, auch verfügbar über Univ. Michigan Press, 2006
William Kingdon Clifford (1845–1879) in *Nature,* Vol. VIII, Nos. 183,184, 1873, pp. 14–17, 36, 37; wiederabgedruckt in W.Clifford, *Mathematical papers,* edited by Robert Tucker, with an introduction by H.J.Stephen Smith, London, MacMillan and Co., 1882, pp. 55–71 (diese Übersetzung wird auch in meinem unten zitierten englischen Kommentar verwendet)
David E. Smith, *A source book in mathematics,* McGraw-Hill, 1929, und Mineola, N. Y., Dover, 1959, 411–425
Michael Spivak, *A comprehensive introduction to differential geometry,* Bd. 2, Berkeley, Publish or Perish, 1970 (mit Kommentar).

Ein auszugsweiser Abdruck befindet sich in:

Oskar Becker, *Grundlagen der Mathematik in geschichtlicher Entwicklung,* Freiburg, München, Karl Alber, 1964, und Frankfurt/M., Suhrkamp, 1975, 185–193

Schließlich darf ich auf die englische Version des vorliegenden Bandes hinweisen

Jürgen Jost (Hrsg.), *Bernhard Riemann ‚On the hypotheses which lie at the bases of geometry'*, Classic texts in the sciences, Springer, 2016

Die Riemannsche Schrift zur Wärmeausbreitung, Commentatio mathematica, qua respondere tentatur quaestioni ab Illma Academia Parisiensi propositae: „Trouver quel doit être l'état calorifique d'un corps solide homogène indéfini pour qu' un système de courbes isothermes, à un instant donné, restent isothermes après un temps quelconque, de telle sorte que la température d'un point puisse s'exprimer en fonction du temps et de deux autres variables indépendantes", in welcher Riemann seine geometrischen Konzepte in einem mathematischen Formalismus entwickelt, findet sich in *Gesammelte Werke,* 2. Aufl., 423–436, mit ausführlichen Anmerkungen der Herausgeber, ebd. 437–455 (nach der Paginierung Narasimhans). Eine deutsche Übersetzung des lateinischen Textes durch O. Neumann steht in dem von Böhm und Reichardt herausgegebenen Band, S. 115–128. Eine auszugsweise englische Übersetzung mit ausführlichem Kommentar findet sich bei Spivak, Bd. 2.[4]

Ausführliche Kommentare finden sich in

Alberto Cogliati, *Riemann's commentatio mathematica, a reassessment.* Revue d'histoire des mathématiques 20.1, 2014, 73–94.
Olivier Darrigol, *The mystery of Riemann's curvature.* Historia mathematica 42, 2015, 47–83.

Die Schriften von Helmholtz sind ursprünglich erschienen als

Hermann Helmholtz, *Ueber die thatsächlichen Grundlagen der Geometrie,* Verhandlungen des naturhistorisch-medicinischenVereins zu Heidelberg, Bd. IV, 197–202, 1868; Zusatz ebd. Bd. V, 31–32, 1869
Hermann Helmholtz, *Ueber die Thatsachen, die der Geometrie zu Grunde liegen,* Nachrichten der Königl. Gesellschaft der Wissenschaften zu Göttingen 9, 193–221, 1868,

hier zitiert nach

Hermann Helmholtz, *Wissenschaftliche Abhandlungen,* Bd. 2, Leipzig, Johann Ambrosius Barth, 1883.[5]

[4] Da Spivak in seinem Vorwort schreibt „the fact that I don't know Latin didn't hinder me much", sollte man allerdings keine große philologische Genauigkeit erwarten.

[5] dort, S. 610, scheint allerdings die Jahresangabe für die Veröffentlichung der *thatsächlichen Grundlagen* falsch zu sein, 1866 statt 1868. Insbesondere spricht Helmholtz dort, S. 611, schon von der Veröffentlichung der Schrift Riemanns, die erst 1868 erfolgte.

Außerdem

Hermann Helmholtz, *Ueber den Ursprung und Sinn der geometrischen Axiome,* in: *Populäre wissenschaftliche Vorträge,* Heft III, 21–54, und in ders., *Vorträge und Reden,* Bd. II, Braunschweig, 1–31, 1884, hier zitiert nach
Hermann von Helmholtz, *Schriften zur Erkenntnistheorie.* Kommentiert von Moritz Schlick und Paul Hertz. Herausgegeben von Ecke Bonk, Wien/New York, Springer, 1998, welches ein Nachdruck der anlässlich der Hundertjahrfeier seines Geburtstages veranstalteten Ausgabe Berlin, Springer, 1921, ist. Eine andere Neuausgabe ist
Hermann von Helmholtz, *Schriften zur Erkenntnistheorie.* Herausgegeben von Moritz Schlick und Paul Hertz, Saarbrücken, Dr. Müller, 2006

Weiterhin

Hermann Helmholtz, *Ueber den Ursprung und Sinn der geometrischen Sätze; Antwort gegen Herrn Professor Land,* in ders., *Wiss. Abh.,* Bd. II (Originaltext der in Mind 3, 212–225, 1878, veröffentlichten englischen Übersetzung),

auch zusammen mit den anderen diesbzgl. Schriften wiedergegeben in

Hermann von Helmholtz, *Ueber Geometrie,* Darmstadt, Wiss. Buchges., 1968.

Diese Arbeit ist schließlich in etwas verkürzter Form auch aufgenommen worden in den Anhang von

Hermann von Helmholtz, *Die Thatsachen in der Wahrnehmung,* Berlin, A. Hirschwald, 1879, welche dann auch wieder in die *Schriften zur Erkenntnistheorie*

Noch nicht vollständig erschienen ist

Hermann Helmholtz, *Gesammelte Schriften,* mit einer Einleitung herausgegeben von Jochen Brüning, 7 Bde. in 19 Teilbden., Hildesheim, Olms, 2001 ff.

Bibliographien

Eine umfangreiche, von W. Purkert und E. Neuenschwander zusammengestellte Bibliographie zu Riemann findet sich in der von R. Narasimhan herausgegebenen Werkausgabe. Die mathematischen Schriften zur Riemannschen Geometrie sind zu zahlreich, um in einer Bibliographie zusammengestellt zu werden. Neuere Beiträge sind ziemlich vollständig erfasst auf dem Preprintserver http://de.arXiv.org in der Rubrik *Differential Geometry*

Einführungen

Einige biographische Einzelheiten lassen sich entnehmen aus

Erwin Neuenschwander, *Lettres de Bernhard Riemann à sa famille,* Cahiers du Séminaire d'Histoire des Mathématiques 2, 85–131, 1981

Werkbiographien Riemanns sind

Felix Klein, *Riemann und seine Bedeutung für die Entwicklung der modernen Mathematik,* J-Ber. Deutsche Mathematiker-Vereinigung 4, 71–87, 1894/95, wiederabgedruckt in ders., *Gesammelte mathematische Abhandlungen,* Bd. 3, 482–497, Berlin, Springer, 1923
Hans Freudenthal, *Riemann, Georg Friedrich Bernhard,* Dictionary of Scientific Biography, Bd. 11, New York, 447–456
Detlef Laugwitz, *Bernhard Riemann 1826–1866. Wendepunkte in der Auffassung der Mathematik,* Basel etc., Birkhäuser, 1996
Michael Monastyrsky, *Riemann, topology, and physics,* Boston etc., Birkhäuser, ^{2}1999

Mit dem Einfluss der Riemannschen Ideen befasst sich auch

Krysztof Maurin, *The Riemann legacy. Riemannian ideas in mathematics and physics of the 20th century,* Dordrecht, Kluwer, 1997

Mathematikgeschichtlich grundlegend bleibt

Felix Klein, *Vorlesungen über die Entwicklung der Mathematik im 19. Jahrhundert,* 2 Bde., Berlin, Springer, 1926/7, Nachdruck in einem Band, Berlin etc., Springer, 1979. Klein war nicht nur selbst ein bedeutender Mathematiker, sondern konnte die Entwicklung der Mathematik auch aus persönlicher Kenntnis der meisten der Protagonisten beschreiben.

Von einem Autorenkollektiv stammt

Jean Dieudonné, *Geschichte der Mathematik 1700–1900. Ein Abriß,* Braunschweig/Wiesbaden, Vieweg, 1985 (aus dem Französischen); darin insbesondere Paulette Libermann, Kap. 9: Differentialgeometrie, 605–638

Zur nichteuklidischen Geometrie

Roberto Bonola, *Die nichteuklidische Geometrie.* Historisch-kritische Darstellung ihrer Entwicklung, Leipzig, Teubner, 1908 (Übersetzung aus dem Italienischen durch Heinrich Liebmann); in der englischen Übersetzung, New York, Dover, 1955, durch H. S. Carslaw, finden sich im Anhang auch Übersetzungen der Originalarbeiten von Bolyai und Lobatschewski, die die nichteuklidische Geometrie begründeten.

Deutsche Übersetzungen der Vorläuferarbeiten finden sich in

Friedrich Engel und Paul Stäckel, *Die Theorie der Parallellinien von Euklid bis auf Gauß,* Leipzig, 1895

und Übersetzungen der Arbeiten von Lobatschewski und Bolyai sind

N. J. Lobatschefskij, *Zwei geometrische Abhandlungen,* Leipzig 1898/99 (übersetzt durch Friedrich Engel)
N. J. Lobatschefskijs imaginäre Geometrie und Anwendung der imaginären Geometrie auf einige Integrale, Leipzig, 1904 (übersetzt durch Heinrich Liebmann)
Paul Stäckel, *Wolfgang und Johann Bolyai: Geometrische Untersuchungen,* Leipzig, 1913

Weitere detaillierte bibliographische Angaben z. B. in

Felix Klein, *Vorlesungen über nicht-euklidische Geometrie*, Berlin, Springer, 1928, insbesondere S. 275 f., und für die Einordnung der Riemannschen Geometrie S. 288–293

Neuere Darstellungen zu diesem Thema sind beispielsweise

Jeremy Gray, *Ideas of Space. Euclidean, Non-Euclidean, and Relativistic.* Oxford Univ. Press, [2]1989,
Jeremy Gray, *Worlds Out of Nothing.* A Course in the History of Geometry in the 19th Century. Berlin etc., Springer, 2007.

Eine Einführung in die Relativitätstheorie gibt

Albert Einstein, *Über die spezielle und die allgemeine Relativitätstheorie,* Braunschweig, Vieweg, 1972

Grundlegend ist die Nachzeichnung des Weges zur Allgemeinen Relativitätstheorie durch

Michel Janssen und Jürgen Renn, *How Einstein Found His Field Equations: Sources and Interpretation,* Classic Texts in the Sciences, Springer Nature, 2022

Die ideengeschichtlichen Aspekte werden herausgearbeitet in Oskar Becker, *Grundlagen der Mathematik,* a. a. O. Dies leitet über zu einigen Werken, die sich mit dem Raumproblem unter ideengeschichtlichen Gesichtspunkten beschäftigen, insbesondere

Max Jammer, *Das Problem des Raumes. Die Entwicklung der Raumtheorien,* Darmstadt, Wiss. Buchges., ^{2}1980 (erweiterte Übersetzung aus dem Englischen)

Sehr materialreich ist

Alexander Gosztonyi, *Der Raum. Geschichte seiner Probleme in Philosophie und Wissenschaften,* 2 Bde., Freiburg/München, Karl Alber, 1976

Ein neues Werk, in welchem die relevanten physikalischen Ideen und die verschiedenen naturphilosophischen Positionen entwickelt werden, ist

Martin Carrier, *Raum-Zeit,* Berlin, de Gruyter, 2009

Zur Philosophie der Mathematik zitieren wir das grundlegende Werk

Hermann Weyl, *Philosophie der Mathematik und Naturwissenschaft,* München, Oldenbourg, 6. Aufl., 1990,

sowie

Léon Brunschvicg, *Les étapes de la philosophie mathématique*, Paris, Presses Univ. France, ^{3}1947

Roberto Torretti, *The philosophy of physics,* Cambridge, Cambridge Univ. Press, 1999, enthält auch auf S. 157–168 eine eingehende Diskussion von Riemanns *Hypothesen.* Ebenfalls ausführlich eingegangen wird auf Riemann in S. 359–401 von

Helmut Pulte, *Axiomatik und Empirie.* Eine wissenschaftstheoriegeschichtliche Untersuchung zur Mathematischen Naturphilosophie von Newton bis Neumann. Darmstadt, Wiss. Buchges., 2005

Wir erwähnen auch

Peter Mittelstaedt, *Philosophische Probleme der modernen Physik,* Mannheim, Bibliograph. Inst, ^{2}1966

Wichtige Monographien und Artikel

Zu mathematikgeschichtlichen und philosophischen Aspekten

Luciano Boi, *Le problème mathématique de l'espace*, Berlin, Heidelberg, Springer, 1995

Joël Merker, *Sophus Lie, Friedrich Engel, et le problème de Riemann-Helmholtz,* arXiv:0910.0801v1, 2009, eine kommentierte Übersetzung ins Französische der *Theorie der Transformationsgruppen* (Dritter und letzter Abschnitt, Abtheilung V) von Lie und Engel mit einer ausführlichen Darstellung der Überlegungen von Riemann und Helmholtz

Karin Reich, *Die Geschichte der Differentialgeometrie von Gauß bis Riemann (1828–1868),* Archive for History of Exact Sciences 11, 273–382, 1973

Erhard Scholz, *Geschichte des Mannigfaltigkeitsbegriffs von Riemann bis Poincaré,* Boston etc., Birkhäuser, 1980

Erhard Scholz, *Herbart's influence on Bernhard Riemann,* Historia Mathematica 9, 413–440, 1982

Erhard Scholz, *Riemanns frühe Notizen zum Mannigfaltigkeitsbegriff und zu den Grundlagen der Geometrie*, Archive for History of Exact Sciences 27, 213–232, 1982

Andreas Speiser, *Naturphilosophische Untersuchungen von Euler und Riemann,* Journal für die reine und angewandte Mathematik 157, 105–114, 1927

Roberto Torretti, *Philosophy of geometry from Riemann to Poincaré,* Dordrecht etc., Reidel, 1978

André Weil, *Riemann, Betti and the birth of topology,* Archive for History of Exact Sciences 20, 91–96, 1979; Postscript in Archive for History of Exact Sciences 21, 387, 1980

Zur allgemeinen Relativitätstheorie und ihrer mathematischen Durchdringung und zur Entwicklung der Geometrie

Albert Einstein, *Die Feldgleichungen der Gravitation,* Sitzungsber. Preußische Akademie der Wissenschaften 1915, 844–847

David Hilbert, *Die Grundlagen der Physik,* Königl. Gesellschaft der Wissenschaften Göttingen, Mathematisch-Physikalische Klasse, 395–407, 1915; 53–76, 1917; in ueberarbeiteter Form wiederabgedruckt in
David Hilbert, *Die Grundlagen der Physik,* Math. Annalen 92, 1–32, 1924, und in
David Hilbert, *Gesammelte Abhandlungen,* Bd. III, Berlin etc., Springer, ^{2}1970, S. 258–289
Albert Einstein, *Die Grundlage der allgemeinen Relativitätstheorie*, Annalen der Physik 49, 769–822, 1916

Die Arbeiten von Einstein zur Relativitätstheorie sind wiederabgedruckt in Janssen und Renn, a. a. O., sowie

Albert Einsteins Relativitätstheorie. Die grundlegenden Arbeiten. Herausgegeben und erläutert von Karl von Meyenn, Braunschweig, Vieweg, 1990

Nicht nur aus historischen Gründen besonders wichtig sind

Hermann Weyl, *Raum, Zeit, Materie,* 7. Aufl. (hrsg. v. Jürgen Ehlers), Berlin, Springer, 1988; ausführlich kommentierte Neuausgabe durch Domenico Giulini und Erhard Scholz, in der Reihe *Klassische Texte der Wissenschaft,* Springer, 2025
Hermann Weyl, *Mathematische Analyse des Raumproblems,* Berlin, Springer, 1923
Charles Misner, Kip Thorne und John Archibald Wheeler, *Gravitation,* New York, Freeman, 1973

Zur Geschichte und Wirkung der Allgemeinen Relativitätstheorie gibt es eine sehr umfangreiche Literatur. Wir erwähnen an dieser Stelle neben Janssen und Renn, a. a. O. nur die reichhaltige und detailliert kommentierte Quellensammlung

Jürgen Renn (Hrsg.), *The Genesis of General Relativity. Sources and Interpretations.* 4 Bde. Berlin etc., Springer, 2007

sowie die fundierte Darstellung der sich seinerzeit aus der Allgemeinen Relativitätstheorie ergebenden philosophischen Diskussion, insbesondere nach der Natur des Raumes, unter Herausbeitung der Beiträge von Moritz Schlick, Ernst Cassirer, Hans Reichenbach u. a., insbesondere derjenigen von Hermann Weyl und Arthur S. Eddington

Thomas Ryckman, *The reign of relativity: Philosophy in physics 1915–1925.* Oxford University Press, 2005.

Zum heutigen Forschungsstand in der Geometrie und der theoretischen Physik

Marcel Berger, *A panoramic view of Riemannian geometry,* Berlin etc., Springer, 2003
Pierre Deligne et al. (Hrsg.), *Quantum fields and strings: A course for mathematicians,* 2 Bde., Princeton, Amer. Math. Soc., 1999
Michael Green, John Schwarz und Edward Witten, *Superstring theory,* 2 Bde., Cambridge etc., Cambridge Univ. Press, 1987
Stephen Hawking und George Ellis, *The large scale structure of space-time,* Cambridge etc., Cambridge Univ. Press, 1973
Sigurdur Helgason, *Differential geometry, Lie groups, and symmetric spaces,* New York etc., Academic Press, 1978
Parvaneh Joharinad und Jürgen Jost, *Mathematical principles of topological and geometric data analysis.* Math. of Data, Springer, 2023.
Jürgen Jost, *Riemannian geometry and geometric analysis,* Berlin etc., Springer, 7. Aufl. 2017; 8. Aufl. in Vorbereitung
Jürgen Jost, *Geometry and physics,* Berlin etc., Springer, 2009
Wilhelm Klingenberg, *Riemannian geometry,* Berlin/New York, de Gruyter, 1982
Roger Penrose, *The road to reality. A complete guide to the laws of the universe,* London, Jonathan Cape, 2004
Joseph Polchinski, *String theory,* 2 Bde., Cambridge etc., Cambridge Univ. Press, 1998
Steven Weinberg, *The quantum theory of fields,* 3 Bde., Cambridge etc., Cambridge Univ. Press, 1995, 1996, 2000
Eberhard Zeidler, *Quantum field theory,* 3 Bde., Berlin etc., Springer, 2007, 2008, 2011

Literatur

D

1. Edwin A Abbott. Flatland: A romance of many dimensions. In *Nineteenth Century Science Fiction*, pages 57–68. Routledge, 1884. Reprinted, with an introduction by A. Lightman, New York etc., Penguin, 1998.
2. Aleksander D Aleksandrov, Valerii N Berestovskii, and Igor G Nikolaev. Generalized Riemannian spaces. *Russian Mathematical Surveys*, 41(3):1, 1986.
3. Aleksander Danilovich Alexandrov. Über eine Verallgemeinerung der Riemannschen Geometrie. *Schr. Forschungsinst. Math. Berlin*, 1:33–84, 1957.
4. Keimpe Algra. *Concepts of space in Greek thought*. Brill, 2016.
5. Kirsti Andersen. *The geometry of an art: the history of the mathematical theory of perspective from Alberti to Monge*. Springer, 2008.
6. David Bao, Shiing-Shen Chern, and Zhongmin Shen. *An introduction to Riemann-Finsler geometry*. Springer, 2012.
7. Lukas Silvester Barth, Hannaneh Fahimi, Parvaneh Joharinad, Jürgen Jost, and Janis Keck. Isumap: Manifold learning and data visualization leveraging Vietoris-Rips filtrations, 2024.
8. Lukas Silvester Barth, Hannaneh Fahimi, Parvaneh Joharinad, Jürgen Jost, and Janis Keck. *Data visualization with category theory and geometry*. Math of Data. Springer, 2025.
9. Mikhail Belkin and Partha Niyogi. Laplacian eigenmaps for dimensionality reduction and data representation. *Neural computation*, 15(6):1373–1396, 2003.
10. Eugenio Beltrami. Saggio di interpretazione della geometria non-euclidea. *Giornale di Matematiche*, VI:284–312, 1868.
11. Eugenio Beltrami. Teoria fondamentale degli spazii di curvatura costante. *Annali di Matematica pura ed applicata series II*, II:232–255, 1868.
12. Eugenio Beltrami. *Teoria fondamentale degli spazii di curvatura costante memoria*. F. Zanetti, 1868.
13. Hans Blumenberg. *Die Genesis der kopernikanischen Welt*. Suhrkamp, Frankfurt/M., ^{4}2007.
14. Luciano Boi. *Le problème mathématique de l'espace: une quête de l'intelligible*. Springer, 1995.
15. Roberto Bonola. *Non-Euclidean geometry: A critical and historical study of its development*. Dover, 1955.

J. Jost, *Bernhard Riemann – Über die Hypothesen, welche der Geometrie zu Grunde liegen*, Klassische Texte der Wissenschaft, https://doi.org/10.1007/978-3-662-70872-9

16. Umberto Bottazzini. Ricci and Levi-Civita: from differential invariants to general relativity. In Jeremy Gray, editor, *The Symbolic Universe: Geometry and Physics 1890–1930*. Oxford Univ. Press, 1999.
17. Olaf Breidbach. *Die Materialisierung des Ichs: Zur Geschichte der Hirnforschung im 19. und 20. Jahrhundert*. Suhrkamp, Frankfurt/M., 1997.
18. Luitzen E.J. Brouwer. Beweis der Invarianz der Dimensionszahl. *Math. Ann.*, 11:161–165, 1911.
19. Dmitri Burago, Yu Burago, and Sergei Ivanov. *A course in metric geometry*. AMS, 2001.
20. Edwin Arthur Burtt. *The metaphysical foundations of modern science*. Dover, 2003 (Nachdruck der 2. Aufl. von 1932).
21. Herbert Busemann. *The geometry of geodesics*. Academic Press, New York, 1955.
22. David Cahan (Hrsg.). *Hermann von Helmholtz and the foundations of nineteenth-century science*. Univ. of California Press, 1993.
23. Martin Carrier. Geometric facts and geometric theory: Helmholtz and 20th-century philosophy of physical geometry. In Lorenz Krüger, editor, *Universalgenie Helmholtz. Rückblick nach 100 Jahren*, pages 276–291. Akademie-Verlag, Berlin, 1994.
24. Martin Carrier. *Raum-Zeit*. Walter de Gruyter, 2009.
25. Ernst Cassirer. *Das Erkenntnisproblem in der Philosophie und Wissenschaft der neueren Zeit*. 4 Bde. Wiss. Buchgesellschaft, Darmstadt, 1974 (Nachdruck der 3. Aufl. der Bde. 1,2 von 1922, der 2. Aufl. des Bdes. 3 von 1923, der 2. Aufl. des Bdes. 4 von 1957).
26. Ernst Cassirer. *Leibniz' System in seinen wissenschaftlichen Grundlagen*. Felix Meiner, 1998, auf der Grundlage der Ausgabe von 1902.
27. Yvonne Choquet-Bruhat. *General relativity and the Einstein equations*. Oxford University Press, 2009.
28. Yvonne Choquet-Bruhat and Robert Geroch. Global aspects of the Cauchy problem in general relativity. *Communications in Mathematical Physics*, 14:329–335, 1969.
29. Elwin Bruno Christoffel. Ueber die Transformation der homogenen Differentialausdrücke zweiten Grades. *J.reine angew.Math.*, 70:48–70, 1869.
30. William Kingdon Clifford. *Mathematical Papers by William Kingdon Clifford: Edited by Robert Tucker, with an introduction by HJ Stephen Smith*. Macmillan and Company, 1882.
31. William Kingdon Clifford. On the space-theory of matter. In *The Concepts of Space and Time: Their Structure and Their Development*, pages 295–296. Springer, 1976.
32. Paul Cobben (Hrsg.). *Hegel-Lexikon*. Wiss. Buchges., Darmstadt, 2006.
33. Alberto Cogliati. Riemann's commentatio mathematica, a reassessment. *Revue d'histoire des mathématiques*, 20(1):73–94, 2014.
34. Jonas Cohn. *Geschichte des Unendlichkeitsproblems im abendländischen Denken bis Kant*. Wilhelm Engelmann, Leipzig, 1896.
35. Olivier Darrigol. The mystery of Riemann's curvature. *Historia mathematica*, 42(1):47–83, 2015.
36. Vincenzo De Risi. *Geometry and monadology: Leibniz's Analysis Situs and Philosophy of Space,*. Birkhäuser, 2007.
37. Vincenzo De Risi. Francesco Patrizi and the new geometry of space. In *Boundaries, Extents and Circulations: Space and Spatiality in Early Modern Natural Philosophy*, pages 55–106. Springer, 2016.
38. Vincenzo De Risi. The genesis of relationism. Leibniz's early theory of space and Newton's scholium. *Oxford Studies in Early Modern Philosophy*, 12:98–143, 2024.
39. Vincenzo De Risi (Hrsg.). *Mathematizing Space. The Objects of Geometry from Antiquity to the Early Modern Age*. Birkhäuser, 2015.
40. Antonio J Di Scala. On an assertion in Riemann's Habilitationsvortrag. *Enseignement Mathematique*, 47(1/2):57–64, 2001.

41. Eduard J Dijksterhuis. De Mechanisering van het Wereldbeeld. *Tijdschrift Voor Filosofie*, 15(1), 1953.
42. Eduard J Dijksterhuis. *Die Mechanisierung des Weltbildes*. Springer, 1956; Nachdruck 1983.
43. Eduard J Dijksterhuis. *De Mechanisering van het Wereldbeeld*. Amsterdam University Press, 2006.
44. Peter Dombrowski. *150 years after Gauß' Disquisitiones generales circa superficies curvas*, volume 62 of *Astérisque*. Soc. Math. France, 1979.
45. Pierre Duhem. *Le système du monde: histoire des doctrines cosmologiques de Platon à Copernic*. 5 Bde. A. Hermann, 1914–1917.
46. John Earman and John Norton. What price spacetime substantivalism? The hole story. *The British Journal for the Philosophy of Science*, 38(4):515–525, 1987.
47. Samuel Y Edgerton. *Die Entdeckung der Perspektive*. Fink, München, 2002.
48. Samuel Y Edgerton. *The mirror, the window, and the telescope: How Renaissance linear perspective changed our vision of the universe*. Cornell University Press, 2009.
49. Charles Ehresmann.é Les connexions infinitésimales dans un espace fibré différentiable. *Sém. Bourbaki*, exp.24:153–168, 1948-51.
50. Charles Ehresmann. Les connexions infinitésimales dans un espace fibré différentiable. In *Colloque de Topologie, Bruxelles*, volume 29, pages 55–75, Liège, 1951. Thone.
51. Rudolf Eisler. *Philosophenlexikon*. Mittler, Berlin, 1912.
52. Fynn Ole Engler and Jürgen Renn. *Gespaltene Vernunft: vom Ende eines Dialogs zwischen Wissenschaft und Philosophie*. Matthes & Seitz, Berlin, 2018.
53. Benno Erdmann. *Die Axiome der Geometrie. Eine philosophische Untersuchung der Riemann-Helmholtzschen Raumtheorie*. Leopold Voss, Leipzig, 1877.
54. Jost-Hinrich Eschenburg and Jürgen Jost. *Differentialgeometrie und Minimalflächen*. Springer, ^{3}2013.
55. Euklid. *Die Elemente, Buch I–XIII*. (nach Heibergs Text aus dem Griechischen übersetzt und herausgegeben von Clemens Thaer), Wiss. Buchges., Darmstadt, ^{7}1980.
56. Leonhard Euler. *Opera omnia*, volume XXVIII der 1. Reihe. Bd. XXVIII der 1. Reihe, Orell Füssli, Lausanne, 1955.
57. José Ferreirós. *Labyrinth of thought: A history of set theory and its role in modern mathematics*. Birkhäuser, Basel, 1999.
58. Judith Veronica Field. *The invention of infinity: mathematics and art in the Renaissance*. Oxford University Press, New York u. a., 1997.
59. Markus Fierz. Über den Ursprung und die Bedeutung der Lehre Isaac Newtons vom absoluten Raum. *Gesnerus*, 11(3-4):62–120, 1954.
60. Paul Finsler. *Über Kurven und Flächen in allgemeinen Räumen*. Springer, 2013.
61. Yvonne Fourès-Bruhat. Théorème d'existence pour certains systèmes d'équations aux dérivées partielles non linéaires. *Acta Math.*, 88:141–225, 1952.
62. Maurice Fréchet. Sur quelques points du calcul fonctionnel. *Rend. Circ.Mat. Palermo*, 22:1–74, 1906.
63. Michael Friedman. *Kant's construction of nature: A reading of the metaphysical foundations of natural science*. Cambridge University Press, ^{2}2012.
64. Helmut Friedrich and Alan Rendall. The Cauchy problem for the Einstein equations. In *Einstein's Field Equations and Their Physical Implications: Selected Essays in Honour of Jürgen Ehlers*, pages 127–223. B.Schmidt (Hrsg.). Springer, 2000.
65. Georg Frobenius. Ueber das Pfaffsche Problem. *J.reine angew.Math.*, 82:230–315, 1877.
66. Daniel Garber. *Descartes' metaphysical physics*. University of Chicago Press, 1992.
67. Daniel Garber. Physics and foundations. In *The Cambridge History of Science: Early Modern Science*, volume 3, pages 21–69. Katherine Park, Lorraine Daston (eds.), Cambridge University Press, 2006.

68. Daniel Garber. *Leibniz: Body, Substance, Monad.* Oxford University Press, 2009.
69. Carl Friedrich Gauß. Disquisitions générales cira superficies curas. *Commentationes Societatis Gottingensis*, pages 99–146, 1828.
70. Carl Friedrich Gauß, Bernhard Riemann, and Hermann Minkowski. *Gaußsche Flächentheorie, Riemannsche Räume und Minkowski-Welt.* Herausgegeben und mit einem Anhang versehen von J. Böhm und H. Reichardt. Teubner, Leipzig, 1984; Nachdruck Springer, 2013.
71. Carl Friedrich Gauß. *Werke.* Dieterichsche Universitätsdruckerei, Göttingen, 1870–1927 (Nachdruck Olms, Hildesheim, New York, 1973).
72. Carl Immanuel Gerhardt, editor. *Leibnizens mathematische Schriften*, volume III–VII. H.W.Schmidt, Halle a. d. S., 1855–60.
73. Mariano Giaquinta. *La forma delle cose.* Ed. di storia e letteratura, Roma, 2010.
74. Hermann Grassmann. *Die lineale Ausdehnungslehre.* Otto Wigand, Leipzig, 1844.
75. Jeremy Gray. Riemann on geometry, physics, and philosophy – some remarks. In *From Riemann to Differential Geometry and Relativity*, pages 97–110. Lizhen Ji, Athanase Papadopoulos, Sumio Yamada (Hrsg.). Springer, 2017.
76. Michael Green, John Schwarz, and Edward Witten. *Superstring theory I, II.* Cambridge Univ.Press, 1995.
77. Mikhail Gromov. *Structures métriques pour les variétés riemanniennes.* Rédigé par J. Lafontaine and P. Pansu. Cedic-Nathan, Paris, 1980.
78. Mikhail Gromov. *Metric structures for Riemannian and non-Riemannian spaces.* Birkhäuser, 1999.
79. Martial Guerault. *Dynamique et métaphysique leibniziennes.* Les Belles Lettres, Paris, 1934.
80. Michael Hallett and Ulrich Majer. *David Hilbert's lectures on the foundations of geometry, 1891–1902*, volume 1. Springer, 2004.
81. H.A.Lorentz, A.Einstein, and H.Minkowski. *Das Relativitätsprinzip.* Wiss. Buchges., Darmstadt, [8]1982 (Nachdruck von [5]1923, B.G.Teubner).
82. Edward C Halper. Hegel's criticism of Newton. In F. Beiser, editor, *The Cambridge Companion to Hegel and nineteenth-century philosophy.* Cambridge Univ.Press, 2008.
83. Felix Hausdorff. *Grundzüge der Mengenlehre.* von Veit, Leipzig, 1914.
84. Felix Hausdorff. *Gesammelte Werke Band II: Grundzüge der Mengenlehre.* Hrsg. v. Egbert Brieskorn und Walter Purkert. Springer, 2002.
85. Thomas Hawkins. The Erlanger Programm of Felix Klein: Reflections on its place in the history of mathematics. *Historia Mathematica*, 11(4):442–470, 1984.
86. Thomas Hawkins. *Emergence of the theory of Lie groups: An essay in the history of mathematics 1869–1926.* Springer, 2012.
87. Georg Friedrich Wilhelm Hegel. *Enzyklopädie der philosophischen Wissenschaften, Bd.2.* Suhrkamp, Frankfurt/M., 1978. hrsg. von E. Moldenhauer und K. M. Michel mit den mündlichen Zusätzen aus den Vorlesungen Hegels.
88. Georg Friedrich Wilhelm Hegel. *Wissenschaft der Logik, I.* Suhrkamp, Frankfurt/M., 1986.
89. Georg Friedrich Wilhelm Hegel. *Enzyklopädie der philosophischen Wissenschaften.* Felix Meiner, [8]1991. hrsg. von F. Nicolin und O. Pöggeler auf der Grundlage der Fassung von 1830.
90. Hermann Helmholtz. *Die Lehre von den Tonempfindungen als physiologische Grundlage der Musik.* F. Vieweg, Braunschweig, 1863.
91. Hermann Helmholtz. *Handbuch der Physiologischen Optik.* Leopold Voss, Hamburg, Leipzig, 3 Bde., 1856–1867.
92. Johann Friedrich Herbart. *Sämtliche Werke.* 19 Bde., in chronologischer Reihenfolge herausgegeben von Karl Kehrbach und Otto Flügel, Langensalza, 1882–1912; wiederabgedruckt Aalen, Scientia-Verlag, 1964.

93. David Hilbert. *Grundlagen der Geometrie*. Teubner, Leipzig, 1899; 13. Aufl. Stuttgart, Teubner, 1987 (mit 5 Anhängen, in denen verschiedene Arbeiten von Hilbert nachgedruckt werden, sowie Supplementen von Paul Bernays) und 14. Aufl. Leipzig, Teubner, 1999, mit dem Essay Michael Toepell, Zur Entstehung und Weiterentwicklung von David Hilberts Grundlagen der Geometrie.
94. David Hilbert. *Gesammelte Abhandlungen*. Springer, ^{2}1970.
95. Geoffrey E Hinton and Sam Roweis. Stochastic neighbor embedding. *Advances in neural information processing systems*, 15, 2002.
96. Vittorio Hösle. *Hegels System*. Felix Meiner, Hamburg, 1988.
97. Hans Freudenthal (Hrsg.). *Raumtheorie*. Wiss. Buchges., Darmstadt, 1978.
98. Michel Janssen and Jürgen Renn. *How Einstein Found His Field Equations: Sources and Interpretation*. Classic Texts in the Sciences. Springer Nature, 2022.
99. Parvaneh Joharinad and Jürgen Jost. Topology and curvature of metric spaces. *Advances in mathematics*, 356:106813, 2019.
100. Parvaneh Joharinad and Jürgen Jost. *Mathematical Principles of Topological and Geometric Data Analysis*. Mathematics of Data, Springer, 2023.
101. Jürgen Jost. *Compact Riemann surfaces. An Introduction to Contemporary Mathematics*. Springer, ^{3}2006.
102. Jürgen Jost. *Nonpositive curvature: Geometric and analytic aspects*. Birkhäuser, 1997.
103. Jürgen Jost. *Geometry and physics*. Springer, 2009.
104. Jürgen Jost. *Mathematical concepts*. Springer, 2015.
105. Jürgen Jost. *Leibniz und die moderne Naturwissenschaft*. Springer, 2019.
106. Jürgen Jost. Leibniz and modern physics. *Lo Sguardo: Rivista di Filosofia*, 32(1):91–108, 2021.
107. Jürgen Jost. *Postmodern analysis*. Springer, ^{3}2005.
108. Jürgen Jost. *Partial differential equations*. Springer, ^{3}2013.
109. Jürgen Jost. *Riemannian geometry and geometric analysis*. Springer, ^{7}2017.
110. Jürgen Jost. *Riemannian geometry and geometric analysis*. Springer, ^{8}2025.
111. Jürgen Jost and Xianqing Li-Jost. *Calculus of variations*. Cambridge Univ. Press, 1998.
112. Christa Jungnickel and Russell McCormmach. *The Second Physicist. On the History of Theoretical Physics in Germany*. Springer, 2017.
113. Michio Kaku. *Im Hyperraum. Eine Reise durch Zeittunnel und Paralleluniversen*. (Übersetzt aus dem Englischen). Rowohlt, Reinbek, 1998.
114. Immanuel Kant. *Kritik der reinen Vernunft (1781), in: Werkausgabe Bd. III/IV*. (Hrsg. Wilhelm Weischedel) Suhrkamp, Frankfurt/M., 1977.
115. Immanuel Kant. *Prolegomena zu einer jeden künftigen Metaphysik die als Wissenschaft wird auftreten können (1783), in: Werkausgabe Bd. V*. (Hrsg. W. Weischedel) Suhrkamp, Frankfurt/M., 1977.
116. Immanuel Kant. *Von dem ersten Grunde der Unterschiede der Gegenden im Raume (1768), in: Werkausgabe Bd. II*. (Hrsg. W. Weischedel) Suhrkamp, Frankfurt/M., 1977.
117. Immanuel Kant. *Kritik der Reinen Vernunft (1781,1787)*. (Hrsg. Jens Timmermann) Suhrkamp, Frankfurt/M., 1997.
118. Walter Kaufmann-Bühler. *Gauss: a biographical study*. Springer, 1981; Nachdruck 2012.
119. Felix Klein. Über die sogenannte Nicht-Euklidische Geometrie. *Mathematische Annalen*, 4:573–625, 1871.
120. Felix Klein. *Vergleichende Betrachtungen über neuere geometrische Forschungen*. A. Düchert, Erlangen, 1872 (nachgedruckt Akad. Verlagsges., Leipzig, 1974).
121. Felix Klein. Vergleichende Betrachtungen über neuere geometrische Forschungen. *Mathematische Annalen*, 43(1):63–100, 1893 (wiederabgedruckt in K. Strubecker (Hrsg.), *Geometrie*, Darmstadt, Wiss. Buchges., 1972, S. 118–155).
122. Felix Klein. *Gesammelte mathematische Abhandlungen*. Hrsg. von R. Fricke und A. Ostrowski, 3 Bde. Julius Springer, 1921–23.

123. Felix Klein. *Vorlesungen über die Entwicklung der Mathematik im 19. Jahrhundert*. Julius Springer, 1926.
124. Felix Klein. *Vorlesungen über nicht-euklidische Geometrie*. Julius Springer, 1928.
125. Leo Koenigsberger. *Hermann von Helmholtz*. 3 Bde. Vieweg, Braunschweig, 1902/03.
126. Alexandre Koyré. *Galilée et l'expérience de Pise: á propos d'une légende*. Annales de l'Université de Paris. Sorbonne, 1937.
127. Alexandre Koyré. *A documentary history of the problem of fall from Kepler to Newton*. University of Pennsylvania Press, Philadelphia, 1955.
128. Alexandre Koyré. *From the closed world to the infinite universe*. Johns Hopkins Univ. Press, Baltimore, 1957.
129. Alexandre Koyré. *Newtonian studies*. Harvard University Press, 1965.
130. Alexandre Koyré. *Études galiléennes*. Hermann, Paris, 1966.
131. Alexandre Koyré. *Von der geschlossenen Welt zum unendlichen Universum*. Suhrkamp, Frankfurt, 1969 (deutsche Übers. v. [128].
132. Manfred Kühn. *Johann Gottlieb Fichte. Ein deutscher Philosoph*. C.H.Beck, München, 2012.
133. Detlef Laugwitz. *Bernhard Riemann 1826–1866*. Birkhäuser, Basel, 1996.
134. Gottfried Wilhelm Leibniz. *Hauptschriften zur Grundlegung der Philosophie*. (Übersetzt von A. Buchenau, hrsg. von E. Cassirer), Felix Meiner, Hamburg, 1996 (Neuausgabe der 3. Aufl. von 1966).
135. Brian Leiter and Michael Rosen (Hrsg.). *The Oxford handbook of continental philosophy*. Oxford University Press, 2007.
136. Tullio Levi-Civita. Nozione di parallelismo in una varietà qualunque. *Rendiconti del Circolo Matematico di Palermo*, 42:173–205, 1917.
137. Sophus Lie. *Theorie der Transformationsgruppen*. Unter Mitwirkung von F. Engel. Teubner, Leipzig, 1888–1893.
138. Sophus Lie. Über die Grundlagen der Geometrie. *Ber. Verh. kgl.-sächs. Ges. Wiss. Lpz., Math.-Phys. Classe*, 42:284–321, 1890.
139. Rudolf Lipschitz. Untersuchungen in Betreff der ganzen homogenen Functionen von n Differentialen. *J.reine angew.Math.*, 70:71–102, 1869.
140. Anneliese Maier. *Das Problem der intensiven Grösse in der Scholastik*. Heinrich Keller, Leipzig, 1939.
141. Anneliese Maier. *Die Impetustheorie der Scholastik*. A.Schroll, Wien, 1940.
142. Anneliese Maier. *Die Vorläufer Galileis im 14. Jahrhundert. Studien zur Naturphilosophie der Spätscholastik*. Ed. di Storia e Letteratura, Roma, 1949.
143. Anneliese Maier. *Zwischen Philosophie und Mechanik. Studien zur Naturphilosophie der Spätscholastik*. Ed. di Storia e Letteratura, Roma, 1958.
144. Anneliese Maier. *An der Grenze von Scholastik und Naturwissenschaft*. Ed. di Storia e Letteratura, Roma, ^{2}1952.
145. Anneliese Maier. *Zwei Grundprobleme der scholastischen Naturphilosophie*. Ed. di Storia e Letteratura, Roma, ^{3}1968.
146. Gottfried Martin. *Arithmetik und Kombinatorik bei Kant*. de Gruyter, Berlin, New York, ^{2}1972.
147. Gottfried Martin. *Immanuel Kant*. de Gruyter, Berlin, ^{4}1969.
148. Leland McInnes, John Healy, and James Melville. Umap: Uniform manifold approximation and projection for dimension reduction, 2018. https://arxiv.org/abs/1802.03426.
149. Wilhelm Meinecke. Die Bedeutung der Nicht-Euklidischen Geometrie in ihrem Verhältnis zu Kants Theorie der mathematischen Erkenntnis. *Kantstudien*, 11:209–232, 1906.
150. Karl Menger. Untersuchungen über allgemeine Metriken. Vierte Untersuchung. Zur Metrik der Kurven. *Math. Annalen*, 103:466–501, 1929.
151. Michel Meulders. *Helmholtz: from enlightenment to neuroscience*. Aus dem Französischen übersetzt und überarbeitet von L. Garey. MIT Press, 2010.

152. Hermann Minkowski. Raum und Zeit. *Phys. Zeitschr.*, 10:104–111, 1909.
153. Hermann Minkowski. Raum und Zeit. *Jahresbericht der Deutschen Mathematiker-Vereinigung*, 18:75–88, 1909.
154. Michael I Monastyrsky. *Riemann, topology, and physics*. Springer, ^{2}1998.
155. Stefan Müller-Stach. *Richard Dedekind: Was sind und was sollen die Zahlen? Stetigkeit und Irrationale Zahlen*. Klassische Texte der Wissenschaft. Springer, 2017.
156. Paul Natorp. *Die logischen Grundlagen der exakten Wissenschaften*. Teubner, Leipzig, ^{2}1921.
157. Leonard Nelson. Bemerkungen über die Nicht-Euklidische Geometrie und den Ursprung der mathematischen Gewißheit. *Abh. Friessche Schule, Neue Folge*, I:373–430, 1906.
158. Erwin Neuenschwander. Riemanns Einführung in die Funktionentheorie: eine quellenkritische Edition seiner Vorlesungen mit einer Bibliographie zur Wirkungsgeschichte der Riemannschen Funktionentheorie. *Abhandlungen der Akademie der Wissenschaften zu Göttingen, Math.-Phys. Klasse*, 44, 1996.
159. Isaac Newton. *Mathematische Prinzipien der Naturlehre*. Robert Oppenheim, Berlin, 1872 (Nachdruck Darmstadt, Wiss. Buchgesellschaft, 1963, Übersetzung der 3. Auflage von 1726 durch J. Wolters).
160. Isaac Newton. *Unpublished scientific papers of Isaac Newton: a selection from the Portsmouth collection in the University Library, Cambridge* . (hrsg. von A. R. Hall und M. Boas Hall), Cambridge Univ. Press, 1962 (deutsch übersetzt von G. Böhme, Frankfurt, Klostermann, 1988).
161. Isaac Newton. *Philosophiæ naturalis principia mathematica*. Innys, London, ^{3}1726.
162. Emmy Noether. Invariante Variationsprobleme. *Nachr. Königliche Gesellschaft der Wissenschaften Göttingen, Math.-phys. Klasse*, 2:235–267, 1918.
163. Alexander Ostermann and Gerhard Wanner. *Geometry by its history*. Springer, 2012.
164. Erwin Panofsky. *Perspektive als „symbolische Form"*. Teubner, Leipzig/Berlin, 1927.
165. Henri Poincaré. *La science et l'hypothèse*. Flammarion, Paris, 1902; Nachdruck 1968.
166. Joseph Polchinski. *String theory, Vol. I und II* . Cambr. Univ. Press, 1998.
167. Helmut Pulte. *Axiomatik und Empirie. Eine wissenschaftstheoriegeschichtliche Untersuchung zur Mathematischen Naturphilosophie von Newton bis Neumann*. Wiss. Buchges., Darmstadt, 2005.
168. Pietro Redondi. *Galileo eretico*. Einaudi, Torino, 1983.
169. Pietro Redondi. *Galilei, der Ketzer*. Beck, München, 1987 (deutsche Übers. v. [168]).
170. Karin Reich. *Die Entwicklung des Tensorkalküls. Vom absoluten Differentialkalkül zur Relativitätstheorie*. Birkhäuser, Basel, 1997.
171. Hans Reichardt. *Gauß und die Anfänge der nicht-euklidischen Geometrie*. Teubner, 1985 (Nachdruck Springer, 2013).
172. Hans Reichenbach. *Philosophie der Raum-Zeit-Lehre*. De Gruyter, Berlin und Leipzig, 1928.
173. Hans Reichenbach. *Gesammelte Werke*. Hrsg. von Andreas Kamlah. Vieweg, Braunschweig, 1979.
174. Bernhard Riemann. *Gesammelte mathematische Werke, wissenschaftlicher Nachlass und Nachträge. Collected papers*. R.Narasimhan (ed.), Springer, Berlin etc., und Teubner, Leipzig, 1990.
175. Bernhard Riemann. *Gesammelte mathematische Werke und wissenschaftlicher Nachlass*. Bearbeitet von Heinrich Weber, Teubner, Leipzig, ^{2}1892.
176. Ferdinand Rosenberger. *Isaac Newton und seine physikalischen Prinzipien*. Ambrosius Barth, Leipzig, 1895 (Nachdruck Darmstadt, Wiss. Buchges., 1987).
177. David Rowe. *Felix Klein: Comparative Reflections on Recent Research in Geometry (Klein's „Erlangen Program")*. Classic Texts in the Sciences. Birkhäuser, 2025.
178. Bertrand Russell. *An essay on the foundations of geometry*. Cambridge Univ.Press; Nachdruck 1956 Dover Publications, 1897.
179. Bertrand Russell. Sur les axiomes de la géométrie. *Revue de Métaphysique et de Morale*, 7(6):684–707, 1899.

180. Thomas Ryckman. *The reign of relativity: philosophy in physics 1915–1925*. Oxford University Press, 2005.
181. Gerolamo Saccheri. *Euclid Vindicated from Every Blemish*. Classic Texts in the Sciences. Edited and Annotated by Vincenzo De Risi. Translated by GB Halsted and L. Allegri. Springer, 2014.
182. Winfried Scharlau and Hans Opolka. *Von Fermat bis Minkowski: eine Vorlesung über Zahlentheorie und ihre Entwicklung*. Springer, 1980; Nachdruck 2013.
183. Winfried Scharlau (Hrsg.). *Richard Dedekind 1831–1981: Eine Würdigung zu seinem 150. Geburtstag*. Springer, 2013.
184. Gregor Schiemann. *Wahrheitsgewissheitsverlust. Hermann von Helmholtz' Mechanismus im Anbruch der Moderne. Eine Studie zum Übergang von klassischer zu moderner Naturphilosophie*. Wiss. Buchgesellschaft, Darmstadt, 1997.
185. Arnold Schmidt. Zu Hilberts Grundlegung der Geometrie. pages in [94], Bd.2, 404–414. Springer, 1970.
186. Franz Schnabel. *Deutsche Geschichte im neunzehnten Jahrhundert: Die Erfahrungswissenschaften*, volume Bd. 5. Herder, Freiburg i. Br., 1965.
187. Erhard Scholz. *Geschichte des Mannigfaltigkeitsbegriffs von Riemann bis Poincaré*. Birkhäuser, Basel, 1980.
188. Erhard Scholz. Herbart's influence on Bernhard Riemann. *Historia mathematica*, 9(4):413–440, 1982.
189. Erhard Scholz. Riemanns frühe Notizen zum Mannigfaltigkeitsbegriff und zu den Grundlagen der Geometrie. *Archive for History of Exact Sciences*, pages 213–232, 1982.
190. Erhard Scholz. Hermann Weyl's contribution to geometry, 1917–1923. In *The intersection of history and mathematics*, pages 203–230. Springer, 1994.
191. Erhard Scholz. The concept of manifold, 1850–1950. *History of Topology*, pages 25–64, 1999.
192. Erhard Scholz. Weyl and the theory of connections. In Jeremy Gray, editor, *The symbolic universe. Geometry and Physics 1890–1930*, pages 260–284. Oxford Univ. Press, 1999.
193. Erhard Scholz (Hrsg.). *Hermann Weyl's RAUM-ZEIT-MATERIE and a General Introduction to His Scientic Work*. Birkhäuser, Basel, 2001.
194. Stewart Shapiro. *Philosophy of mathematics: Structure and ontology*. Oxford University Press, 2000.
195. Richard W Sharpe. *Differential geometry: Cartan's generalization of Klein's Erlangen program*, volume 166. Springer, 2000.
196. Mohammed Allal Sinaceur. Dedekind et le programme de Riemann. *Revue d'histoire des sciences*, pages 221–296, 1990.
197. Michael Spivak. Differential geometry, volume 1–5. *Publish or Perish, Berkeley*, 1970–1975.
198. John Stachel. Einstein's search for general covariance. In Don Howard and John Stachel, editors, *Einstein and the History of General Relativity*, volume 1 of *Einstein Studies*, pages 63–100. Birkhäuser, 1989. Paper first read at the Ninth International Conference on General Relativity and Gravitation, Jena, 1980.
199. Pirmin Stekeler-Weithofer. *Formen der Anschauung*. Walter de Gruyter, 2008.
200. Rüdiger Thiele. Fechner und die Folgen außerhalb der Naturwissenschaften. In *Interdisziplinäres Kolloquium zum 200. Geburtstag Gustav Theodor Fechners*. S. 67–111. Max Niemeyer, Tübingen, 2003.
201. Roberto Torretti. *Philosophy of geometry from Riemann to Poincaré*. Springer, 2012.
202. Klaus Volkert. *David Hilbert: Grundlagen der Geometrie (Festschrift 1899)*. Klassische Texte der Wissenschaft. Springer, 2015.
203. Klaus Volkert. *In höheren Räumen: der Weg der Geometrie in die vierte Dimension*. Springer, 2018.

204. Hermann von Helmholtz. *Wissenschaftliche Abhandlungen: Physiologische Optik. Physiologische Akustik. Erkenntnisstheorie-Physiologie*. Bd.2. Ambrosius Barth, Leipzig, 1883.
205. Hermann von Helmholtz. *Schriften zur Erkenntnistheorie*. Kommentiert von Moritz Schlick und Paul Hertz. Herausgegeben von Ecke Bonk. Springer, 1921 (Nachdruck Springer, Wien/New York, 1998).
206. Hermann von Helmholtz. *Handbuch der Physiologischen Optik*. Bd. III. Leopold Voss, Hamburg, Leipzig, [3]1910.
207. John von Neumann. *Mathematische Grundlagen der Quantenmechanik*. Springer, 1932.
208. John von Neumann. *Mathematical foundations of quantum mechanics: New edition*. Princeton University Press, 2018.
209. Sartorius von Waltershausen. *Gauß zum Gedächtnis*. S. Hirzel, Leipzig, 1856.
210. Abraham Wald. Begründung einer koordinatenlosen Differentialgeometrie der Flächen. *Ergebnisse eines Math.Kolloquiums, 1.Reihe*, 7:24–46, 1936.
211. Dieter Wandschneider. *Raum, Zeit, Relativität*. Klostermann, Frankfurt, 1982.
212. Richard S Westfall. *Force in Newton's physics: the science of dynamics in the seventeenth century*. MacDonald, London, 1971.
213. Richard S Westfall. *The construction of modern science: Mechanisms and mechanics*. Cambridge University Press, 1977.
214. Hermann Weyl. *Die Idee der Riemannschen Fläche*. Teubner, Leipzig, Berlin, 1913.
215. Hermann Weyl. Gravitation und Elektrizität. *Sitzungsber. Preuss. Akad. Wiss*, 26:465–480, 1918.
216. Hermann Weyl. Reine Infinitesimalgeometrie. *Math. Zeitschrift*, 2:384–411, 1918.
217. Hermann Weyl. *Raum, Zeit, Materie: Vorlesungen über allgemeine Relativitätstheorie*. Klassische Texte der Wissenschaft. Nach der Aufl. von 1923 neu herausgegeben und kommentiert von Domenico Giulini und Erhard Scholz. Springer, 2025.
218. Hermann Weyl. *Philosophie der Mathematik und Naturwissenschaft*. R. Oldenbourg, München, [6]1990.
219. Hermann Weyl. *Raum, Zeit, Materie: Vorlesungen über allgemeine Relativitätstheorie*. Hrsg. v. Jürgen Ehlers. Springer, [8]1993.
220. Arthur S Wightman. Hilbert's sixth problem: mathematical treatment of the axioms of physics. In *Proceedings of Symposia in Pure Mathematics*, volume 28, pages 147–240. AMS, 1976.

Stichwortverzeichnis

J. Jost, *Bernhard Riemann – Über die Hypothesen, welche der Geometrie zu Grunde liegen*, Klassische Texte der Wissenschaft, https://doi.org/10.1007/978-3-662-70872-9

MIX
Papier aus verantwortungsvollen Quellen
Paper from responsible sources
FSC® C105338

If you have any concerns about our products, you can contact us on
ProductSafety@springernature.com

In case Publisher is established outside the EU, the EU authorized representative is:
Springer Nature Customer Service Center GmbH
Europaplatz 3, 69115 Heidelberg, Germany

Printed by Libri Plureos GmbH
in Hamburg, Germany